Habe · *Wie einst David*

«Gott ist in Juda bekannt,
sein Name ist groß in Israel.»
(Psalm 76/2)

Hans Habe

Wie einst David

Entscheidung in Israel

Ein Erlebnisbericht

Herbig

HANS HABE · GESAMMELTE WERKE IN EINZELAUSGABEN

Erweiterte, neu durchgesehene Ausgabe

Schutzumschlaggestaltung: Werner Rebhuhn, Hamburg
Gesamtherstellung: Welsermühl, Wels
Printed in Austria
ISBN: 3-7766-1150-2

Für Licci,
die Gefährtin der «großen Reise»

Sämtliche Bibel-Zitate in diesem Buch sind der Zürcher Bibel entnommen, die 1907 bis 1931 im Auftrag der Kirchensynode nach dem Grundtext neu übersetzt, vom Kirchenrat des Kantons Zürich herausgegeben wurde und im Verlag der Zwingli-Bibel, Zürich, erschienen ist.

Die verschiedene Schreibart gewisser Wörter – beispielsweise: Genezareth – ist auf die Verschiedenheit der üblichen Orthographie einerseits, der Bibelfassung anderseits zurückzuführen.

Inhalt

Die Zigarette des Kommissars

Licci hat die Erfindung des Flugzeuges nie zur Kenntnis genommen, und so fuhren wir mit dem Schiff nach Israel.
Im Reisebüro in Locarno sagte man mir, die Israelis hätten ihren letzten größeren Passagierdampfer, die Herzl, verkauft. Luxusschiffe, die im Mittelmeer kreuzen, meiden die Häfen Israels. Wir entschieden uns für die MV Enotria, ein 5100-Tonnen-Schiff der Adriatica-Linie. Da selbst das Flüchtlingsschiff Siboney, das mich im Dezember 1940 nach Amerika gebracht hatte, beinahe doppelt so groß war, fürchteten wir, rudern zu müssen.
Freunde, die Israel kennen, versahen uns mit kundigen Ratschlägen. Es sei dort im April noch recht kalt. Es sei unerträglich heiß. Man brauche einen Wagen. Man könne mit einem Wagen nichts anfangen. Man trüge sich formell. Man zöge sich überhaupt nie an. Solcherart beraten, beschlossen wir, neben dem Wagen Pelz und Bikini, Sporthose und Abendkleid mitzunehmen.
Auf dem Weg nach Neapel machten wir in Orvieto halt. Das Hotel Royal leitet seinen Namen vermutlich von den königlichen Gespenstern ab, die dort mitternachts spuken. Es spuckten aber nur die Motorräder von zwei «Lederjacken»; die Stahlgespenster kreisten die halbe Nacht um die Piazza della Repubblica. Sie versuchten, uns den Schlaf zu rauben und den Kampanile zu erschüttern. Mit dem Kampanile hatten sie mehr Glück. Wir schliefen in einer fürstlichen Gruft, mit wolkenblauen Fresken über den Köpfen und einem etruskischen Telephon auf dem dreibeinigen Nachttisch. Nur die mar-

morne Sitzbadewanne schwankte ein wenig, Vorgefühl der Enotria.

Vor dem Schlafengehen kosteten wir in einer Trattoria den berühmten Orvieto. Der Corso Cavour war noch tagwach. Unter einem pathetischen Haustor verkauften zwei beleibte Mammas dunkelroten Eberschinken. Im Schatten des Domes, der das Wunder von Bolsena verherrlicht, lungerten Mädchen in Minis und Maxis – der Midi-look war noch nicht in die Etruskerstadt gedrungen. Die «Lederjacken» ratterten an uns vorbei, über die Kopfsteine, als hätten sie es eilig, von nirgends nach nirgends zu gelangen. Wir nahmen Abschied vom Europa der Etrusker und der Lederjacken. Wir sprachen von Israel.

Man hatte uns vor der Fahrt durch Italien gewarnt, *sciopero*. Für den erfahrenen Reisenden gehören Streiks zum italienischen Stadtbild wie die Triumphbogen. Auch daß Italien gerade keine Regierung hatte, störte uns wenig – man kommt in Italien ohne eine Regierung aus.

Am nächsten Tag, in Neapel, erfuhren wir, daß die Enotria mit Verspätung auslaufen würde. Das ist der Vorteil Italiens, für eine Verspätung bedarf es keines *sciopero*. Ein freundlicher Taxichauffeur warnte uns, wir mögen den Wagen nicht auf einem öffentlichen Platz abstellen; möglicherweise würden wir das Automobil, die Koffer auf keinen Fall wiederfinden. Wir überließen den Wagen dem Türsteher des Excelsior.

Die Luft war lau, eine unentschlossene Sonne. Im Fischerhafen, bei Zi Teresa, klagte ein ältlicher Pizzatroubadour über seinen Liebeskummer. Nur der Kummer war glaubwürdig. Dösende Fischer labten sich aus Korbflaschen, plutokratische Restaurant-Katzen räkelten sich unter den Tischen. Es roch nach Verwesung, aber man war nicht sicher, ob es vom Wasser kam.

Ich erzählte meiner Frau von einem Erlebnis, hier in Neapel, Oktober 1944. Wir, die amerikanische Armee, hatten gerade die Stadt befreit. Zi Teresa war noch geschlossen, eine unbeschädigte Urlaubsruine. Wir saßen in der Herbstsonne: Major

Martin Herz, US-Army – später Gesandter in Saigon –, H. R. Knickerbocker, Kriegskorrespondent – später in der Türkei abgestürzt –, und ich. Ein Ziehharmonikaspieler strich vorbei, blieb stehen, fragte nach unseren Wünschen. «Lili Marleen», sagte Martin. In den verwitterten Augen des Alten plötzlich tödliche Angst. Wollten ihn diese Amerikaner überführen, als musizierenden Kollaborateur, der gestern noch für die Wehrmacht gespielt hatte? Würden sie ihn erschießen, wenn er sich zu spielen weigerte? Er wagte es, endlich. Wir sangen den englischen Text. Der Mann spielte noch lange, nahm kein Geld.
Licci ließ die Geschichte, die sie längst kannte, über sich ergehen. Warum hatte ich sie erzählt? Wahrscheinlich hatte es, wie alles in diesen Tagen, mit der israelischen Reise zu tun. Ich wollte sagen: Hier, in Europa, bin ich zu Hause. Man ist dort zu Hause, wo einem alte Geschichten einfallen.
Am Abend aßen wir im Excelsior. Das «Establishment» hat sich in die Luxusestablishments geflüchtet, dort wartet es auf bessere Tage. Im Speisesaal demonstrierten einige amerikanische Ehepaare die Angst vor ihren Kindern. Wohlhabende Kinder wohlhabender Eltern. Sie sahen aus wie die Lederjakken in Orvieto.
Gegen zehn, der Verkehr war mörderisch, fuhren wir zur Stazione Marittima. Bei der Zollabfertigung des Wagens wurde uns klar, daß nicht die ganze Mafia nach Amerika ausgewandert ist. Nach holprigen, trinkgeldgeölten Verhandlungen verzichtete die beamtete Mafia auf die Einsicht in Dokumente, die es gar nicht gibt. Im übrigen liebe ich die Italiener. Nur in ihrer Bürokratie hat sich der Faschismus erhalten, so daß ich nicht sicher bin, ob die Zollbeamten wirklich Söhne der Cosa Nostra sind. Vielleicht sind es nur Söhne des Faschismus.
Unterdessen hatten sich die Reisenden in einem riesigen, eiskalten Saal versammelt. Ein riesiger, eiskalter Tisch stand in der Mitte. Ringsherum Bänke: halb Tanzsaal, halb Obdachlosenasyl, halb Festland, halb Zwischendeck. Nichts von der fröh-

lichen Abschiedsstimmung der Seereisen: als wartete man auf die Abfahrt eines Auswandererschiffes – *point of no return*. Ich erinnerte mich an Ellis Island, die New Yorker Teufelsinsel der Gestrandeten. Ellis Island gibt es nicht mehr, die Insel gibt es noch, der Teufel ist vertrieben. Aber vielleicht gibt es überall, wo Juden sind, ein Ellis Island.

Ein Beamter in Zivil sammelte die Reisepässe ein, warf sie mit einer Ekelgeste auf den Tisch. Es waren wenige feine Reisepässe darunter, einige südamerikanische, einige israelische, auch einige Staatenlosenpapiere. Die Männer und Frauen, dicht um den Tisch gedrängt, ließen kein Auge von den Pässen, sie klammerten sich an ihre Papiere, das Paßphoto der einzige Beweis ihrer Existenz.

Bildete ich mir das ein? Man schrieb 1970, April 1970. Die Enotria: ein Schiff wie jedes andere, Aufenthalt in Piräus, Rhodos, Zypern – wünschen Sie die Inseln zu besichtigen, Gemeinschaftsausflug fünf Dollar? Juden sind wie andere Menschen, seit 1945, seit dem Sechs-Tage-Krieg, spätestens. Ein Reisepaß ist ein Reisepaß. Oder: Ein Reisepaß ist ein Reisepaß ist ein Reisepaß, wie die Papageien der Gertrude Stein stottern würden. Nur, weil das Schiff nach Israel fährt? Einbildung.

Einbildung? Die Reisenden sahen müde aus, als hätten sie nicht stundenlang, als hätten sie jahrelang gewartet. Hätte man sie stundenlang warten lassen, wenn das Schiff nur nach Athen segelte, Mittelmeer-*cruise*? Ein hagerer alter Mann, Lochmonokel im Hut, nestelte an einer zerfetzten Aktentasche. Ein spanischer Jude gab den anderen «Tips» – als brauchte man Tips, nicht eine Fahrkarte, für die Enotria. Eine fette Frau mit einem mageren Gesicht hatte sich erschöpft auf die Tanzschulbank an der Wand niedergelassen, ihr Rock war hinaufgerutscht, ein Strumpf war zerrissen, mit einem Gummiband befestigt. Ein rothaariger junger Mann – Kaftan, Locken, breiter schwarzer Hut – verbarg sich hinter dem breiten Rücken des lauten Spaniers.

Dann betraten die Mitglieder des Reisegerichtshofes den Raum. Zwei von ihnen trugen Uniformen, die anderen hatten sie nur im Gesicht. Sie nahmen an der Längsseite des Tisches Platz, Volksgericht gemildert durch Italien.

Die Reisenden waren laut und demütig, beides. Jeder wollte vor dem anderen drankommen, wie beim Löffeln der Armensuppe, Blechnapf in der Hand. Wie nach Almosen streckten sie die Hände nach den Pässen aus.

Ich weiß nicht, was die Abfertigung verzögerte. In einigen Reisepässen lagen Papiere, die Reisenden mußten sie unterschreiben. Bedurfte es der Unterschriften? Man sagt, Beamte haben eine Nase für Schmuggler. Sie haben nur eine Nase für die Schwachen.

Ein Mitglied der Reiseinquisition schob vor eine dunkle junge Frau mit struppigen Haaren ein Papier hin: «Unterschreiben Sie!» Sie malte ihre Unterschrift wie jemand, der nicht schreiben, nur malen kann. Ein alter Herr setzte mit geübter Hand Schnörkel auf das Papier. Auf dem behaarten Arm wurde eine tätowierte Nummer sichtbar. Aber er war kein Matrose.

Der Inquisitor, der als erster gekommen war, stand, den Hut immer noch auf dem Kopf, am Ende des Tisches. Er hatte eine spitze Nase, Leberflecken, Glasaugen.

Jetzt steckt er sich eine Zigarette in den Mund. An seiner Seite ein Reisender mit einer großen grauen Nase, einer grauen Glatze, in einem zerschlissenen grauen Anzug. Er berührt den Arm des Beamten, lächelt hilflos, als hätte er schon alles verkauft und verpfändet, als hätte er nichts mehr zu verkaufen oder zu verpfänden außer einem Lächeln. Servil, mit einem Bestechungslächeln deutet er an, daß der Beamte die Zigarette verkehrt in den Mund gesteckt hat, Filter am Feuerende. Er will sich beim Kommissar beliebt machen; man muß sich bei Kommissaren beliebt machen, vielleicht, eines Tages, wird sich der Kommissar an ihn erinnern, an den Mann, der das Filterfeuer verhinderte. Der Beamte blickt ihn nicht an, dreht die

Zigarette um, dankt nicht; der Alte gibt ihm Feuer. Dann wird sein Name aufgerufen. Garfinkel.
Licci, klein und verloren in der Menge, sieht mich an. Ein Blick meiner Frau, den ich kenne: Bitte, stell nichts an! Sie ahnt, daß ich etwas anstellen werde. Ich werde dem Inquisitor die Zigarette aus dem Mund nehmen. Oder, schlimmer, ich werde Garfinkel bei den Schultern packen und durcheinander rütteln. Ich werde sagen: Garfinkel, du hast einen gültigen Reisepaß, einen bolivianischen, meinethalben, du bist zwar nicht in Bolivien geboren, na schön, du hast deine Überfahrt bezahlt, erster oder zweiter Klasse, wen geht es an, der Beamte ist dazu da, deine Papiere zu stempeln, ich wüßte keinen anderen Grund, warum er sonst auf der Welt wäre, laß ihn seine Zigarette verkehrt anzünden, es ist seine Sache, Garfinkel, es ist keiner der Gaskammer entronnen, weil er einen Zigarettenbrand verhinderte, du bist kein Konzentrationslagerhäftling, Garfinkel, kein Emigrant, kein *réfugié*, kein *indeterminé*, wir haben unsere Haut nicht zu Markt getragen, damit du dich vor einem jämmerlichen Paßbeamten fürchtest, du heißt Garfinkel, wie er Moretti heißt oder Lombardi, du fährst nach Israel, wie andere nach Griechenland fahren oder nach Bali, du brauchst keine Filterzigarette zu retten, du brauchst keinem Feuer zu geben, Garfinkel.
Ich nahm dem Kommissar die Zigarette nicht aus dem Mund, ich rüttelte Garfinkel nicht, ich wies auf unsere Pässe in dem häßlichen Haufen. Es waren feine Reisepässe, amerikanische, meiner in Schweinsleder, Liccis in Boxcalf, «*I, the undersigned Secretary of State of The United States of America, hereby request ...*» Der Großinquisitor blickte auf, sah, daß ich einen englischen Reisemantel trug, sah, daß ich ihm mit Sicherheit keinen Zigarettenrat erteilen, sah, daß ich ihm möglicherweise in die Fresse schlagen würde. Er lächelte, wie eine Rokoko-Marquise ihrem Geliebten zulächelt, fischte unsere Pässe unter dem Berg hervor, stempelte sie ab, reichte sie mir mit einer Menuett-Verbeugung. Vielleicht dachte er, ich würde in Griechenland aussteigen.

gen oder auf Rhodos oder auf Zypern. Ein Mann mit einem feinen Mantel, mit einem feinen Paß, auf der Reise in ein feines Land.

Kein Laut des Protestes erhob sich, die Menge wich zurück. Eine Zeile aus einem Emigrantengedicht fiel mir ein: «*Geschlagene edle Schatten seh ich gleiten ...*» An geschlagenen Schatten vorbei eilten wir in die Nacht hinaus, über den Pier, auf das beleuchtete Schiff zu. In weißer Uniform warteten die Stewards.

War es ein Alptraum gewesen? Die müden alten Frauen mit den vertretenen Schuhen, die verschnürten Fiber-Koffer, die Augen voll Prügelfurcht, die demütig Geduldigen, die hilfesuchend Ungeduldigen, die gebeugten Rücken, die braunen Papiersäcke, der Bettler als Passagier, der Arm mit der Konzentrationslager-Nummer. Und Garfinkel. Oder hatte ich es nur als Alptraum empfunden? Es gibt immer noch Arme, nichts Neues, und so arm konnten die Passagiere der Enotria schließlich nicht sein. Mitleid? Nichts so Edles. Ich hatte mich vor den Inquisitoren geschämt. Aber hätte ich mich geschämt, wenn meine Mitreisenden nicht Juden gewesen wären? Ich war für Garfinkel verantwortlich. Samt meinem ungarischen Taufschein, meinem amerikanischen Paß und meinem englischen Reisemantel.

Das Schiff war klein, aber hübsch, die Kabine groß genug für unser schamloses Gepäck. Beflissene Stewards verstauten es unter die Betten. Wir gingen an Deck.

Eine kleine Frau stand neben mir an der Reling; ich hatte sie noch nicht bemerkt. Sie trug einen Spitzenhut mit einem Spitzenschleier, die ganze Frau aus Spitzen. Sie bot mir ihr Fernrohr an. Aber es war kein Fernrohr, nur ein armes Opernglas. Ich führte es ans Auge, und weil ich in meiner Kindheit der Versuchung nie hatte widerstehen können, durch Operngläser von beiden Seiten zu blicken, tat ich es auch diesmal. Napoli, *dolce Napoli*, war plötzlich fern. Napoli fern und die europäische Küste unglaublich klein.

Die Heimkehr des Isaak Garfinkel

Der Staat Israel ist seit dem 14. Mai 1948 unabhängig. Warum hatte ich so lange gezögert, Israel zu besuchen? Fünf Tage auf hoher See, Zeit zum Nachdenken. Es genügt nicht, die Reiseführer zu studieren.

Meine Familie, auf der Seite meines Vaters, auf der Seite meiner Mutter, stammt aus Ungarn, dem Regnum Marianum. Obwohl die Ungarn zu rund einem Viertel Protestanten sind, herrschte dort bis 1918 die katholische Kirche. Der katholische Fischfang ist ziemlich wahllos: Walfische oder Forellen, das ist dem Fischer egal. Intoleranz gehört zum Osten wie Staub und Kot auf den Landstraßen; daher fällt dort heute der Kommunismus auf fruchtbaren Boden. Indes konnte die Unduldsamkeit des Marienreiches nicht «rassisch» sein: Warum sollte sich ein Jude zum Katholizismus bekehren, wenn man ihn auch fürderhin als Juden verfolgen würde? Mit toten Fischen kann der katholische Fischer nichts anfangen. Die Proselytenmacher fischten Opportunisten. Zum Opportunismus, wie zu jeder Korruption, gehören zwei. Man unterschied zwar zwischen «geborenen» und «getauften» Christen; «geborene» Christen galten nicht als Juden, man gewährte ihnen Bewährungsfrist. Ob man Katholik war oder Protestant, wie ich selbst, war gleichgültig, denn die Calvinisten wollten keine schlechteren Fischer sein als die Katholiken. Das änderte sich erst, als sich Ungarn aus einem Regnum Marianum in einen Satellitem Hitleriensem verwandelte; man tötete 200000 Juden, ob sie «geborene» Christen waren oder nicht. Eichmann erntete in Ungarn. Die große Mehrheit der ungarischen Juden ging überrascht in den Tod – wie konnte man ihnen so etwas antun, da sie doch Ungarn waren? Es ist kein Widerspruch, daß viele ungarische Juden schon früh nach Palästina ausgewandert waren, obwohl sie die Chance hatten, Bewährungschristen zu werden – rund 200000 Israelis, ein Achtel der Bevölkerung, stammen aus ungarischen Sprachgebieten. Nur ein Teil floh vor dem Antisemitismus. Der größere Teil entwich dem eigenen Opportunismus. Theodor Herzl, der Apostel des Zionismus, wurde in Budapest geboren.

Seit ich denken kann, habe ich den Zionismus gefürchtet. «*Wenn man uns in Ruhe ließe ...*» schrieb Herzl. «*Aber man wird uns nicht in Ruhe lassen.*» Er schrieb auch: «*Wir sind ein Volk, ein Volk.*» Wird man ein Volk, nur weil man nicht in Ruhe gelassen wird? Joseph Roth schrieb: «*Der Jude hat ein Recht auf Palästina, nicht, weil er aus diesem Land kommt, sondern weil ihn kein anderes Land will.*» War das nicht Dichtung? Und galt es für mich? Meine mütterliche Familie hatte vierhundert Jahre am Balaton gesessen. Balatonboglár hieß die Heimat, ein Dorf am Plattensee. Die Großmutter, eine winzige Blondine, hielt die Gänse zwischen die Knie gepreßt, man stopfte die unglücklichen Tiere mit Mais; der Leiterwagen des Onkels, die Hahnenfedern wehten von den steifen Hüten der Gendarmen, man badete, wo die Pferde getränkt wurden, die dürren Akazien glasten von Staub, mit den Bauernkindern lief man Maté nach, dem Dorftrottel, im Bahnhofsrestaurant spielten die Zigeuner. Ein jüdisches Volk, *ein* Volk – und nun sollte ich bei dem Lied Csak egy kisleány van a világon nicht sentimental werden? Man ist kein Hund, weil man geprügelt wird, man prügelt mehr Menschen als Hunde. Der Zionismus konnte mich nicht überzeugen: Man flieht nicht aus Überzeugung, und Angst ist nur für den beschämend, der sie einflößt. Hatte ich deshalb so lange gezögert? Fürchtete ich die Bestätigung meiner Zweifel? Fürchtete ich die Enttäuschung? Ich fürchtete nur die Liebe. Man trennt sich nicht leicht von Balatonboglár.

Wir näherten uns der Meerenge von Korinth. Ich stand auf der Brücke, neben einem Landpfarrer aus Tours. Der Pfarrer, dick und rosarot, wie aus den « Contes drôlatiques », führte Pilger aus Frankreich ins Heilige Land, vier Frauen, fünf Männer. Einer der Männer, Bahnbeamter, Amateurphotograph, erkundigte sich nach den Linsen meiner Leica. Er zeigte mir den Reiseplan der Pilger. Verkündigungsbasilika in Nazareth, Gottesdienst. Krippenplatz in Bethlehem, Gottesdienst. Besuch der russisch-orthodoxen Kirche am Fuße des Ölbergs, kein Gottesdienst. Grabeskirche in Jerusalem, noch kein Plan. Der See Genezareth, Kapernaum, Via Dolorosa, Gethsemane, der Berg der Bergpredigt, Gottesdienst nach Bedarf.
Zwei junge Juden, Käppchen auf den Haaren, standen auf dem Turm über der Kapitänsbrücke; ich sah sie zum ersten Mal. Unter den Passagieren zweiter Klasse gab es viele Hippies; einige lehnten sich an die Reling, neben den jungen Juden. Die langen schwarzen Mäntel der jungen Juden flatterten im Wind. Die langen bunten Mäntel der Hippies flatterten im Wind. Papageienfarben und schwarz, lange Haare der Tradition, lange Haare des Protestes, Schweigen und Gitarre, alles im Wind. Ich hielt das Papier mit dem vervielfältigten Glaubensprogramm in der Hand. Über den Rand hinweg schielte ich zu den jungen Juden hinauf.
Zwei kleine Boote schleppten uns durch die Meerenge, zwischen unserem Schiff und den Felswänden nur wenige Meter, der Kanal sechseinhalb Kilometer lang, acht Meter tief. Berghohe Felsen zu beiden Seiten, wellengezeichnet, Relieflandschaft, Steinporträt des Meeres, es könnten Ausgrabungen sein, Ornamente, man kann, es bedarf keiner großen Phantasie, Gestalten erkennen und Gesichter, Nophretete, Pharaonen, Minerva, natürliche Friesen, gemeißelt wie über den dorischen Säulen der Akropolis, Triglyphen und Metopen. Zwei Brücken über dem Kanal, eine Eisenbahnbrücke, auf der anderen stehen Menschen, rechts und links tauchen griechische Soldaten

auf, im Gebüsch verborgen, militärische Geheimnisse Gewehr bei Fuß. Auf der Brücke das Plakat der «Machtergreifung», einundzwanzigster April, Flamme und Adler und Stahlhelm, *marcia su Roma,* Obristenmarsch auf Athen, den Diktaturen fällt nichts Neues ein. Aber ich murmele: «... *auf Korinthus' Landesenge / Der Griechen Stämme froh vereint* ...» Adele Bienert aus Düsseldorf hat es mir beigebracht, meine Gouvernante, der Großmutter mußte ich es aufsagen. Was sollte mir sonst einfallen? Der deutsche Kulturkreis. Vielleicht noch die Korintherbriefe, aus Ephesus und Makedonien. Friedrich Schiller und der Apostel Paulus. Von Hamans Sturz und Mordechais Erhöhung, von dem Spottlied auf Babel und Hoseas Warnung weiß ich wenig.
Die schwarzen Gewänder der jungen Juden flatterten im Wind. Die französischen Pilger an meiner Seite trugen große Kreuze auf den Rockaufschlägen, rot, aus Wachsleinwand, auch die Damen trugen rote Kreuze, eine war unverheiratet, hatte einen Minirock. Ich empfand die Kreuze als überflüssig, man würde die Pilger nicht für Juden halten, sie marschierten hinter ihrem Pfarrer einher, an den Liegestühlen vorbei, wie bei einer Prozession. Christus trug das Kreuz nicht auf dem Rockaufschlag. Aber der Amateurphotograph aus Tours und ich, wir haben etwas gemeinsam – Gethsemane, zum Beispiel. Mein Religionslehrer im Gymnasium hieß Achberger, jetzt ist er Pastor in Graz, er hat mich in Ascona besucht. Der Religionsunterricht hat jedes Jahr mit dem Evangelium des Matthäus begonnen, über Johannes kam man nie hinaus, beim Alten Testament hat die Schule gefehlt. In Haifa würde mir das Außenministerium einen Reiseplan unterbreiten, hatte der israelische Botschafter in Bern gesagt. «Bethlehem ist sicher nicht dabei», hatte ich zu Licci gesagt. «Aber wir werden es uns anschauen, auf dem ‹schwarzen Markt› ...» Mißtrauen. Zweiundzwanzig Jahre, bevor ich mich zur israelischen Reise entschloß.

Licci hatte sich vom Schock der Abreise schnell erholt. Sie hat von Geburt an etwas für Menschen übrig; ich habe für Menschen erst etwas übrig, seit ich meine Frau kenne. Die Passagiere wirken anders, bei Licht besehen, sagte sie.
Sie wirkten anders, aber es hatte nichts mit dem Licht zu tun. Die alte Dame mit den gelockten grauen Haaren, die mir in Neapel aufgefallen war, weil sie mit dem Gepäckträger gefeilscht hatte, bekam den besten Tisch im Speisesaal; offenbar hatte sie den Maître d'hôtel großzügig bedacht. Die Frau mit den zerrissenen Strümpfen trug Hosen, was sie nicht hätte tun sollen, aber auf der Piazza in Ascona sitzen Dutzende von Deutschen, Holländerinnen und Italienerinnen, die es auch nicht tun sollten. Ein kleiner Mann mit einer Schildmütze – wie sich der Antisemit den Juden vorstellt – spielte unentwegt Schach mit dem neuen belgischen Botschafter in Israel, der, aus Moskau kommend, seiner neuen Mission entgegenfuhr.
Garfinkel, Isaak Garfinkel, reiste erster Klasse, zu meiner klassenbewußten Überraschung. Er sah nicht mehr so grau aus, eher wie Cyrano de Bergerac, gegen Ende des Rostandschen Stückes. Der Speisesaal war halb leer, denn das Mittelmeer benahm sich, seiner jüngsten strategischen Bedeutung bewußt, wie der Atlantische Ozean. Garfinkel war nicht seekrank. Garfinkel bediente sich vom Hors d'œuvre, als hätte die Speisekarte nicht weitere fünfzig Gänge anzubieten: Schiffsmenü, mit Spinat als eigener Speisenfolge.
Garfinkel hatte in Uruguay gelebt. Er war dorthin aus Lemberg geflohen. Er war Herrenschneider, doch verstand er wohl wenig von Uniformen; er wäre sonst in Südamerika weitergekommen. Seine Tochter, jetzt dreißig und verheiratet, sein Sohn, jetzt vierundzwanzig, hatten Israel gewählt. Garfinkel zeigte die Photographien seiner Enkelkinder. «Moshe sieht mir ähnlich», sagte er. Ebenso hätte er sagen können, daß ihm Prinz Charles von England ähnlich sieht, aber schließlich kannte er die Kinder nur von Schnappschüssen. Jetzt würde er

bei ihnen bleiben. «Du brauchst dich um nichts zu kümmern», hatte ihm seine Tochter geschrieben.

«Was denkt der Kapitän von diesem Publikum?» fragte ich Licci.

Da saß der Kapitän an seinem Kapitänstisch, mitten im Speisesaal, mit drei Offizieren. Dachte er, daß Garfinkel zu viel ißt – «natürlich»? Dachte er, daß sich die drei Kinder, als Cowboys verkleidet, zu laut benehmen – «natürlich»? Der Kapitän sah wie ein Pökelhering aus, er ging einwärts, als wollte er sich auf die eigenen Füße treten, aus seiner schwarzen Krawatte hing das Futter, er sprach nur italienisch. Er hätte auf seinen Frachtern bleiben sollen. Vermutlich dachte er gar nichts, jedenfalls war es gleichgültig, was er dachte. Später flog ich mit einem christlichen Amerikaner nach Eilath, der war auch als Cowboy verkleidet und benahm sich zehnmal kindischer als die jüdischen Kinder, aber ich erklärte keinem Israeli, daß der Herr aus Houston kein typischer Amerikaner sei.

Der Snob ist ein Mann, der die Nase rümpft, bevor er sie zu putzen gelernt hat. Aber der Snob rümpft die Nase und geht weiter. Wenn man ein Snob ist, der von Juden stammt, bleibt man stehen. Außer den Juden kennen nur die Deutschen dieses quälende Gefühl der überflüssigen Mitverantwortung. «*Die Geschichte der jiddischen Sprache ist eine Tragödie*», schreibt Salcia Landmann. Aber es ist nur eine Tragödie, daß es Juden gibt, die sie als solche empfinden. Der Engländer kümmert sich nicht um den Cockney von Whitechapel, er findet ihn höchstens amüsant. Was ist ein Jude? Vielleicht ist man ein Jude, wenn man sich darum kümmert, was ein Pökelhering von Garfinkel hält.

«Drei Tage, dann sind wir in Israel», sagte ich zu Licci.

Ich sagte es mit einem Unterton, den nur sie verstand. Da werden wir andere Juden sehen! Viele junge Israelis sollen blond und blauäugig sein – eine gute Nachricht. Warum so gut, eigentlich? Ein neuer Menschentyp. Und wenn es kein neuer wäre? Etwa fünzig jüdische Nobelpreisträger, auch ohne neuen Menschentyp. Bauern, neuerdings? Warum ist das so besonders rühmlich, ein Bauer zu sein? Meine Ahnen waren, auf Mutters Seite, jüdische Bauern, was weiter? Tapfere Soldaten, die Juden, neuerdings? Gideon, Amaziah, Jerobeam, Josua, Juda Maccabaeus hatten sich auch nicht gerade schlecht geschlagen. Hauptmann Bienenstock, der höchstdekorierte ungarische Offizier des Ersten Weltkrieges, «bei Licht besehen». Übrigens weiß ich es heute: Die jungen Juden sehen nicht wie junge «Arier» aus. Sie sehen aus wie junge schöne gesunde kräftige Juden.

Das Schiff passierte die griechischen Inseln, ein halber Tag Athen, Akropolis. Einen Flugzeugträger der Amerikaner hatten wir schon in Neapel gesichtet. Der Piräus war grau von englischen und amerikanischen Zerstörern, Kreuzern, Kanonenbooten, U-Booten. «Wo sind die Russen?» fragte ich den Kapitän. «Sie sind da, aber man sieht sie nicht», sagte er. Es war ein amerikanischer Präsident, Theodore Roosevelt, der gesagt hat, man sollte leise gehen und einen dicken Knüppel tragen. Ein Amerikaner hat es gesagt, die Sowjets befolgen es.

Bei stürmischem Seegang ankerten wir vor Rhodos. «*Gewiß haben die Götter des Olymp mit Vorbedacht Rhodos an diese Stelle gesetzt, als äußersten Vorposten der griechischen Kultur an der Einfahrt in den Orient*», heißt es im Reiseführer. Reiseführer beziehen ihre Informationen direkt vom Olymp.

Wir nahmen ein Taxi, fuhren zu dem verlassenen Franziskanerkloster des antiken Yalissos hinauf, wanderten an der mittelalterlichen Stadtmauer entlang, bergauf die Ritterstraße; ein Meer von Mohn, Renoir-Felder, rote Farbflecken im Grün, türkische Quartiere, Moscheen, schon ganz Orient, an der Küste Bungalow-Hotels, hier baut Onassis, ein paar hundert Meter weiter: hier stinkt das Elend; bis 1522 Stadt des Johanniterordens, ein Schuhverkäufer schiebt seinen Karren, Spielkasino, eine Frau scheffelt das Wasser aus ihrem Lehmzimmer, *«im Sommer wetteifert der Flugplatz von Rhodos mit jenem von Athen»*, rühmt der Reiseführer. Die Menschen sind zu dumm für Reformen, sie sind nur gerade gescheit genug für Revolutionen. Innerhalb der Stadtmauer die Altstadt, Basare, Juwelenläden, echte und falsche Antiquitäten, Diners Club, byzantinische Kerzenhalter, Lederarbeiten, Corriere della Sera, Le Monde, Die Welt, meerblauer Türkis aus Persien. Der junge Händler war haschischselig, wir hätten seinen halben Laden ausräumen können, das Elend ist pittoresk, man nennt das Fremdenverkehr.

In der engen Straße, die vom kreisförmigen Hauptplatz aufsteigt, wurden die Rolläden herabgelassen. Die Judenstraße. Ist es nur ein Name? Über zweitausend Juden lebten auf Rhodos. Im Jahre 1912 nahmen die Italiener von den Türken, was den Griechen gehörte. Die türkische Herrschaft auf der griechischen Insel hatte 389 Jahre gewährt, man fand es nicht merkwürdig: Türken sind keine Juden. Im Zweiten Weltkrieg kamen die Deutschen und besorgten, was die Italiener zu tun unterlassen hatten. Wo deutsche Gründlichkeit regiert, da sind Schlupfwinkel keine Schlupfwinkel, Inseln keine Inseln, Inseln keine Schlupfwinkel. Zweitausend Juden wurden verschleppt, Frauen und Kinder, drei jüdische Familien kehrten zurück. Wenn man will, öffnet einem Lucia Salam die Tür der Synagoge. Sie kam allein zurück, aus Auschwitz. «Seit 1943 gibt es keinen Gottesdienst, wir bekommen keine zehn Männer mehr zusammen, wir sind nur fünfunddreißig.» Rhodos–Tel Aviv, in der Luftlinie: 836 Kilometer. Nach Auschwitz ist es etwas weiter.

Östlich von Zypern wehte ein heißer Wind. Die Nacht war schwül, der Himmel groß, aber nicht unendlich, man sah seine Grenzen, die Sterne wie beleuchtete Häuser auf einem Bergkamm. Der Himmel über Asien ist größer, die Sterne sind größer, der Mond ist größer als in Europa, man erklärt es mit der Rundung der Erde, wer will, kann es glauben.

Im Schiffssalon wurde Bingo gespielt, Schiffspassagiere werden Kinder, der Baßgeiger rief die Zahlen aus, auf englisch, deutsch, italienisch, der Pfarrer aus Tours rief: «Bingo!» Es waren nicht viele Passagiere beim Bingo. Ein Jude nach dem anderen hatte den Salon verlassen. Sie standen draußen in der Nacht, in der man nichts sah, als was man jede Nacht sehen konnte: die Silberbrücke über dem Wasser. «*Das Land der Griechen mit der Seele suchend ...*» In der Dunkelheit lag das Land der Juden, und die Juden auf der MV Enotria suchten es mit ihrer Seele – ob es Israelis waren oder amerikanische Feriengäste oder Juden aus der Diaspora auf Verwandtenbesuch oder junge Einwanderer oder müde Wanderer.
Am frühen Morgen legten wir in Haifa an. Viele haben die Stadt besungen – woher die Verblüffung? Leuchtend weiße Quadersteine, übereinander gehäuft, beinahe ohne Perspektive, es sind nicht die drei Stufen des Berges Karmel, es sind Hunderte Stufen, auch die fertigen Häuser wirken unvollendet, sie laufen den Berg hinauf. Oder ist es der Hafen? Er ist mit riesigen Molen eingefaßt, Arme, die ins Meer greifen, sie umarmen das Meer, drücken es an das Herz Haifas, ein Zerstörer liegt vor Anker, Frachter, Passagierdampfer, Eisenbahnschienen, eine Getreidefestung, riesige Baumstümpfe rollen an Land. Marseille, New York, Palermo. Auch das ist es nicht. Man war ostwärts gefahren, und nun ist man im Westen. Die griechischen Inseln orientalisch, und nun Europa. Columbus hat Indien gesucht und Amerika gefunden. Später, in meiner Zweiten Israelischen Ode: «Das Abendland lebt jetzt im Morgenland ... / – wollt ihr gar Paradoxes hören? – / die Juden fliehen nicht, / sie geben euch Asyl.»
Wir stehen an der Reling, trachten, unsere einzigen israelischen Freunde zu entdecken – «wir werden da sein, zu jeder Stunde», hatten die Kieslers geschrieben –, rechts von mir der belgische Botschafter, links zwei Kinder, die winken und Schalom, Schalom! rufen. Der Zolloffizier kommt an Bord, Mr. Weißler,

er sieht wie ein englischer Oberst aus, schon hängt der Wagen am Strickarm des Kranes, schon wird das Gepäck über die Brücke getragen, eine alte Dame erledigt die Formalitäten mit den Autopapieren – für Israel gilt die grüne Versicherungskarte nicht, man befindet sich im Kriegsgebiet –, sie stammt aus Wien, kurze literarische Unterhaltung, während sie das Dokument ausstellt, der Direktor des Hafens spricht meine Frau an – «Ich glaube, wir sind beide in Preßburg geboren, danke für Ihren Brief an die Herald Tribune» –, der Paßbeamte will wissen, ob ich ein Buch über Israel schreiben werde, ich sage «Nein», leichtsinnig.

In der Abfertigungshalle stehe ich unter dem Buchstaben «H», es ist wie in New York, nur geht alles schneller, das amerikanische Tempo ist eine Farce, niemand streckt die Hand nach einem Trinkgeld aus, kein Zollinquisitor stellt blödsinnige Fragen, Schalom, Schalom!, man hat vergessen, der Mafia die Einreise zu erlauben. Ich blicke mich um, «H» neben «G»: Da steht Garfinkel, Isaak Garfinkel aus Lemberg und Montevideo. Er hält ein kleines Mädchen im Arm, ein kleiner Junge blickt zu ihm auf, er ist von fünf oder sechs jungen Menschen umringt. Er scheint um zwei Köpfe gewachsen zu sein, der Isaak Garfinkel aus Lemberg und Montevideo; der Isaak Garfinkel, der den Beamten in Neapel vor dem Zigarettenbrand bewahrt hat, ist über Bord gegangen, irgendwo zwischen Rhodos und Zypern. Ich muß mich ihm vorstellen, dem neuen Garfinkel.

Er kommt mit einem jungen, hochgewachsenen, dunkelhaarigen Soldaten auf mich zu.

«Jehiel, mein Sohn», sagt Garfinkel. «Er ist Soldat.»

«Ich sehe», sage ich.

«Er ist Froschmann», sagt Garfinkel. «Er hat Urlaub bekommen.»

«Ich verstehe», sage ich.

Ich verstehe, daß Isaak Garfinkel heimgekehrt ist.

Ein Tag wie ein Jahr

Man behauptet, daß alle Gäste, die das Außenministerium je umsorgte, Israel wieder heil verlassen haben. Das Programm, das mir Botschaftsrat Shaul Kariv von der Kulturabteilung des Ministeriums überreichte, sah nicht so aus, als ob man es ohne weiteres überleben könnte. «Übrigens nur eine Anregung», sagte der Botschaftsrat, «Sie können natürlich sehen, was Sie wollen.» Ich reichte Licci das Programm, etwas beschämt. Nazareth, Bethlehem, Kapernaum: Man hatte mir nichts unterschlagen. «*Leave for a visit of the Holy Places around the Sea of Galilee.*»

Es begann mit der Improvisation. Im Hafen hatte eine Pressekonferenz stattgefunden, aber die Reporter von Jedioth Achronoth und Jerusalem Post warteten im Hotel.

Israel hat 481 Zeitungen und Zeitschriften, davon 24 Tageszeitungen verschiedener politischer Schattierungen; die wichtigsten erscheinen in Tel Aviv, acht in fremden Sprachen, Jerusalem Post englisch, Jedioth Chadashoth deutsch, Uj Kelet ungarisch, zwei arabische Blätter. Nur in Skandinavien werden mehr Zeitungen gelesen als in Israel. Die gesamte Auflage der israelischen Zeitungen, bei einer Bevölkerung von drei Millionen, ist größer als die der ägyptischen bei einer Bevölkerung von fast dreiunddreißig Millionen.

Israel, heißt es, hat den besten Geheimdienst der Welt, was ich nicht unbedingt für ein Kompliment halte: Geheimdienste sind, wie Generale, eine peinliche Notwendigkeit. Indes haben Spionage und Journalismus die Freude an der Information gemeinsam. Information hinwiederum beruht auf gewissenhafter

Vorbereitung: Überraschte Spione sind, was immer sie zufällig erfahren mögen, schlechte Spione, überraschte Journalisten sind schlechte Journalisten. Ich konnte keinen israelischen Reporter überraschen. Der Kulturredakteur von Haarec, die man die New York Times von Israel nennt, ein Neffe des Dichters Lion Feuchtwanger, war sogar über meine Fehde mit deutschen Literaten genau unterrichtet. Ich interviewte die israelischen Journalisten, die mich befragten.
Wir aßen im Rondo-Restaurant des Hotels. Zu unseren Füßen die weiße Stadt, das blaue Meer: die Nationalfarben Israels kein Zufall. Rechts, in der Bucht, Hochöfen, Ölzylinder, rauchende Schornsteine der Industrieanlagen, bei Nacht brennende Fackeln. Jenseits der Bucht die Hügel des Libanon. Nachts ist der Libanon dunkel. Wenn ein Licht aufblitzt, sind es die Augen des Panthers. In Israel ist man immer auf Safari.
An der Restauranttür die erste Begegnung mit einem jener Maîtres d'hôtel, die den Gast mit dem höflichen Ultimatum empfangen: «Fleisch oder Milch!»
Israel ist eine sozialistische Demokratie mit gastronomischer Diktatur. Zwar wird kein Gastwirt gezwungen, koscher zu kochen, aber die koschere Küche gehört zum *bon ton*, wie es bei Persönlichkeiten des öffentlichen Lebens zum guten Ton gehört, einen hebräischen Namen anzunehmen. Hat sich ein Restaurateur für die koschere Küche entschieden, muß er sich die Überwachung durch einen 007 des Rabbinats, den Mashgiach, gefallen lassen – ein ausgesprochener Traumberuf.
Obwohl Gaylord Hauser von Moses lernen könnte – der erstaunlich gute Gesundheitszustand der Israelis ist nicht zuletzt der koscheren Küche zu danken –, hatte ich Mühe, mich mit den rituellen Gesetzen zu befreunden: Ich lasse meinen Magen nicht gern bevormunden. Eher lernt ein Zivilist die militärischen Geheimnisse Israels kennen, als daß ein Unerfahrener den koscheren Geheimcode begriffe. Ich wußte, daß ich in Israel auf Schweinefleisch würde verzichten müssen, aber daß es

mir verwehrt sein würde, nach einem Steak-Dinner Milch in meinen Kaffee zu träufeln, war mir neu. Wer am Sabbath eine Zigarette rauchen will, kann es jedenfalls nicht dort tun, wo gegessen wird. Ein koscherer Baedeker ist fällig.

Heuchelei oder Politik, oder beides? Wer im Restaurant, in der Mensa oder in der Armeebaracke koscher ißt, tut es deshalb noch nicht im eigenen Heim. Und wer, fünf Minuten nachdem er in seinem Hotelzimmer ein «Milch-Frühstück» bestellt hat, eine Portion Fleisch kommen läßt, wird ohne weiteres bedient. Drei Parteien – die Mafdal, die Agudat Israel und die Poalei Agudat Israel, mit insgesamt 18 von 120 Sitzen im Parlament – verteidigen die religiöse Tradition mit Mitteln der politischen Pression. Die Mehrheit der Israelis, insbesondere die Jugend, lehnt die Verquickung von Staatsgesetz und Religionsgesetz ab; in der Küche übt eine Minorität die Herrschaft aus.

Ist es so einfach? «In Israel», erklärte mir ein hoher Richter, «hat man gelernt, auch das zu respektieren, was man ablehnt. Unser Land ist auf jüdische Tradition aufgebaut, dazu gehört der Respekt vor der religiösen Überlieferung.» Und auf meinen Einwand, daß Achtung und Zwang zweierlei seien: «Religion ist Disziplin. Das ist doch eine primitive Vorstellung, daß Moses nur ein genialer Diätetiker war, als er – lesen Sie nach, drittes Buch, Kapitel elf – seinen Leuten die seltsamsten Vorschriften machte, zum Beispiel ‹*von allem geflügelten Geziefer*› nur solches zu essen, ‹*das über den Füßen zwei Schenkel hat, mit denen es auf der Erde hüpft*›. Es waren schließlich nicht lauter Edelleute, mit denen Moses aus Ägypten auszog, es war ein ziemlich wilder Haufe – denken Sie an die Geschichte mit dem Goldenen Kalb, zweites Buch zweiunddreißig. Das wichtigste an den Gesetzen Mose war, daß sie Gesetze waren. Wenn Sie aus einem Gesetzbuch auch nur ein einziges Blatt herausreißen, zerflattern die Seiten. Bringen Sie einem Jungen bei, sieben Tage in Laubhütten zu wohnen – drittes Buch Mose, dreiundzwanzig –, und Sie werden mit den Fallschirmjägern keine Schwierigkeiten haben.»

Ich dachte an Europa und Amerika, die junge Welt, die an Senilität stirbt. Dort wählt man jetzt unter den Gesetzen aus wie unter den Krawatten in einem Herrenmodegeschäft: Ich nehme diese, eine zweite, eventuell, die dritte können Sie behalten, sie paßt mir nicht. Herausgerissene Blätter, zerfallende Bücher. Man kann allerlei lernen, wenn man im Rondo-Restaurant zu Haifa das Fleisch-oder-Milch-Ultimatum nicht wortlos akzeptiert. Freilich genügt es nicht, was man dabei lernt. Die religiöse Unduldsamkeit hört nicht bei den Kochtöpfen auf. Anscheinend wird jedem Volk ein Maß an Intoleranz in die Wiege gelegt. Die Juden haben so viel unter der Intoleranz der anderen gelitten, daß sie tolerant geworden sind gegen andere. Sie gleichen es aus durch Intoleranz gegen sich selbst.

Es war noch früh. Ich hatte dem Außenministerium geschrieben, daß ich mir das Kinderheim Ahavah in Kiryat Bialik ansehen wolle. Seit mir ein Verleger ein zu niedriges Honorar zugedacht und ich ihm nahegelegt hatte, das Geld an ein israelisches Kinderheim zu überweisen, habe ich Ahavah nicht aus dem Auge verloren. Jedes Jahr zu Weihnachten schicken mir die Kinder einen Olivenzweig. Jüdischen Freunden, die nichts von Weihnachten wissen wollen – in der Diaspora begnügt man sich nicht mit der Unduldsamkeit gegen sich selbst –, zeige ich den Olivenzweig und die Merry-Christmas-Karte aus Israel. Ahavah heißt Liebe.

Wir fuhren in das auf wenige Kilometer von Haifa entfernte Dorf. Dicker Staub, dürre Bäume, ebenerdige Häuser: Kiryat Bialik könnte Balatonboglár sein.

Die Leiterin des Heimes, eine Deutsche, war auf Urlaub, ihre Stellvertreterin empfing uns; sie stammt aus Wien. Apfelstrudel zum Kaffee. Mosad Ahavah hat eine deutsche Tradition: 1917 in Berlin gegründet, Asyl für Pogrom-Kinder, die Eltern auf der Flucht vor den Kosaken, 1933 kommen die braunen Kosaken, *Look Westward, Jew,* hat man den Juden gesagt, als ob Westen etwas anderes wäre als eine Himmelsrichtung. Evakuierung der Kinder, im letzten Moment, Richtung Südosten, Flucht nach Palästina, der sichere Hafen, man ist angekommen, dreißig Jahre später rüttelt der Wüstenwind an die Tore von Mosad Ahavah, neue Flüchtlinge, diesmal aus den arabischen Ländern. Christus ist nur einmal auferstanden, der Teufel steht jeden Tag auf.

Ein junges Schweizer Ehepaar führte uns herum. «Sie sind also in St. Gallen zu Hause», sagte ich zu dem rothaarigen Mann. «Ich war in St. Gallen zu Hause», sagte er. Bei unserem Anblick liefen einige Kinder davon, einige lachten, es war kein gutes Lachen, einige folgten uns scheu, kleine gezähmte Tiere, ein kleines Mädchen flüsterte der Erzieherin etwas ins Ohr – was hat es gesagt? –: Doron soll wieder ein Fahrrad gestohlen haben, nebenan, aber vielleicht ist es nicht wahr, vielleicht ist Doron kein Dieb, vielleicht ist Sarah eine Lügnerin. Hundertzwanzig Kinder, keine Waisen, aber die Eltern wollen von ihren Kindern nichts wissen, die meisten stammen aus Marokko oder Algerien, zerrüttete Ehen, Spieler, Diebe, Prostituierte, Juden allesamt, doch anders, als man sich Juden vorstellt, in Europa, wo man die Juden hinaufschätzt oder hinunter, je nach Bedarf. «Schulpflicht, natürlich, aber diese Leute nehmen ihre Kinder aus der Schule, sobald die Kleinen lesen und schreiben können, die Eltern können weder lesen noch schreiben, sie prügeln ihre Kinder, schicken sie betteln.» Kinder zwischen sechs und vierzehn. Ein neunjähriges Mädchen bewunderte die Kette um den Hals meiner Frau; die Augen wie unter Asche, das Feuer unter der Asche kann zur Flamme werden oder verglühen. Das Mädchen war erst seit einigen Tagen hier, kann weder lesen noch schreiben, man muß sich mit jedem Kind einzeln beschäftigen: Schulbeginn ist, wenn eine Familie zerbricht. «Die meisten Kinder kriegen wir hin», sagte die junge Schweizerin. Wir kriegen sie hin, wir schaffen es – jetzt hörte ich es zum ersten Mal, den Refrain Israels.

Die Kinder gewöhnten sich an uns, schlossen sich uns an. Ein Junge ergriff meine Hand, führte mich zum Schwimmbad: die Wohnhäuser heiter, sauber, aber asketisch, der Swimming-pool beinahe luxuriös. Der junge Schweizer blickte zu den Bäumen hinauf. Bäume in Israel sind anders, nicht in die Natur gewachsen, in die Natur gebaut, Menschenwerk. Zwischen die Äste waren Bretter gekeilt, Menschennester. Der Schweizer sagte: «Merkwürdig, Sie werden es mir nicht erklären können, ich selber kann es mir nicht erklären – im Herbst werden die Kinder unruhig, sie klettern auf die Bäume, bauen plötzlich im Laub, sie wollen in den Bäumen wohnen; die meisten haben nie vom Laubhüttenfest gehört.» Die Wienerin – wie viele Israelis argwöhnte sie, daß Licci und ich wenig von jüdischen Bräuchen wissen –, sagte: «Im Herbst ist Laubhüttenfest, Sukkot, darauf folgt der Tag der Gesetzesfreude, Simchat-Tora.» Daß es einen Tag der Gesetzesfreude gibt, hatte ich tatsächlich nicht gewußt. Gesetzesfreude: Vielleicht ist es das Geheimnis Israels, Freude am Gesetz, Simchat-Tora.

Die Kinder umringen den Wagen, langsam heben sie die Hände, die Hände werden schneller, sie winken noch lange. Der Staub frißt sie auf, es ist, als sähen wir die Augen, nachdem die Hände verschwunden sind.

Ich blätterte in den Prospekten, die man mir gegeben hatte. Shaul Kariv schwieg. Ein stiller Mann, Beethoven-Kopf, eine warme Stimme, keine Pose; er wurde in Deutschland geboren, ist vor kurzem von einer lateinamerikanischen Botschaft heimgekehrt. Wir sollten Tage und Nächte mit ihm verbringen, ohne je ein beschönigendes Wort von ihm zu hören. Ich hatte mir gewünscht, Ahavah zu sehen, ein bedrückender Auftakt, warum nicht? Einer der Prospekte heißt «Kinder-Schicksale», er berichtet von Dalia und Beruria und Siwah, und es stehen Sätze darin wie: «*Gabriele kann die Dinge nicht verstehen, kann nicht am Unterricht teilnehmen, und dann kommt es ihr vor, daß in diesem Rah-*

men überhaupt kein Platz für sie ist.» Ich lerne ein Land kennen, das in seinen Prospekten Niederlagen verzeichnet.
Shaul Kariv schlug vor, in eine Drusensiedlung zu fahren, bei Haifa, wir hätten noch Zeit: Man hat hier merkwürdige Vorstellungen von Zeit. Wir fuhren ostwärts, bergauf, über breite Asphaltstraßen, nach Dalijat el-Karmel.
Es gibt achtzehn Drusendörfer in Israel mit 33000 Einwohnern, über acht Prozent der Nichtjuden sind Drusen, jährlich pilgern sie zum Grab Jethros, des Schwiegervaters von Moses, Islam mit verwandtschaftlichen Beziehungen. Wie die Juden warten die Drusen auf den Messias; er ist ihnen erschienen, aber auf rätselhafte Weise verschwunden, er war ein Kalif, al Hakim. Von Anbeginn bis heute: Kein Konflikt zwischen Drusen und Juden, vielleicht weil man die Drusen in Syrien und im Libanon unterdrückt und verfolgt hat; junge Drusen dienen freiwillig in der Armee, Drusen sind im Sechs-Tage-Krieg gefallen; vier junge Jüdinnen kümmern sich um die Witwen und Waisen, eine heißt Chana Blum, unerbittlich setzt sie die materiellen Forderungen der Drusen-Witwen bei der Regierung durch; in Dalijat el-Karmel gibt es eine Bibliothek zur Erinnerung an die gefallenen Drusen; in der siebenten Knesset sitzt ein Druse, als Vize-Vorsitzender des Parlaments hat Seif el Din Suabi die Tagung eröffnet; einer der Drusenführer, Gamal Mansur, zweifacher Doktor, hatte auf einer Vortragsreise in den amerikanischen Universitäten beträchtliche Schwierigkeiten – die Studenten in Berkeley lesen die Mao-Bibel, sie sollten nach Dalijat el-Karmel fahren.
«Mein Freund», nannte mich der Besitzer eines Geschäftes, in dem drusische Handarbeiten verkauft werden; ich kaufte nichts, er lud uns zum Kaffee ein. Verschleierte Frauen kamen vorbei, jüngere Drusinnen ohne Schleier, die beschmutzen ihre Füße nicht im Sand, sie schweben über die Dorfstraße. Die Männer von ruhiger Schönheit, sie blicken einem ins Auge, es ist eine gute Herausforderung, man kann sich in die Augen blik-

ken, ohne zu duellieren. Ein Schulautobus mit jüdischen Kindern hielt an, die Kinder der Drusen empfingen sie, ein israelischer Fallschirmjäger unterbrach die Kaffeestunde, kaufte Souvenirs. «Sie kommen aus der Schweiz», sagte der Druse – er sprach ein fließendes Geschäftsenglisch –, «ich liefere in die Schweiz, ein schönes Land, *beautiful country, no war.*» Wir ahnten beide noch nichts von dem arabischen Piratenüberfall auf die Swissair, es gibt viele *beautiful countries,* überall ist *war.* Er hielt die Arme über die Brust gekreuzt, er fragte, ob ich wisse, warum es in Israel Krieg geben muß; er hatte es wohl oft vergebens gefragt, denn er wartete die Antwort nicht ab: «Seit zwanzig Jahren denke ich darüber nach, *no answer.*»

Die Kinder, die sich um unseren Wagen versammelt haben, winken uns nach, ich denke an die Kinder in Ahavah. Béranger läßt Maria Stuart sagen: «*Adieu! te quitter, c'est mourir.*» Aber nicht wir sterben, die Adieu sagen, wir fahren zurück, in den Frieden, hier winkende Kinder, die im Krieg leben, Judenkinder, Drusenkinder, der Staub hüllt sie ein, im Staub verschwindet die Wirklichkeit, die Kinder bleiben zurück: Werden sie leben?

«Wir könnten über Akko zurückfahren», sagte Shaul Kariv.

Ich hatte es mir schon vorgemerkt: Akko besuchen! Zweimal hielt man uns an, für wenige Augenblicke, Straßensperren. Ältere Soldaten, die wie britische Sergeant-Majors aussehen, junge Mädchen in Uniform, Chen, die Frauengarde, aber «hen» heißt Charme – Entlastung für die Armee, die zwanzig Kilometer nördlich von hier die Wache hält: die Grenze Libanons. Sight-seeing im Schatten der Kanonen.

«*Wir aber gelangten, indem wir die Seefahrt beendigten, von Tyrus nach Ptolomais, begrüßten die Brüder und blieben einen Tag bei ihnen*», schreibt der Apostel Paulus in sein Logbuch. Akko hieß in den Zeiten Christi Ptolomais, und den «Brüdern» ging es hier nicht besonders gut, weder damals noch unter den Ägyptern, noch unter den Kreuzfahrern, noch unter den Beduinen, noch unter

den Türken. Pascha Ahmad wurde von den Arabern Jazzar genannt, der Halsabschneider; übrigens war der Halsabschneider ein tüchtiger Krieger, mit Hilfe der britischen Flotte brachte er Napoleon ein asiatisches Waterloo bei. Den «Brüdern» half das wenig. In der Mandatszeit ehrten die Engländer die türkische Zitadelle; sie modernisierten sie, Zentralgefängnis für die rebellischen Juden Palästinas. Jüdische Untergrundkämpfer wurden hier hingerichtet: Sterbend sangen sie, unbelehrbar, die israelische Nationalhymne, Hatikwa, Hoffnung.
Man soll nicht sagen, daß die Welt uneinig ist: Araber, Türken, Griechen, Christen, Mohammedaner – spricht man das Wort «Jude» aus, schon ist sie einig. Auf ein paar Meter von der Zitadelle entfernt, auf der türkischen Bastion Burj Kurajim, steht Napoleons verlassene Kanone, von hier sieht man den Libanon, man denkt: Israel baut voreilig Museen. «Geschichtliche» Ansprüche sind ein Hohn auf die Geschichte – wo beginnen sie, und wann und wer will sie datieren? –, aber wenn man an geschichtliche Ansprüche glaubt, warum soll dann der jüdische Kalender nicht gelten? Die britische Herrschaft dreißig Jahre, die babylonische fünfzig, je zwei Jahrhunderte regierten die Perser, die Hellenen, die Kreuzfahrer, die Mamelucken, je dreihundert die Römer und Byzantiner, vierhundert die Ottomanen, vierhundertsechzig die Araber, aber die Epoche des ersten Tempels währte sechs, die Epoche des zweiten Tempels über sechs Jahrhunderte, zwölfhundert Jahre insgesamt, und zwischendurch waren die «Brüder» immer da, eine Minderheit.
Spurensuche in der Abenddämmerung. Die Kreuzfahrermauern, in den Schießscharten fault überreifes Obst, dunkelrote Orangenschalen heben sich ab vom Blau des Meeres, das Refektorium der Johanniter, die Moschee al-Jazzar, der arabische Markt, die modernen Häuser der Israelis, Fischerboote, Lastwagen mit Kühlanlagen, das Kloster der Klarissinnen, die sich die Gesichter verstümmelten, als die Moslems Akko erober-

ten: Krieger vergehen sich immer an Nonnen, nichts Neues. Im Fenster eines Ladens der Ausspruch des Kirchenbauers Ebulie Fazie: «*Wer in christlicher Liebe durch diese Straßen geht, den bitte ich, für meine Seele zu beten.*» Wer in christlicher Liebe durch die Straßen geht, hat viel zu beten.

Rückkehr nach Haifa. Rehov Ha'atsmaut, Herzl Street, Balfour Street, der Persische Garten, Großstadtverkehr, jetzt brennen die Fackeln im Kishon-Hafen. Abendessen bei Ilse und Karl Kiesler. Noch sind es unsere einzigen israelischen Freunde; das wird sich ändern.

Vor einem Jahr meldete sich eine Stimme aus dem Hotel Europe in Ascona: «Hier Kiesler.» – «Doch nicht Karl Kiesler?» – «Sie erinnern sich?» – «Ob ich mich an dich erinnere! Ich kann noch deine Unterschrift fälschen, ich habe sie oft unter Entschuldigungen gesetzt. ‹Mußte wegen Zahnschmerzen dem Unterricht fernbleiben ...›» Karl Kiesler aus Wien, damals cand. ing., er war mein Erzieher, verbrachte mit uns die Ferien in Payerbach-Reichenau, seit meinem fünfzehnten Lebensjahr habe ich ihn nicht gesehen. Heute angesehener Versicherungsexperte in Haifa, Konsul der Bundesrepublik Deutschland, hohe Auszeichnungen, allerlei wichtige Buchstaben hinter dem Namen. Die zierliche, kluge Frau ist seine Mitarbeiterin, sie stammt aus Deutschland, die Söhne Sabras, also in Israel geboren, Offiziere der Armee, mit bildhübschen Sabras verheiratet. In der behaglichen Villa auf Moriah Avenue – die Köchin bereitet ein Wiener Essen; sie spricht vier Sprachen, sie hat mehrere Konzentrationslager überlebt, eine israelische Köchin –; hier versammeln sich die Freunde des Hauses, junge Leute. Karl weiß, daß ich nicht von den *good old days* sprechen will; man altert ohnedies, man muß nicht auch noch von alten Tagen sprechen; vielleicht bleibt man in Israel jung, weil man sich nicht erinnert.

Es geht auf zwei, als uns Karl ins Hotel fährt. Wir sind jetzt siebzehn Stunden in Israel, unentwegt auf den Beinen. Keine

Müdigkeit. Ein Dutzend Journalisten, koscheres Restaurant, Kiryat Bialik, Laubhütte und Swimming-pool, Kaffee beim drusischen Händler, Stoßstunde, Straßensperren, Schornsteine, der Galgen von Akko, Apfelstrudel und Wiener Schnitzel, kühler israelischer Rosé, winkende Judenkinder, winkende Araberkinder, Gespräche, Gespräche, Gespräche. Ein Tag wie ein Jahr.

Die sanfte Hand

Die Zeit hält sich nicht an die Chronologie.
Ich sitze an meinem Schreibtisch in Ascona, der Sommer ist ins Land gegangen, der Herbst, die Morgensonne ist unausgeschlafen. Rogers-Plan, Friedensverhandlungen, Nassers Tod, Bürgerkrieg in Jordanien, Jarring-Mission; die Großmächte, verfeindet und verbündet, haben Goliath ins Feldlazarett gebracht. Jesus Sirach meldet von David: «*In seiner Jugend erschlug er einen Riesen / und nahm die Schmach vom Volke weg, / als er den Arm zum Schleuderwurfe schwang / und den Hochmut Goliaths brach.*» Umsonst hat David den Riesen geschlagen, Goliaths Hochmut ist ungebrochen, wer sagt, daß Juden siegen dürfen, «So Sorry We Won» heißt das Buch von Ephraim Kishon. Juni 1967, das war etwas anderes, man fürchtete, der Krieg könnte sich auf die Wallstreet ausbreiten, dann schon lieber eine schnelle Entscheidung, man legt Wert auf ruhige Nächte, eine gute Aktie ist das beste Ruhekissen; 1967 war nicht 1938, in Paris und London und Bonn wehte noch nicht der Münchner Föhn; 1967 war nicht 1970, auf dem west-östlichen Divan der Bequemlichkeit noch kein west-östlicher Koitus, die Juden noch keine Störenfriede des Scheinfriedens. Außerdem hatte man die Juden immer als gute *entertainer* geschätzt, einmal durften sie die Welt amüsieren wie die schwarzen Jazz-Spieler, spiel uns 'was vor, schieß uns 'was vor, Jude, einmal ließ man sie auf Geschützorgeln spielen, sie werden es doch nicht ernst gemeint haben. Nun ist es genug, heraus mit der Beute, die zivilisierte Welt erteilt keine Prämien für Aggressoren. Engländer, Franzosen, Deutsche, Russen, Italiener haben ihre Gewinne immer freiwillig

herausgegeben, wie die Kinder nach dem Kartenspiel ihren Gewinn wieder herausgeben, Zündhölzer oder Nüsse. Wer der Aggressor war, ist nicht so wichtig – «*Heute war ich bei den Truppen ... sie fiebern dem Kampf Mann gegen Mann entgegen: die Araber gegen Israel allein*», Abdel Nasser, 26. Mai 1967 –: Sowjetische SAM-Raketen in der Suez-Zone, auf der Wallstreet wanken die Kurse, man ist um den Schlaf gebracht, es schläft sich gut in Paris und London und am Fuße der Berliner Mauer, genug Ärger mit den Juden! Arabische Luftpiraten entführen Schweizer Verkehrsmaschine, entführen amerikanische Verkehrsmaschine, entführen britische Verkehrsmaschine, verbrennen Jumbo-Jet, aber es sind ja gar keine Araber, sind nur palästinensische Terroristen, schließlich müssen sie die Welt auf den israelischen Raub aufmerksam machen, man macht jetzt «aufmerksam», indem man Botschafter entführt, den Dolch gegen den Papst erhebt, Minister ermordet – «*Leila Chaled – die Jeanne d'Arc der Rebellen*», eine deutsche Tageszeitung, 10. September 1970 –, noble Rebellen, Freischärler, Tupamaros der Luft, Terroristen aller Länder vereinigt euch, verurteilt Israel! Ich kann nicht so tun, als ob ich es nicht wüßte.

Zum Beispiel jener erste Abend, bei Ilse und Karl Kiesler, im Wohnzimmer mit dem großen Gartenfenster, Haifa, Moriah Avenue. Ich kann nicht so tun, als ob die israelische Reise vor mir läge; sie liegt hinter mir. Nicht nur der Historiker ist – der jüngere Schlegel wußte es – «*ein rückwärts gekehrter Prophet*».

Eine sanfte Hand lag über dem Land im Krieg. Wir waren aus dem friedlichen Europa gekommen. Man steht auf den Straßen Europas oder Amerikas und blickt nach dem Himmel: Gewitterwolken, Wetterleuchten, Blitz und Donner, die Winde drehen sich im Kreise, Wärmegewitter, Wirbelgewitter, Frontgewitter. Lexikalische Definition: «Voraussetzung für die Gewitterentstehung ist die Ladungstrennung im Inneren der Gewitterwolke.» Europa, Amerika sind voll von «Ladungstrennungen im Inneren». Der Sohn wünscht den Tod des

Vaters, Mütter wetteifern mit ihren Töchtern, Revolte der Neider, Rülpsen der Satten, Fußwaschung des falschen Heilands, keine Zeit für Fortschritt, Zeit für Revolution, verflucht die abgelaufene Stunde, Magdalena im Bordell, wer schlafen will, nimmt Rauschgift, wer wachen will, nimmt Rauschgift, Vater und Land und Vaterland ein Hohn, Trauer über das Verlorene, Schweigen über das Kommende, Machtgier der Machtlosen, Machtlosigkeit der Mächtigen, Selbstbefriedigung und Selbstzerfleischung, Frauen gegen Männer, alle gegen alle, Aggression und Rückzugsgefecht, Befreiung durch Obszönität, dicke Luft in den Wohnzimmern, dicke Luft in den Schlafzimmern, Pestluft in den Straßen, Spannung und Zorn, Unbehagen und Geschäft mit dem Unbehagen, ein Paradies des Unbehagens. Friedliches Europa, friedliches Amerika.
Über Israel lag eine sanfte Hand, liegt eine sanfte Hand, noch immer. Unerklärlich.
Jede Stunde sah die Hausfrau nach der Uhr, nicht verstohlen, der Hausherr oder einer seiner beiden Söhne drehten den Rundfunkapparat an. Nachrichten. Programm A, Programm B, Sender Gimel, Sender Dalet, Militärsender, Nachrichten in Iwrith – man gebraucht selten das Wort Hebräisch –, in Jiddisch, in Ladino, ein spanisch-hebräischer Dialekt, in Mograbisch, Nordarabisch mit hebräischen Brocken, in Rumänisch, Russisch. Wenn Automobile um punkt acht, punkt zwölf, punkt achtzehn Uhr anhalten, immer das gleiche Bild: Der Wagen parkt am Gehsteig, aber niemand steigt aus, als hätte eine Geisterhand den Wagen gelenkt; die Türen öffnen sich erst, nachdem die Nachrichten im Autoradio verklungen sind. Steigende Ionen, die positive Raumladung wächst – und keine Spannung in der Atmosphäre. Lächelnde Gesichter, Schalom, Schalom – der Gruß wird fast immer zweimal gesprochen, man will sich und den anderen überzeugen, ein Schalom für dich, ein Schalom für mich –, die Sprache ist leise, der Händedruck ist fest, die Gefühle schämen sich

nicht, Schalom, Schalom, eine sanfte Hand liegt über dem Land im Krieg.
Unerklärlich? Eben das ist es nicht; ich erwähne den ersten Abend, weil er nicht anders war als viele andere Abende, in anderen Räumen, in anderen Straßen, in anderen Städten. Kommentare zum Unerklärlichen.
Junge Leute, ich sagte es schon, doch nicht nur junge Leute. Die meisten Gäste unter dreißig, verschiedene Berufe, ihre Studien haben sie hinter sich, die Söhne des Gastgebers Reserveoffiziere, zwei Frauen studieren noch, obwohl sie den Haushalt führen, Kinder erziehen. Fast alle Männer haben in der Armee gedient, Soldaten, Offiziere, die Väter im Unabhängigkeitskrieg, 1948, im Krieg am Suez, 1956, die Söhne im Sechs-Tage-Krieg. Der Fliegerleutnant war mit seiner Mutter gekommen, der Straßenvermesser, Dr. phil., hatte seinen Vater mitgebracht; der Archäologe, vierundzwanzig, kam spät, er gehört einer Bibelgesellschaft an, die Diskussion hatte bis halb elf gedauert. Die beiden Schwiegertöchter hatte Ilse Kiesler schon früher gesehen; sie sehen sich jeden Tag, wer arbeitet, hat Zeit. Über das eine oder andere Thema waren die Meinungen geteilt, aber sie waren nicht geteilt nach Generationen, standen nicht von vornherein fest, nicht berechenbar, keine Langweile des Generationenkonfliktes. Jeder hörte den anderen an – keine Belehrung durch die Älteren, die Jüngeren könnten recht haben, kein Protest der Jüngeren, die Älteren könnten recht haben.
Gibt es keinen Generationenkonflikt in Israel? Der Generationenkonflikt hat begonnen, als Kain und Abel entdeckten, daß sie von schlechten Eltern waren; es ist unwahrscheinlich, daß der sanfte Abel vom Sündenfall seiner Eltern begeisterter gewesen wäre als der böse Kain. Es gibt keinen Fortschritt ohne Generationenkonflikt, und Israel ist ein fortschrittliches Land. Aber der Generationenkonflikt ist hier eine Erscheinung des Wachstums; es ist schmerzlich für Kinder, Zähne zu bekom-

men, man stirbt nicht daran. Man stirbt nicht an Wachstum, an einer Seuche stirbt man.
Die israelischen Wunder sind keine Wunder. Die Jugend Israels – das sind die Enkel und die Söhne der Staatsgründer. Die Kinder und Enkel George Washingtons, die Kinder und Enkel Abraham Lincolns benahmen sich wohl nicht anders: ohne Sündenfall kein Generationenproblem. Die Großväter oder die Väter in den Kerkern der britischen Mandatsherren, die Väter im Krieg am Suezkanal: Die Erinnerung ist noch frisch, was sollten die Söhne ihnen vorwerfen? Nach einem meiner Vorträge in Jerusalem kam ein Soldat zu mir, ein älterer Mann, zerfurchtes Gesicht; er wünschte sich zwei Autogramme. Das zweite für den Sohn, der steht an der jordanischen Grenze. Der Vater dient beim Überfallkommando. Täte er es nicht, könnte der Sohn nicht am Jordan kämpfen; der Sohn weiß, daß der Vater nicht überflüssig ist, aber auch der Vater weiß, daß er selbst nicht überflüssig ist; Generationenkonflikte entstehen, wenn die Jüngeren die Älteren und die Älteren sich selbst für überflüssig halten.
Die Eltern, die später kamen, nach der Staatsgründung, haben die Konzentrationslager überlebt. Da, allerdings, stellen die Jungen bohrende Fragen. Ein junger Rechtsanwalt, Hauptmann der Reserve, zweimal verwundet, im Wohnzimmer meiner Freunde: «Warum haben die Juden nicht Widerstand geleistet, warum duldeten sie, daß sechs Millionen hingemordet werden?» Der Vater kennt die Frage, der Sohn kann die Antwort nicht verstehen. «Ihr wart also zweitausend in einem Transport, acht Soldaten haben euch bewacht, warum habt ihr sie nicht erschlagen?» – «Sie hätten zweihundert niedergemäht.» – «Und weil ihr nicht widerstanden habt, sind zweitausend gestorben.» – «Wir hofften. Und wohin hätten sich die Überlebenden wenden sollen?» – Achselzucken. Achselzucken, aber keine Feindseligkeit. Die Toten waren Juden, die Söhne sind Israelis. Ohne Wiederholungsgefahr kein Generationenkonflikt.

Das milde Klima im kriegerischen Land: die Abwesenheit der Generationenfehde ist nicht die einzige Erklärung.
Ich hatte auf der Enotria das, wer weiß, bedeutendste sozialpsychologische Werk unserer Zeit gelesen, neue Horizonte wie bei der ersten Lektüre von Freud oder Marx, es stammt von einem deutschen Professor, Helmut Schoeck, «Der Neid». Daß es in Israel keinen Neid gäbe, dessen «*potentielle Allgegenwart*» Schoeck nachweist, mag glauben, wer die Israelis für Supermen hält; Supermen sind amerikanische Comic-Strip-Figuren. Der «allgegenwärtige» Motor des Neides existiert im jungen jüdischen Staat, aber er summt nur leise. In Israel ist die sozialistische Gesellschaft ohne Revolution entstanden; die einzige Chance der sozialistischen Gesellschaft, sie kann nur ohne Revolution entstehen. Der faschistischen Revolution wohnt eine gewisse Logik inne: Etablierung eines unmenschlichen Systems mit unmenschlichen Mitteln. Die sozialistische Revolution strebt ein System der Gewaltlosigkeit an; wenn es mit Gewalt angestrebt wird, wird der Sozialismus absurd. Faschismus entsteht durch Revolution, Sozialismus durch Reformen. Revolutionen kehren das unterste zu oberst, wogegen nichts einzuwenden wäre, kehrten sie nicht zugleich das oberste zu unterst. *Plus ça change, plus c'est la même chose.* Schoeck schreibt: «*Der Aufwiegler erscheint immer gerechter und berechtigter als der Verteidiger eines sozialen Gleichgewichts ... Genau betrachtet, ist nicht recht einzusehen, weshalb derjenige, der etwas haben möchte, was er nicht hat (oder zumindest dafür sorgen möchte, daß andere es nicht haben), weniger hedonistisch und egoistisch sein soll als andere, die Güter und Werte einfach dort lassen möchten, wo sie sich befinden.*» *Egalité* ist nur dann ein Ideal, wenn sie nicht durch Wegnehmen zustande kommt. Der Sozialismus Israels ist nicht durch Ent-eignung, nicht durch Ent-machtung entstanden. Es ist zwecklos, darüber zu klagen, daß das Ur-Christentum verschwunden ist: wenn nicht «ur», dann kein Christentum. Israel ist kein Modell für andere, da Voraussetzungslosigkeit die Voraussetzung der neidlosen Ge-

sellschaft ist. Israel ist nicht einmal ein Modell für sich selbst. Die staatliche Existenz Israels ist, trotz der jahrtausendealten jüdischen Tradition, die Urform des Judentums. Wenn das Ursprüngliche im Judentum Israels verschwindet, wird das Ethische im Judentum ebenso verschwinden wie, mit der Entfernung des Christentums von seinen Ursprüngen, das Christentum aufgehört hat, christlich zu sein.

Wir fühlten, schon an diesem ersten Abend, die sanfte Hand, weil wir uns in einer neidlosen Gesellschaft befanden, was beinahe noch exotischer ist als eine Gesellschaft ohne Antisemitismus. Übrigens hängen die beiden «Mängel» zusammen.

Die Israelis sind Pioniere, aber sie unterscheiden sich von den *founding fathers* Amerikas nicht nur durch ihre Kultur, ihre gemeinsamen Ideale und die alte Verbundenheit mit dem Neuland. Nicht die Eroberung hat sie, wie die amerikanischen Pioniere, zu einem Volk zusammengeschweißt: Sie waren es vorher. Anderseits sind die «Indianer» nicht ihre einzigen Feinde: Als Juden haben sie es mit einer Internationalen von Pfeilschützen zu tun. Ihre Neidlosigkeit entspringt der Solidarität in der Bedrängnis. Da Israel eine sozialistische Gesellschaft im ursprünglichen Sinne ist, also keine kommunistische, ist die Privatinitiative nicht vollkommen ausgeschaltet, existieren, wenn auch in beschränktem Maße, soziale Unterschiede. Bedeuten ähnliche Verdienstmöglichkeiten und ähnliche Schwierigkeiten der Kapitalbildung noch nicht Sozialismus, so spielt es doch im täglichen Leben eine erhebliche Rolle, daß sich das durchschnittliche Monatseinkommen eines Stahlarbeiters auf 1000 israelische Pfund, das eines Apothekers auf höchstens 1000 bis 1400 Pfund, eines Redakteurs oder Generals auf etwa 1600 Pfund beläuft. Der Kapitalbildung sind enge Grenzen gesetzt; die meisten «Reichen» waren schon reich, als sie nach Israel kamen, und es gibt kaum über hundert Familien, die eine Million Dollar besitzen. Der Fabrikant und der Arbeiter, der Bauer und der Arzt, der Kellner und der Oberst sind allesamt jüdische

Pioniere. Die Leistungsgesellschaft verliert ihren üblen Beigeschmack, wenn man nicht nur auf die eigenen, sondern auch auf Leistungen und Erfolge der anderen stolz ist. Daß die Bonanza-Zeit Israels atavistisch ist, läßt sich nicht bestreiten, und ob sie ein halbes Jahrhundert überleben wird, ist fraglich – heute erklärt sie das Wunder der Neidlosigkeit.
Israel weiß das, es gibt sich keiner *complacency*, keiner falschen Sicherheit hin. Obwohl ich lieber fragen und zuhören wollte, mußte ich Fragen beantworten, lehrreich gleichwohl, da ich erfuhr, was die Israelis für gefährlich halten. Wie es mit der New Left stünde, wurde ich unentwegt gefragt. Die jungen Israelis zeigten sich informiert. Läsen sie nicht Bücher und Zeitungen, sie erführen alles Wissenswerte von den Studenten, die in Scharen nach Israel kommen, vor allem aus den Vereinigten Staaten und der deutschen Bundesrepublik. Die meisten tragen die Mao-Bibel oder die Marcuse-Bibel im Tornister. Zwar erkennen sie bald, daß mit Mao und Marcuse kein Staat zu machen ist, denn beredt wie die beiden sind: Sowjetische Katjuschas und MIG's sind noch beredter. Zwar erfahren sie bald, daß sich hier LSD und Marihuana und «Hasch» schwer verkaufen lassen, denn Rauschgift haben schon die Araber nach Israel gebracht: Es ist nichts Neues, daß der Feind, wo seine Artilleriegeschosse versagen, Injektionsspritzen einsetzt. Zwar ist auch mit Pornographie nichts anzufangen, denn Pornographie ist die Literatur der Primitiven, Erotik für Lieschen Müller und Pop-Courths-Mahler: Wo durchschnittlich auf fünf Universitätshörer ein Professor kommt, da fristet die einzige pornographische Zeitschrift Haolam Hase – übrigens erlaubt und von dem links-extremistischen Abgeordneten Uri Avneri herausgegeben – ein kümmerliches Dasein. Aber ob Israel allein einer Bewegung widerstehen kann, von der die Jugend der ganzen Welt erfaßt wurde – darüber sind die Meinungen geteilt.
Ich stellte die Frage, die ich noch oft stellen sollte, an jung und alt, mein eigener Gallup-pool: Wird sich die sittliche Haltung

der israelischen Jugend ändern, wenn der Frieden «ausbricht», wird sie immun bleiben gegen die New Left, eine Old Left nach der Frischzellenkur?
Ein individualistisches Volk: also keine synchronisierte Meinung. Auch die Ansichten der Jugend sind nicht synchronisiert, doch ist in der Jugend Skeptizismus eher zu erkennen, Zweifel und Befürchtungen wurden laut, freilich stets mit der Einschränkung, daß der Wurm nicht im Inneren sitzt, nur von außen das Holz annagen könnte – «schließlich sind wir keine Insel». Die Mehrheit, auch die Mehrheit der Jugend, meint, daß Israel durch den Frieden nicht «gefährdet» werden kann – was einer der beiden Söhne meines Freundes, Doktor der Rechte, Versicherungsfachmann, Fliegeroffizier, sagte, sagen viele: «Die ‹neue Linke› des Westens ist für die alte Linke so anfällig, weil die europäische und amerikanische Jugend in Überfluß und Langweile lebt, wir aber werden noch lange nicht im Überfluß leben, und wir werden uns nie langweilen. Es gäbe genug zu tun, im Frieden, wir sind Pioniere für ein Jahrhundert.» Andere sagten: «Törichte Frage, leider, wir werden nie im Frieden leben, dafür sorgen hundertzwanzig Millionen Araber, der Sechs-Tage-Krieg währt seit fünfundzwanzig Jahren.» Wandte ich ein, daß es schlimm bestellt sei um eine Welt, die Moral von Mars ableitet, zuckten alle die Achseln: «Mag sein, wir sind keine Übermenschen.»
Anders und besser als andere wollen die Israelis nur in einer Hinsicht sein: Zum Krieg ist man gezwungen, nicht zum Haß. «*Es gibt keine historische Wahrheit*», schrieb der in einem Konzentrationslager umgekommene polnisch-jüdische Historiker Isaac Shipper. «*Aber ... wir haben die undankbare Aufgabe, einer mißtrauischen Welt zu beweisen, daß wir Abel sind, der ermordete Bruder.*» Wir sprachen von den Arabern. Zum ersten Mal sprach man leise, als wäre die Gefahr, die von den Arabern droht, nicht so groß wie die Gefahr, sie zu hassen. Rassenhaß, Völkerhaß, Religionshaß: Das fürchten die Juden, gebrannte Kinder. Mit

den «israelischen» Arabern käme man vorzüglich aus, hieß es – «ich behaupte nicht, daß sie uns lieben», sagte der Hauptmann, «keine Minderheit liebt die Mehrheit. Aber sie haben ihre eigenen Interessen erkannt.» Zahlen waren zur Hand, jeder Israeli ein Statistisches Jahrbuch. Das Einkommen der eingesessenen arabischen Familien nicht geringer als der jüdischen und höher als der jüdischen Einwanderer aus Asien und Afrika. Arabische Bauernhöfe produzieren sechsmal soviel wie vor zwanzig Jahren, arabische Arbeiter verdienen viermal soviel wie in den arabischen Ländern. Rund 400 arabische Schulen mit 75000 Schülern und 2800 Lehrern; achtzig Prozent der arabischen Kinder werden in Krankenhäusern geboren, die Kindersterblichkeit ist von 68 pro Tausend auf etwa 36 pro Tausend gesunken, in Ägypten sterben über hundert von Tausend; rund zehn Prozent des privaten Landbesitzes befindet sich in arabischen Händen. Der Fliegerleutnant sagte: «Im Sechs-Tage-Krieg standen die israelischen Araber mit wenigen Ausnahmen auf unserer Seite.» Und die Vertriebenen, die Flüchtlinge, die Palästinenser? Noch immer lag eine sanfte Hand über dem Wohnzimmer. Junge Menschen sprechen hier wie alte, kritisch ohne Erregung, selbstbewußt ohne Leidenschaft, entschlossen ohne Zorn, immer ein wenig sub specie aeternitatis. Man muß den Guerillas begegnen, aber: «Verwechseln Sie», mahnte der Archäologe, «Schachfiguren nicht mit Schachspielern.» Der Dritte Weltkrieg hat längst begonnen, Israel ist eines seiner Schlachtfelder, die kommunistische Welt, Moskau und Peking, bedient sich der Guerillas, ihr Nationalismus wird angeheizt, wie ein Ofen, der im Zimmer steht, aber von außen mit Kohlen vollgeschüttet wird, die Palästinenser sind Araber wie alle anderen, nicht besser, nicht schlechter, mehr Kohle im Ofen. Die politischen und militärischen Führer Algeriens, Syriens, Jordaniens, des Irak: Sie werden immer nach der Existenz Israels trachten, aber Regime kommen und gehen – «Es wäre töricht», sagte eine der beiden

Schwiegertöchter, eine angehende Ärztin, «sie mit den Arabern zu identifizieren.» Dann hörten wir wieder Nachrichten. Die Nachrichten waren kriegerisch – Artillerieduell am Suezkanal, ein Soldat getötet, eine MIG abgeschossen, eine Explosion in Tel Aviv –, aber man sprach ruhig weiter, als wäre zwar, was man gehört, nicht erfreulich, authentisch immerhin, Tagesbilanz. Ich fragte: «Kann man sich auf das Communiqué verlassen? Die Araber sagen etwas anderes.» Der skeptische Europäer; man mußte es ihm erklären. «Die Araber?» sagte der Archäologe. «Tausendundeine Nacht.» Niemand spricht hier von arabischen Lügen, man spricht von Märchenbüchern. Der Fliegerleutnant lachte: «Stellen Sie sich vor, was geschehen würde, wenn ich fiele und mein Name nicht in den Zeitungen stünde? Mama würde mit der ganzen Familie vor das Verteidigungsministerium ziehen.» Ein anderer sagte: «In einem so kleinen Land kann man nicht lügen.» Und ein dritter: «Wenn uns die Amerikaner überhaupt etwas geben, ist es Ersatz für verlorene Maschinen. Mit Lügen würden wir uns ins eigene Fleisch schneiden.» Die zweite Schwiegertochter: «Wir lügen nicht, es ist ganz einfach.» Sie sagte «wir», und meinte Volk, Regierung, Generalität. «Dayan hat es im Rundfunk erklärt.» Wenn es Dayan erklärt, muß es stimmen. Hier glauben junge Menschen, was Generale sagen.

Wir sprachen davon, spätnachts, in unserem Hotel. Die sanfte Hand. Hatten wir sie auf der Stirn gespürt, weil hier noch Väter Väter sind und Vaterland noch Vaterland ist, Familie noch Familie und Autorität noch Autorität, Moral noch Moral, weil man hier noch glaubt und hofft und kämpft ohne Haß? Oder begann ich den Frieden zu finden im kriegerischen Land, weil meine Ahnen Juden gewesen waren?

Auch das. Der spezifische jüdische Minderwertigkeitskomplex ist eine antijüdische Erfindung; sie bleibt es noch nach ekelhaften jüdischen Bekenntnissen wie «Portnoy's Complaint». Nicht die Juden, die Nichtjuden haben den Komplex der jüdischen

Inferiorität. Die Juden der Diaspora haben einen anderen Komplex: den Akzeptationskomplex – und der ist kein Komplex. Meine Ahnen waren vollkommen «assimilierte» ungarische Juden, also jüdische Ungarn: Glaubte ich, daß sie nicht assimiliert waren, wäre es ein Komplex. Sie waren assimiliert, aber sie waren nicht akzeptiert. Sie rühmten ihre ungarischen Freunde, die in der Tat keine Antisemiten waren, und sie vergaßen, daß man denjenigen, den man nicht verfolgt, noch lange nicht akzeptiert. Nicht alle Juden sind Zionisten, aber fast alle Nichtjuden sind es. Das heißt nicht, daß man die Juden verjagen möchte – neben dem brutalen Antisemitismus gibt es den Antisemitismus, der wach, aber immobil und inaktiv ist, neben dem wachen Antisemitismus den örtlich betäubten und neben diesem wieder den Antisemitismus im Dauerschlaf; es gibt sogar den Antisemitismus in der Form des exotisch bewundernden Philosemitismus. Nicht alle Nichtjuden wünschen, die Juden mögen auswandern, und schon gar nicht nach Israel. Sie empfinden nur, bewußt oder unbewußt, verschämt oder unverschämt, die Juden als Fremde. Manche empfinden die Juden als das Salz der Erde, also als etwas, das man der eigentlichen – der eigentlichen – Speise hinzufügt, um sie schmackhafter zu machen. Die meisten bevorzugen salzlose Kost.
«Wir lügen nicht, es ist ganz einfach»: Ein einziger Tag in Israel, und ich war zu Hause. Heine schrieb: «*Ein Hospital für arme, kranke Juden, / Für Menschenkinder, welche dreifach elend, / Behaftet mit den bösen drei Gebresten, / Mit Armut, Körperschmerz und Judentume!*» Ich begann zu ahnen: Es gibt in Israel, neben Armut und Körperschmerz, viele «Gebresten», es gibt Geiz und Arroganz, Geilheit und Hinterlist, Rücksichtlosigkeit und Feigheit, nur «jüdische» Eigenschaften sind es auf keinen Fall. Judentum hat aufgehört, ein Gebresten zu sein. Deshalb liegt eine sanfte Hand über Israel.
Oder irre ich mich? Schreibe ich einen Report, da ich ein Requiem schreiben sollte? War, was ich für Zukunft hielt, ein

trügerisches Rendez-vous mit der Vergangenheit? Kann Israel bestehen, und kann es, bleibt es bestehen, bestehen bleiben, wie es ist? Habe ich hier ein Biedermeier im Atomzeitalter gesehen, in der Welt der Phantoms eine Welt der Phantome, in einer Welt der Mirages eine Welt der Fata Morgana? Sind Idealismus und Respekt und Glauben alte Möbelstücke, vom Speicher geholt, werden sie zurückgestellt auf den Speicher oder vernichtet? «Wir sind keine Insel.» Und wenn es doch eine Insel wäre, belagert, Masada, *Judea capta*, Eleasars letzte Festung, Selbstmord der letzten neunhundertsechzig Verteidiger?

Ich erinnere mich. Noch hielten diese jungen Israelis den Schacher der Großmächte – hier Israel, hier Vietnam –, die Heuchelei der Vereinten Nationen – «Garantien» für jene Existenz Israels, die durch den von Nasser befohlenen, von U Thant durchgeführten Beschluß, die UN-Truppen abzuziehen, beinahe vernichtet wurde –, noch hielten die jungen Israelis den Selbstbetrug ihrer Freunde – verhandelt mit den Guerillas, ein Jumbo-Jet kostet fünfundzwanzig Millionen Dollar –, noch hielten sie die geölten Friedenspläne auf ihre Kosten, die Allianz zwischen dem an den Juden schuldig gewordenen Westeuropa und der antisemitischen Sowjetunion, die Kehrtwendung der Jugend und Intellektuellen, die Identifikation von Abwehr mit Militarismus, die Verwechslung von Disziplin mit Servilität, noch hielten sie das alles für unmöglich. Sind sie enttäuscht, ent-täuscht, also der Täuschung bar, meine neuen Freunde in Haifa, Moriah Avenue, sind sie erwacht, träumen sie weiter, ist ihr Traum einem Alptraum gewichen? Und welche Konsequenzen hat es, wenn sie weiterträumen, welche Folgen, wenn sie erwachen? Werden sie sterbend siegen oder unterliegen? Oder werden sie, skeptisch geworden, also anders, ihre Illusionen begraben und sich retten in die Wirklichkeit? Muß ich sie beklagen, weil sie ihre Liebe verschwendet haben, oder war meine Liebe an sie verschwendet?

Mit einigen von ihnen stehe ich in Korrespondenz, die nächsten Tage brachten neue Begegnungen, die Verbindung wird immer enger. Von einem der Gäste jenes ersten Abends, dem Straßenvermesser, Doktor der Philosophie, achtundzwanzig, kam heute ein Brief:

«*Es wäre doch nicht natürlich, wenn David, der einen Goliath besiegt hat, von einem anderen Goliath gerettet würde. Unsere Lage ist hoffnungslos – wie die der Schweizer im fünfzehnten Jahrhundert, als sie von den Supermächten Österreich und Burgund, wie die der Holländer, als sie im siebzehnten Jahrhundert von den Supermächten England und Spanien angegriffen wurden. So hoffnungslos, nicht hoffnungsloser. Besten Dank – Sie brauchen sich um uns keine Sorgen zu machen.*»

Krieg und Klimaanlage

Wir ließen den Wagen in Haifa: Wer selbst lenkt, sieht nur Verkehrszeichen. Der Chauffeur des gemieteten Wagens war ein Israeli, also hat er eine Geschichte. Er heißt Zeira, in Wien hat er Steiner geheißen, er war nicht Chauffeur gewesen, sondern Ingenieur. Er ist etwa sechzig Jahre alt und sieht aus wie ein *older statesman*. Auf seiner Visitenkarte steht *Lic. guide*, lizenzierter Fremdenführer. Nur ein kleiner Prozentsatz der Kandidaten besteht die Fremdenführer-Prüfung, nach langem Studium. Zeira – er wohnt in Haifa, Moriah Avenue, ein paar Häuser von den Kieslers entfernt – könnte an jeder Universität jüdische Geschichte und Archäologie unterrichten; er verdient weniger als ein venezianischer Fremdenführer, der Barock von Renaissance nicht zu unterscheiden vermag. Die amerikanischen Pioniere haben Europa verlassen, um in der Neuen Welt reich zu werden. Die jüdischen Pioniere haben Europa verlassen, um zu leben.

Ich hatte am Morgen mit dem Außenministerium gesprochen; man war nicht glücklich, uns ziehen zu lassen. Die Golanhöhen, im Sechs-Tage-Krieg erobert, haben keinen guten Ruf. Nachrichten? Die Antwort war ausweichend. Die syrisch-israelische Grenze war in der Nacht unruhig gewesen.

Kontraste in der Nähe der Front haben mich schon im Zweiten Weltkrieg seltsam berührt: der Pflug hinter dem Maschinengewehrnest, der Friseur im ausgebrannten Dorf, die Kühe neben dem Gefechtsstand. Hier ist der Kontrast größer, weil der Frieden größer ist, der Frieden eines biblischen Landes und einer biblischen Landschaft, ein ahnungsloser Frieden, für die Ewigkeit bestimmt. Der Krieg steht Israel nicht gut.

Biblisches Land? Ist es Einbildung, jedes Land ist biblisch, empfindet man dieses Land nur als biblisch, weil man mit sich führt, was man gelernt hat? Das Land ist nicht erst biblisch geworden durch die Bibel: Gott hat sich dabei etwas gedacht, als Er es wählte, hier ist Er zu Hause, Moses war kein Norweger, Christus stammte nicht aus Sydney. Die Sonne hinter einer Wolke, die Sonnenstrahlen wie fünf Finger, weidende Schafe und der Hirtenstab wie ein Bischofsstab, die Vögel zwitschern höflich miteinander, die Laute sind leise, der Bauer geht behutsam, als schonte er die Erde unter seinen Füßen, der Dunst über den Bergen färbt sich zum Regenbogen – Heiligenbilder. Aber die Maler malten, was sie sahen; ich sehe, was sie sahen, nicht was sie malten. «*Gott ist in Juda bekannt, / sein Name ist groß in Israel. / In Salem erstand seine Hütte / und seine Wohnstatt auf Zion.*» Gott hat keine Adreßänderung angegeben.

Felder in der Aprilsonne, Bauernhöfe, Kibbuzim, kaum ein Stück unbebautes Land, grünender Fleiß, junge Wälder, Baumkinder, Bäume in der Pubertät, hier gehen noch alle Bäume in die Schule. Einmal im Jahr ziehen die Schulkinder aufs Land, jedes Kind pflanzt seinen eigenen Baum, 300000 Bäume werden gepflanzt, an einem Tag. Geld aus dem Ausland, Geld von Christen und Juden, Geld verwandelt sich in Bäume; vielleicht stehen hier die Bäume, die Freunde nach dem Tod meiner Tochter Israel geschenkt haben. Araber sitzen verhüllt im Schatten der jungen Bäume, Burnus, Tuch um den Kopf gewickelt, ein bärtiger Jude, Käppchen auf den weißen Haaren, lenkt einen Traktor, eine Leiter ist an einen Baum gelehnt, sie scheint hinauszuführen über den Wipfel, zwei junge Jüdinnen beugen sich über den Acker; «*zu jener Zeit wanderte Jesus am Sabbat durch die Saaten; seine Jünger aber hungerten und fingen an, Ähren abzureißen und zu essen*». Man sieht nur die Früchte der Arbeit – keine Geschäftigkeit, als würde diese Erde bei

Nacht bebaut werden, Heinzelmännchen, Tischleindeckdich, ein stiller Frieden, auch der Krieg ist still. Die Juden, denke ich, sind ein ruhiges Volk, man hat sie nur nicht in Ruhe gelassen. Hier sind sie still.

Unser Weg führt über Nazareth, Christus ist ihn gegangen. Die Felder Galiläas, und man versteht die Mißgunst, mit der die arabische Welt nach Israel blickt. Als Israel seine Unabhängigkeit errang, war das Land hoffnungslos unterbewässert; es gab rund 165000 Hektar unregelmäßig bebauten Landes, heute gibt es eine Nutzfläche von beinahe einer halben Million Hektar; auf 30000 Hektar waren die Pflanzungen bewässert, heute auf über einhundertsiebzigtausend; der Waldbestand hat sich versechsfacht, allein die Alleen der Landstraßen sind mehr als 900 Kilometer lang. In zwei Generationen sind 700 Dörfer entstanden, 480 seit der Staatsgründung. Die Anbaufläche der Obstgärten und Weinberge ist rund dreimal so groß wie vor dem Unabhängigkeitskrieg, der Fischfang hat sich verzehnfacht. Wenn man von Getreide, Ölen und Fetten absieht – Israel ist noch zu rund 70 Prozent auf Importe angewiesen –, kann sich das kleine Land fast selbst versorgen. Israel erzeugte 1970 zwei Millionen Tonnen Früchte und Gemüse; 135000 Tonnen Fleisch, Geflügel, 400 Millionen Liter Milch, eine Milliarde Eier, 100 Millionen Blumen und 2500 Tonnen Honig waren die Jahres-«Produktion». An landwirtschaftlichem Wachstum pro Jahr steht Israel unter allen Staaten der Welt an erster Stelle. In seinem Buch «Der Neid» schreibt Professor Schoeck: «*Der Neid ist vor allem ein Produkt der sozialen Nähe; im Englischen spricht man sogar von individious proximity, also neiderregender Nähe.*»

Die Araber sind nahe. Südlich von Tiberias die Höhe von Kinneret und Poriya, der erste Blick auf den See Genezareth. Biblische Geschichte oder strategische Karte, wie es euch gefällt.

Gegenüber, jenseits des Sees, die Bergkette des Golan, links Syrien, zur Rechten Jordanien. Wo das Grün aufhört, wo es übergeht in Stein und Karst und Sand, da ist arabisches Land, unbebaut, wild, armselig, so dunkel, als stünden am Horizont die schwarzen Zelte der Beduinen. Die Israelis stehen auf dem früher syrischen Teil der Höhen, unsichtbar, unsichtbarer Krieg, unsichtbarer Frieden; darunter ihre Bauernhöfe, weiße Siedlungen, Silos, Fischkulturen, viereckige Seen, wie im Badischen oder in der Ostschweiz. Bis 1967 konnten die Syrier von den Golanhöhen leichterdings alles unter Feuer nehmen, was zu ihren Füßen lag, Maschinengewehrdistanz, Zielscheiben im Grün. Sechs Tage. Am siebenten Tag aber haben die Vereinten Nationen ihr großes Halt gesprochen, «*denn an ihm hat Gott geruht von all seinem Werke*», das ist die biblische Lage oder die strategische.

Und so sieht es von hier ganz anders aus, als man es sich vorstellt, in New York oder in Ascona, denn im Südosten hat der Waffenstillstand einen tieferen Einbruch verhindert; dort, wo Syrien in Jordanien übergeht, ist die arabische Grenze noch nahe, Jordanien beherrscht die Höhen über dem israelischen Land. Syrien will nach Jordanien vordringen, Septemberkrieg 1970, über Jordanien führt der Weg nach Israel; nicht zufällig hat man die Palästinenser hier zusammengezogen. Wie Donnerhall rauscht es durch den Glaspalast am Hudson, rauscht es über den Roten Platz in Moskau, rauscht es in Studentenversammlungen in Essen: Heraus mit den Golanhöhen! Moses hat es anders gedacht, als er den Stamm der jüdischen Manassiten hier ansiedelte. «*Damals sonderte Moses jenseits des Jordan gegen Sonnenaufgang drei Städte aus ... und Golan in Basan für die Manassiten.*» Was tut's? Die Geschichte beginnt, wo man sie aufschlägt, man schlägt sie auf, wo die arabische Geschichte beginnt; in den Vereinten Nationen liest man arabische Noten, es gibt keine Bibel in der Bibliothek der Vereinten Nationen.

Ein milder Morgen lag über dem biblischen Land.

«Israel würde Selbstmord begehen, wenn es freiwillig auf die Golanhöhen verzichtete», sagte ich zu Zeira.

Er blickte hinunter vom Felsen und sagte: «Der Judenmord ist aus der Mode gekommen, wenigstens in den zivilisierten Ländern. Man hat sich etwas Neues ausgedacht. Die Juden sollen sich selber umbringen.»
Zeira-Steiner aus Wien und Haifa hat es erfaßt – sechzehn «blockfreie» Staaten fordern den bedingungslosen Rückzug Israels aus allen besetzten Gebieten: Die Judenverfolgung ist zivilisierter geworden, bring dich selbst um, Jude, wir legen dir den Revolver auf den Tisch, man hat dem Oberst Redl den Revolver auf den Tisch gelegt, Selbstbedienung, heraus mit den Golanhöhen!
Tiberias. Die Juden lieben es, den Namen der Stadt von tabur abzuleiten, Nabel, Nabel der jüdischen Gelehrsamkeit, wahrscheinlich ist es Chauvinismus, Herodes Antipas wird wohl den Kaiser Tiberius geehrt haben. In der Altstadt war gerade Markt, Araber kauerten auf dem Boden, arabische Händler, jüdische Händler, Hausfrauen, Kinder; Tiberias wird fast ganz von Juden bewohnt – trotzdem Asien. Vierhundert Jahre vor Christus saßen hier Juden über der Bibel, das Grab Maimonides', das Grab des Märtyrers Rabbi Akiba, das Grab des Wundertäters Meir Ba'al Haness. Moscheen, Kirchen, Synagogen, in der Nähe Rosh Pinna, hier kämpften Byzantiner, Kreuzfahrer, Sarazenen, Türken, die Karawanenstraße blutgetränkt, Stützpunkt der britischen Luftwaffe im Zweiten Weltkrieg, Militärlager im Unabhängigkeitskrieg, Artilleriestellungen im Sechs-Tage-Krieg. Die heißen Quellen sind berühmt, die tauben Dämonen heizen die Bäder für König Salomon, sie wissen nicht, daß er tot ist, sie hören nicht das Artilleriefeuer. Europa in Asien, der Westen im Orient: Kurhotels, weiße Balkonreihen, alte Damen auf der Seepromenade, schattige Bänke, fünf Minuten vom arabischen Markt ist Gastein oder Abano. «*Genießen Sie die Schönheit des biblischen Galilea im Kurhotel Ganei Hamat, volle Klimaanlage, Zentralheizung*», fünfzig Minuten vom Kurhotel ist Krieg. Der Reiseführer, wortkarg: «*Östlich von*

Tiberias die Golanhöhen, ein Hochplateau, das das Ostufer des Sees Genezareth überragt.» Der Gymnasiast Napoleon Buonaparte schrieb in sein Schulheft: «*St. Helena, eine kleine Insel.*»
Spürt man den Krieg nicht, in Israel? Das ist Fremdenverkehrswerbung. Ich hatte lange geschwiegen, Licci bemerkte es. Ich sagte: «Nichts, ich denke nach.» Nichts deutete auf einen Kampf hin – hier und da ein Lastwagen mit Soldaten, der in Richtung der syrischen Grenze fuhr, eine zugedeckte Kanone, nichts Besonderes auf Israels Straßen. Vielleicht war es die Stille, eine fein gesponnene, zerreißbare Stille, dünnes Glas, zerbrechlich: So still ist es nur hinter den Fronten.
Die Sonne stand hoch, als wir die Quellen des Jordan erreichten. Die Luft war kühl, wie im Tessiner Frühling, aber der Berg zur Rechten heißt Kanaan. Man sagt, daß ein Fluß der Quelle ent-springt; die Flüßchen, die sich zum Jordan vereinigen, sind wie Kinder, die aus dem Schultor schlüpfen, sie ent-springen nicht, sie laufen davon. Die arabische Legende behauptet, der Herr des Alls sei herabgestiegen, um den kleinlichen Streit der Flüsse zu schlichten, Hügel des Richters, Tell el-Kadi, der Name soll aus Jor und Dan entstanden sein; die Juden leiten den Namen von Yored Dan ab, Abkomme des Dan – Religionsforscher und Historiker sind sich nicht einig, warum sollten Politiker einig sein.
Obwohl es Hügel sind, nicht Berge, vor denen wir standen – nur in der Ferne die Schneekuppel des Hermon –, sagte ich zu Licci: «Wir sind am Ende der Welt.» Es ist das Ende der Welt, wie der Hintergrund für den Zuschauer das Ende der Bühne ist, aber die Bühne beginnt hinter der Bühne, optische Täuschung. Ruinen und Felsen und Grotten, ohne Perspektive, die Arena von Verona bei Festspielen, der Fluß umtanzt einen Stein; wie alte Männer auf spielende Kinder blicken die Steine auf die Wellen hinab; der Himmel über den Hügeln ist blau, als hätte nie eine Wolke ihn berührt; Pan umwirbt eine Nymphe, die Griechen

haben den Ort dem Hirtengott geweiht – hinter dem Bergkamm Bunker, Panzer, Geschütze, Patrouillen.
Panischer Schrecken – das Wort kommt von Pan; in Mittagsstille und Sonnenhitze pflegte er durch plötzliche Laute den Menschen und Tieren Schrecken einzujagen. Wir horchten auf – kein panischer Schrecken, aber Schüsse waren deutlich vernehmbar, plätscherndes Feuer, eine Maschinengewehrsalve. Ein Autobus mit Schulkindern war vor uns angekommen, die Kinder spielten am Jordan; jetzt tauchte ein Jeep mit Soldaten auf; der Lehrer rief die Kinder zusammen, sie stiegen in den Autobus, schön folgsam, es ist Krieg, Ende des Ausfluges. Im 42. Psalm heißt es: «*Gebeugt ist meine Seele in mir; / darum gedenke ich dein / vom Lande des Jordan her / und des Hermon, vom Berge Mizar ... / Wie Fraß in meinen Gebeinen / ist mir der Hohn meiner Dränger, / da sie täglich zu mir sagen: / ‹Wo ist nun dein Gott?›*» Quellen des Jordan, jenseits der Hügel der Hohn der Dränger, hinter dem Hintergrund im Nordosten Libanon, im Westen Syrien, Fraß in den Gebeinen, Damaskus siebzig Kilometer in der Luftlinie.
Sollen wir weiterfahren? Wir fahren weiter, die Jordanbrücke ist nahe, jenseits des Berges liegt Kunetra, Hauptquartier der syrischen Armee im Sechs-Tage-Krieg. Die Straße wird plötzlich eng, wir holpern über Stock und Stein, besetztes Gebiet. Links und rechts kein Fleckchen grünes Land, kein Mensch, kein Tier, ein ausgebrannter Panzer im Straßengraben, eine gelbgebrannte Kanone im Feld, gelb wie die Farbe des Landes. Jetzt werden die Maschinengewehre deutlich, Hämmern der Abwehrkanonen. Dort, wo der steile Pfad in den Himmel zu münden scheint, verstellt ein Armeelastwagen den Weg. Ein Soldat im Stahlhelm: «Sie können leider nicht weiter.» – «Wird drüben gekämpft?» Achselzucken.
Zeira weiß einen anderen Weg. Wir fahren zurück, schlagen eine Nebenstraße ein, kommen der Front näher. An einer Straßenkreuzung ein Panzerwagen, auch hier geht es nicht weiter.

Ich will aussteigen, als ein Offizier auf den Wagen zukommt, schlank, etwa vierzig, knochiger Intellektuellenkopf. «Sind Sie nicht Herr Habe? Wir sind Landsleute.» Er stellt sich vor: Hauptmann Boros aus Budapest. Ein kleiner, rundlicher Major springt vom Panzer: «Eigentlich ist Herr Habe mein Landsmann.» Der Major stammt aus Wien. Landsmann? Es ist nicht wörtlich gemeint, beide sind Israelis. Aber wie sich die Iren in Amerika auch nach einem Jahrhundert noch Iren nennen, deshalb keineswegs schlechtere Amerikaner, so scheuen sich die Israelis nicht zu sagen, sie seien Ungarn oder Österreicher; jeder weiß, was gemeint ist. Übereifrige Juden in der Diaspora betonen, sie seien Juden, nur Juden – hier sind die Juden Juden, Israelis, was sonst, aber außerdem sind sie Ungarn oder Griechen oder Holländer, es ist keine Ehre und keine Schande, die Identität ist längst gewonnen, niemand fürchtet, sie zu verlieren.

«Es tut mir leid», sagt der Hauptmann, «wir können Sie nicht weiterfahren lassen.» Wir steigen aus. «Wo wird gekämpft?» – «Auf ein paar Kilometer von hier, Terroristenüberfall.» Ein Soldat hat eine Kamera, Hauptmann Boros leiht sie sich aus, er kennt den Namen meiner Frau von der Budapester Bühne, er will sie aufnehmen, am Panzerwagen. «Wenn auch ich Sie aufnehmen darf», sage ich. Selbstverständlich. Gruppenaufnahme am Panzer. Die Soldaten, ein halbes Dutzend, sind überrascht: Sie verstehen uns nicht, sprechen nur Iwrith. «Ich weiß nicht genau, was vorgeht», sagt Hauptmann Boros; er sieht auf die Uhr. «In der Früh war ich noch zu Hause.» Er ist in Tel Aviv zu Hause, er saß beim Frühstück, mit Frau und Tochter, um acht ein Telephonanruf, an die Front, in einer halben Stunde kann Hauptmann Boros tot sein. «Vielleicht noch eine Aufnahme», sagt der Hauptmann. «So ist das nun einmal», sagt der Major.

Ein Soldat weist auf die Hügel zur Rechten, es brennt, schwarzer Rauch steigt zum Himmel. Licci, die abseits stand, kommt

zurück. «Ein Waldbrand», sage ich. Später flüstert mir der Major zu: «Wir haben eine MIG abgeschossen.»
Ein olivgrüner Militärwagen hält an, der Hauptmann eilt zum Wagen. Der Wagen fährt schnell weiter, in Richtung der Grenze. «Der General», sagt der Hauptmann. Ein Hubschrauber kreist über unseren Köpfen. Zeira sagt nachher: «Wahrscheinlich war es Dayan.» Ob wir vielleicht doch weiterfahren könnten, frage ich, nicht ganz zum Behagen Liccis. Ein Soldat spricht einige Worte in sein Walkie-talkie, Hauptmann Boros lacht: «Das Außenministerium ist schon besorgt – nichts zu machen.» Am Abend erzählte mir Karl Kiesler, die MP's hätten gemeldet, daß wir uns auf Umwegen zu nahe an die Front herangewagt hatten. «Hoffentlich sehen wir uns in Tel Aviv, bei Ihrem Vortrag», sagt Hauptmann Boros. Am Morgen saß er mit seiner Familie beim Kaffee, an einem der nächsten Abende will er sich meinen Vortrag anhören, inzwischen Krieg an der syrischen Grenze, so ist das nun einmal.
Wir wenden um, der Major aus Wien und Haifa winkt vom Panzer, Hauptmann Boros aus Budapest und Tel Aviv winkt vom Straßenrand, die Soldaten winken. «*Adieu! te quitter c'est mourir.*» Nicht nur die Kinder winken in Israel.

Mickey Mouse unter Bomben

Wir wurden im Kibbuz Ma'agan erwartet, am Südende des Sees Genezareth.
Ma'agan ist ein kleiner Kibbuz, etwa 150 « Mitglieder », das bedeutet, mit den Kindern und Alten und Helfern an die 300 Menschen.
Ma'agan ist ein armer Kibbuz, ein Bananenkibbuz, noch hat Israel nicht alle Mittel, die Ernte zu bewahren, Israel kann nicht mit dem westindischen Export wetteifern, fünfzehn Prozent der Ernte geht verloren.
Ma'agan ist ein Grenzkibbuz, in der Luftlinie etwa fünf Kilometer, auf der Straße weniger als acht Kilometer von der jordanischen Grenze entfernt. Die Kanonen, die ein israelisches Lied besingt – « Das Lied der langröhrigen Kanonen » –, haben eine Tragweite von 32 Kilometern. Die Katjuschas – das sowjetische Katjuscha-Lied singen die Araber mit dem Refrain: « *Erschlage, erschlage den Juden* » – haben eine Reichweite von 18,5 Kilometern.
Es war spät geworden; wir setzten uns zum Mittagessen, noch ehe wir den Kibbuz besichtigen konnten. Der Speisesaal liegt am See, vor der Terrasse schaukelt ein Boot, Bootshausgeräusche – « *Und als sie ins Schiff gestiegen waren, legte sich der Wind ... und als sie hinübergefahren waren, kamen sie ans Land nach Gennesaret.* » Es hätte der Speisesaal eines Seehotels sein können, aber das Haus ist eine bessere Baracke, der Speisesaal ein einfacher Raum, größere und kleinere Tische, jeder setzt sich, wo gerade Platz ist, Speisesaal, Gemeinschaftsraum, Theatersaal, Parlament der Mitglieder, Filmvorführungen, Hochzeiten.

Wir waren zu viert – der Sekretär des Kibbuz, Licci, Zeira und ich. Nicht nur in den Kibbuzim war der Tisch immer für unseren Fahrer gedeckt, im Weizmann-Institut war es nicht anders, bei Generalen und Ministern, bei den Rektoren der Universitäten. Allerdings verstand Zeira diesmal nicht alles, was wir sprachen; wir sprachen ungarisch, sechzig Mitglieder des Kibbuz stammen aus ungarischen Sprachgebieten, zum großen Teil aus Siebenbürgen, dem heutigen Rumänien. Der Sekretär war ein Mann Ende vierzig, sehnige Gestalt, Augen älter als das Gesicht; die Antworten kamen langsam, überlegt. Das Essen war nicht ganz so schlicht, wie es sonst ist, denn die ungarische Köchin hatte meine Frau in Budapest gesehen; ein ungarisches Essen, Krautwickel, Paprikahuhn, so aß man einst bei Gundel in Budapest, so ißt man bei Gundel nicht mehr. Auch die flinke kleine Frau, die uns bediente, war Ungarin, sie hatte das Konzentrationslager überlebt; während ich mich mit dem Sekretär unterhielt, sprach sie mit Licci.

Der Sekretär erzählte von einer Gruppe junger Kanadier, die Ma'agan am Tag zuvor verlassen hatten. Lange Haare, Gitarre, eher verkleidet als angezogen; sie wollten einige Wochen bleiben, das Kibbuz-Leben kennenlernen, sie arbeiteten fleißig, nichts auszusetzen.

«Es waren Kommunisten», sagte der Sekretär, «anfangs wollten sie uns Marx und Mao ‹verkaufen›.»

«Und später?»

«Sie sagten, wir seien Opfer des amerikanischen Kapitalismus, die Regierung beute uns aus, wir sollten uns an den Chinesen ein Beispiel nehmen.»

«Was sagten Sie ihnen?»

«Was sollten wir ihnen sagen? Der Kibbuz ist keine Kolchose, im Kibbuz ist man freiwillig. Die Kolchose ist eine Pleite, und der Kibbuz ist ein Erfolg.»

«Ist das so einfach?»

Er kniff die Augen zusammen: «Vielleicht meinen Sie, es liegt daran, daß wir Juden sind. Das ist Rassismus. Es kommt nicht auf die Juden, sondern auf die Freiheit an.»
Ich fragte: «Ging die Propaganda weiter?»
«Die Kanadier wollten uns beibringen, welches Unrecht den Palästinensern geschieht. Wir sollten die Golanhöhen herausgeben. Dann schlug ein Artilleriegeschoß in der Nähe des Kindergartens ein.»
«Haben sich die Kanadier geändert?»
«Ob sie sich deshalb geändert haben, weiß ich nicht. Sie haben eine sozialistische Gemeinschaft erlebt, von der sie bis dahin nur gelesen hatten. Sie schienen sehr glücklich, beim Abschiedsfest. ‹Wir werden unseren Freunden berichten›, sagten sie.»
Der Sekretär des Kibbuz Ma'agan am See Genezareth glaubt das wirklich. Ich fürchte, man weiß in der sozialistischen Gesellschaft wenig von kommunistischen Lehren.
Motorengeräusch, die kleine Frau ließ die Krautwickel stehen, eilte in die Küche, kehrte zurück. Durch das rückwärtige Fenster sahen wir Soldaten, sie kletterten aus dem Jeep. «Von den Golanhöhen», sagte der Sekretär. Kampfpause; draußen bekamen die Soldaten zu essen, sie füllten ihre Flaschen mit Wasser. Wenn Freund und Feind behaupten, die israelische Armee sei nicht zu überbieten, so liegt es nicht allein an den Generalen, am Kampf mit dem Rücken gegen das Meer, an der Überzeugung, daß Vaterland des Vaters Land ist, es liegt auch an militärischen Sonderheiten – es gibt hier, zum Beispiel, kein Nachschubproblem, *logistics*. Eine ungarische Köchin im Kibbuz Ma'agan wird mit der Logistik allein fertig. Soldaten kommen von der Front, acht Kilometer, mit einem Jeep voller Bananen fahren sie zurück, keine Anweisung, keine Empfangsbestätigung, niemand zählt die Bananen, mit dem Export der West Indies ist da schwer zu konkurrieren, es ist auch nicht so wichtig. Ich bemerkte, daß Licci und die Frau tuschelten; sie hatte Tränen in den Augen. Auch der Sekretär wurde aufmerksam, aber

die Frau sagte nichts, lief wieder davon. Zwar hatte sie Licci verboten, uns etwas zu verraten, aber Licci konnte sich nicht an das Verbot halten: «Sie sagt, daß zwei ‹von den unseren› abgeschossen wurden.» Ich fragte den Sekretär: «Phantoms oder Mirages?» Er schüttelte den Kopf: «Sie meint zwei von unseren Jungen.» Er brauchte sich nicht zu erkundigen: Zwei «von den unseren», das heißt zwei Flieger; in Israel rechnet man in Menschenleben, nicht in Flugzeugen. Wenn man die Zahlen abrundet – drei Millionen Israelis, zweihundertzehn Millionen Amerikaner –, dann bedeutet der Verlust von zwei israelischen Fliegern soviel wie der Verlust von hundertundvierzig amerikanischen. Wenn in Israel soviel Soldaten gefallen wären wie Amerikaner in Vietnam, dann hieße das 41 000 mal siebzig, Israel wäre ausgestorben, keine Seele. Amerika hat 250 Milliarden Dollar für den Krieg in Vietnam ausgegeben; da das israelische Militärbudget im Jahr anderthalb Milliarden Dollar beträgt, könnte Israel daraus hundertsiebzig Jahre lang Krieg führen. Nur kleine Nationen sind gegen die Dummheit gefeit, kleine Nationen können sich keine überflüssigen Kriege leisten. Es waren die Syrier, welche die beiden Flieger abgeschossen hatten, jedenfalls waren die über syrischem Gebiet aus ihrer brennenden Maschine gesprungen; in der Nacht sahen wir sie im Fernsehen, die Syrier führten sie vor, verwundet, dressiert in Unfreiheit, gebändigte Flieger. Der Sekretär fragte, ob wir den Kibbuz sehen wollen. Über den Golanhöhen lag ein Rauchschwaden.
Wir gingen über die Felder, blieben bei einem Traktor stehen. «Vor dem Sechs-Tage-Krieg waren unsere Traktorfahrer bewaffnet», sagte der Sekretär. Warum sollten sie jetzt noch bewaffnet sein, die Front liegt weit, auf acht Kilometer. Im Kibbuz Ma'agan sind die meisten Wohnhäuser ebenerdig, eine primitive Siedlung, aber die Wirtschaftsgebäude aufs modernste ausgestattet – ein weiter Weg von Degania, dem ersten Kibbuz, der sich hier in der Nähe befindet, zwölf junge Leute gründeten ihn, 1909, die wohnten in Zelten.

Vor dem Kindergarten spielten die Kinder in der Sonne. Die Straße war staubig, sie wurde gerade asphaltiert, aber der eingezäunte Garten vor dem Haus der Kinder war grün, voller Blumen. Kinder zwischen zwei und vier, dunkelhaarig, blond, rothaarig. Sandburgen, eine Holzlokomotive, ein Schaukelpferd wiegte sich in der Brise. Eine Erzieherin spielte mit einem kleinen krausgelockten Jungen im Gras; sie sah wie eine englische Nurse aus. Jetzt bemerkte ich, daß die Dächer der Kinderherbergen anders geartet sind als die der übrigen Häuser: schwere Steine, Stahlplatten, geheime Bunker. Gegen Artilleriegeschosse sind diese Häuser, sind diese Luftschutzkeller wahrscheinlich sicher; ich denke: trügerische Sicherheit, eine einzige Bombe aus der Luft, es müßte keine Blockbuster sein, würde die Straße der Kinder in eine Sandwüste verwandeln. Nur die Angst vor der Vergeltung hat die Kinder von Ma'agan bisher vor dem Tod bewahrt: Wir wollen die Menschheit vor der Angst befreien, *freedom from fear,* hat Roosevelt verkündet, und vielleicht steht zwischen Vernunft und Barbarei nur die Angst.
Die Aufenthaltsräume, Spielzimmer wie in anderen Kibbuzim, aber keine Schlafsäle schließen sich ihnen an. «Die Kinder schlafen im Keller», sagte der Sekretär. «Manche von ihnen, zwei, zweieinhalb Jahre alt, haben noch nie über Tag geschlafen.» In der Nacht geschieht es nicht selten, daß Artilleriegeschosse auf den Kibbuz Ma'agan fallen. Katjuscha-Lied: «*Erschlage, erschlage den Juden.*» Sowjetische Geschütze haben eine Reichweite von achtzehneinhalb Kilometern. Auf Ma'agan kann man ziemlich präzis zielen, man hat noch zehn Kilometer übrig.
Schlafsaal und Luftschutzkeller sind also identisch, aber die Kinder bemerken es nicht. Auf den Mauern zu beiden Seiten der schmalen Treppen, die abwärts führen, haben israelische Künstler lustige Bilder gemalt, Mickey Mouse und Donald Duck, Märchengestalten, Fabeltiere, kein Schneewittchen,

kein Aschenbrödel, und natürlich nicht Hänsel und Gretel, nicht Max und Moritz, denn Wilhelm Busch ließ die Kinder in die Mühle stecken – «*Hier kann man sie noch erblicken / Fein geschroten und in Stücken*» –, und die Hexe der Brüder Grimm steckte Kinder in den Ofen, dann kamen die Gasöfen, für Kinder und Erwachsene.

Nur Erwachsene werden sich bewußt, daß die Spielräume in die Schlafsäle übergehen, die Schlafsäle liegen eben ein paar Meter tiefer unten, im Keller. Kleine Betten, Doppeldecker, Dreidecker, Puppenschlafzimmer, saubere Räume, hygienisch, aber eng: Man knausert mit Platz, in Israel. Auch hier sind die Wände mit fröhlichen Zeichnungen geschmückt, die Kissen sind bunt, Blumenmuster auf den Bettdecken, winzige Schränke, winzige Nachttische, winzige Flaschen, winzige Gläschen, ein Schlafzimmer, das Schlafzimmer spielt.

Soziologie und Psychologie: Es sind die Wissenschaften des Jahrhunderts, jeder ein Amateur in Soziologie oder Psychologie, Dilettantismus ist ansteckend, vielleicht gibt es deshalb so viele Dilettanten unter Berufssoziologen und Psychologen. Kein Wunder, daß ich im Puppenzimmer, bei Mickey Mouse und Donald Duck, psychologische und soziologische Fragen stellte.

Psychologen und Soziologen aus nah und fern haben jahrelang die Kinder im Kibbuz beobachtet, und manche von ihnen waren keine Dilettanten. Professor Bruno Bettelheim, der 1969 «The Children of the Dream» veröffentlichte, ist es am wenigsten. «Kibbuz-Kinder» sind «anders», aber Kinder des Grenzkibbuz, die Tag und Nacht in Gefahr leben und im Bunker schlafen, werden wie alle Kibbuzniks – Kibbuznik: der kosend akzeptierte Spitzname für die Mitglieder. Kommt es daher, daß sie keine andere Welt kennen? Sie kennen eine andere Welt. Zwei von den Ma'agan-Kindern waren unlängst zu Besuch bei Freunden, im «friedlichen» Tel Aviv. Als der Abend kam, fragten sie: «Wann gehen wir hinunter?» Es erschien ihnen ein wenig sonderbar, daß man die Nacht in Schlafzimmern verbringt, von wo man die Sterne sehen kann. Sonst nichts. Sterne über Tel Aviv, keine Sterne über dem Kibbuz – was weiter?

Der Sekretär riet mir, das Buch von Bettelheim zu lesen. Er kommentierte: «Die Kinder leben in Gefahr, aber ohne Angst. Eingebildete Gefahren sind bedrohlicher als wirkliche. Die Kinder fühlen sich geliebt und geborgen, also sicher.» Der Sekretär sah mich an: «Sie kommen aus Europa. Sie ahnen vielleicht nicht, wie leicht es ist, normal zu sein.»

Wir wateten durch den Staub auf den Parkplatz zu. Es hätte mich gewundert, wenn es dieser Kibbuznik zu erwähnen vergessen hätte: Nur vier Prozent der Israelis lebt im Kibbuz, aber dreißig Prozent der Gefallenen des Sechs-Tage-Krieges waren «Kibbuz-Kinder». Sie hatten keine Angst zu leben, keine Angst zu sterben. John F. Kennedy hätte von den Kibbuzniks sprechen können, als er in seiner präsidialen Antrittsrede von einer neuen Generation sprach – «*geboren in diesem Jahrhundert, gezeichnet von Krieg, erzogen in einem harten und bitteren Frieden, stolz auf unsere uralte Überlieferung ...*» Aber freilich ist auch das zu einfach – die Reise durch Israel hatte erst begonnen, die Bekanntschaft mit dem Kibbuz war noch neu.

«Haben Sie selbst Kinder?» fragte ich den Sekretär.

«Einen Sohn.»

«Lebt er im Kibbuz?»

«Er ist Froschmann.»

«Wie der Sohn von Garfinkel», sagte Licci.

«Er hatte es schwer, aufgenommen zu werden», sagte der Sekretär. «Ich weiß nicht, wo er jetzt ist.»

Über den Golanhöhen platzte eine Wolke. Da aber der Himmel wolkenlos war, wird es wohl keine Wolke gewesen sein.

«Es wird eine laute Nacht werden», sagte der Sekretär.

Gutes aus Nazareth

Wenn je eine Konferenz stattfinden sollte, die dem Nahen Osten bleibenden Frieden verheißt, dann sollte man sie in Nazareth abhalten. Nazareth ist ein Modell, im besten Sinne des Wortes, nicht in dem jetzt üblichen: Man spricht unentwegt von Modellen, Denkmodellen und anderen, sie ersetzen die Phantasie, der Gedanke wird vorgeschneidert und vorgeführt, er ist käuflich, Mannequin-Philosophie.

Nazareth liegt knapp vierzig Kilometer von Haifa entfernt. Der Direktor des Fremdenverkehrsbüros, ein kleiner König, hatte uns zum Mittagessen eingeladen. Wir waren pünktlich, was ich mir, mit Licci reisend, als hohes Verdienst anrechne.

Antoine Shahim ist Araber, ein christlicher Araber. Araber läßt man nicht warten. Man sagt, daß Stolz eine Tugend sei, was ich bezweifle, da ich nicht an Tugenden glaube, die das Zusammenleben der Menschen erschweren – wenn es dennoch wahr sein sollte, dann sind hochentwickelte Völker am wenigsten tugendhaft. Stolz und Primitivität gehen Hand in Hand: Intelligenz ist die Fähigkeit, mit den eigenen Minderwertigkeitsgefühlen zu leben. Vielleicht ist das der Grund, warum das Zusammenleben von Israelis, die nicht mehr Minderwertigkeitskomplexe haben als andere Völker, und Arabern, deren Minderwertigkeitskomplexe in Stolz explodieren, so schwer ist. Vielleicht ist das der Grund, warum die Israelis die Araber bisher zwar besiegen, aber mit ihnen nicht in Frieden leben konnten – dazu wäre es notwendig, daß sich die Israelis von den Arabern besiegen lassen, was hinwiederum zu viel verlangt, weil die psychoanalytische Heilung der Araber durch den Tod von zweieinhalb Millionen Juden zu teuer erkauft wäre. Vielleicht ist das auch der Grund für die unüberbrückbare Kluft zwischen den Führern der arabischen Welt und ihren eigenen Völkern. Wer kein Brot hat, dem bleibt nur der Stolz.

Antoine Shahim gehört zu den arabischen Führern. Wir hätten ihn ruhig warten lassen können, ohne seine Gunst zu verscherzen, seine Intelligenz bewahrt ihn vor Stolz. Aber Shahim lebt ja in Nazareth – und das ist eine andere Geschichte.

Das Essen im ersten Hotel der Stadt war vorzüglich, wir genossen die arabischen Vorspeisen Thina und Humus, die längst zur jüdischen Speisekarte gehören. Shahim, diskret-elegant gekleidet, etwa vierzig, kahlköpfig, mit warmen Augen – wir sprachen von ihm als «Otto», weil er uns an unseren Freund, den Regisseur Otto Preminger erinnert –, Antoine Shahim wollte uns gleich die «ganze» Stadt zeigen. Wir fuhren in seinem Wagen zum Salesianer-Kloster, auf den grünen, bewaldeten Hügel hinauf, von wo man ganz Nazareth sehen kann.

Das also ist Nazareth, der Ort, von dem der Sohn des Zimmermanns auszog auf der Suche nach dem Niemandsland der Liebe. «*Was Pater de Foucauld in Nazareth suchte*», schreibt der herrliche Mauriac, «*war ... dieser letzte Platz, den nie jemand dem Herrn hatte rauben können.*» Jesus war dreißig, als er Nazareth verließ, so spät hatte er seine Mission entdeckt: Die Zwanzigjährigen, die jetzt sein Gewand tragen, haben nur den Bart mit ihm gemeinsam, zur Güte gehört Reife. Es kann sein, daß Jesus die Liebe nicht gefunden hat, weil er Nazareth verließ. Es kann aber auch sein, daß es umgekehrt ist – «*In Nazareth erlebt Jesus bereits die Agonie*» –, daß sich die Menschen in Nazareth anders benehmen als anderswo; sie schämen sich wenigstens, den Fluß gleich an der Quelle zu vergiften. Nazareth ist eine schamhafte Stadt.

Hier oben, vor der Kirche des Heranwachsenden Jesus, verstand ich, was uns Shahim gesagt hatte: In Nazareth hat es nie innere Kämpfe gegeben, nie zwischen Israelis und Arabern, nie zwischen Juden und Mohammedanern, nie zwischen Christen und Mohammedanern, nie zwischen Juden und Christen, höchstens zwischen Juden und Juden. Obwohl Nazareth bis 1967 die «arabischste» Stadt Israels war – eine schnell wachsende Stadt, im Reiseführer noch 30000 Einwohner, schon sind es 45000, davon 30000 Araber –, beschreiben die Partisanen einen Bogen um Nazareth, hier fänden sie nur schwer Unterschlupf und keine Waffenhilfe. Wo man sich schämt, da lassen sich Hütten bauen.

Nazareth ist eine gläubige Stadt, und das bedeutet nicht etwa, daß sie bloß christlich ist. Von den 30000 Arabern sind rund 15000 Mohammedaner, 15000 Christen, daneben 15000 Juden. Man kann nicht sagen, daß sich Juden und Araber «vermischen»; wo die Mehrheit nichtjüdisch ist, da leben die Juden immer im Getto, auch in Israel. Das neue jüdische Viertel im Osten, auf den Höhen, weiße Häuser, eine europäische oder amerikanische Skyline, heißt Kiryat Natsrat, man spricht von Nazareth Elit, dem «oberen» Nazareth, Getto und Elite widersprechen sich nicht. Man sollte sich damit begnügen, daß die Menschen in Frieden nebeneinander leben, daß sie miteinander leben sollten, wäre zuviel verlangt.

Hinter uns die Kirche des Salesianer-Ordens, im Tal die Verkündigungskirche, das Herz Nazareths, ein neuer Dom, «*im sechsten Monat aber wurde der Engel Gabriel von Gott in eine Stadt Galiläas namens Nazareth gesandt zu einer Jungfrau, die verlobt war mit einem Mann namens Joseph aus dem Hause Davids; und der Name der Jungfrau war Maria.*» Die Josephskirche, die Tischlerwerkstatt des Vaters; die Verkündigungskirche der Griechisch-Orthodoxen ist auf ein paar hundert Meter von der katholischen Verkündigungskirche entfernt: Die Griechisch-Orthodoxen glauben, der Erzengel sei der Mutter hier erschienen, auf ein paar hundert Meter kommt es nicht an. Der Marienbrunnen, Kloster der Franziskaner-Nonnen, Notre Dame de l'effroi, Kirche des Schreckens, erschrocken sah Maria, wie Jesus mit einem

Sprung vom Felsen seinen Verfolgern entkam; gleich links die Alte Synagoge, was verschlägt's, daß sie jetzt eine griechisch-katholische Kirche ist, hier betete Jesus, hier hat er das Buch des Jesaja aufgerollt. Zur Zeit Christi war Nazareth eine jüdische Stadt, die Kreuzfahrer eroberten sie im elften Jahrhundert, zweihundert Jahre später kam der Islam: Irgendwo muß es eine Synagoge geben, sie ist schwer zu entdecken. Vier Moscheen, die größte steht neben der Verkündigungskirche, gleich daneben das israelische Bürgermeisteramt. Minarette sind wie schlanke Fahnenstangen, die Mohammed aufpflanzt, neben ihnen wirken Kirchen und Synagogen mächtig, aber schwerfällig, versteinert, archaisch; es ist, als könnte man Minarette forttragen, also vorantragen; Kirchen und Synagogen sprechen vom vergangenen Sieg Gottes, Minarette rufen Allah zum Sieg auf.

Ich fragte Shahim, wann die Moscheen von Nazareth entstanden sind. Vor dem Unabhängigkeitskrieg gab es nur eine – die Juden nahmen Nazareth, einen der wichtigsten britischen Stützpunkte, im Juli 1948 –, zwei entstanden zwischen 1948 und dem Sechs-Tage-Krieg; «jetzt wird die vierte gebaut», sagte Shahim, er wies nach rechts, sie ist halb vollendet. Die Sonne brannte, eine Nonne, die Schürze übergehängt, eilte an uns vorbei, in den Gemüsegarten. Auf dem Hang weideten Schafe, die Köpfe im Gras, unbeweglich, Illustrationen. Die Türme und Kuppeln der Kirchen berühren sich, Bilder in einem Bilderbuch, man blättert nicht weiter. Die Häuser mit ihren roten Dächern nicht mehr als Pilgerzelte, als lebte, wer hier lebt, zu Besuch. Zypressen, die Jesreelebene, der Berg Tabor, in der Ferne steiniges Land, hier ein Rosengarten, die Josephskirche eine gelbe Festung, die Stadt unbeweglich wie die weidenden Schafe. Christliche Pilgerfahrt, jüdische Herrschaft, drei neue Moscheen: Nazareth. Ist seit 1948 in arabischen Ländern eine einzige Synagoge gebaut worden? Ich stand, im Zweiten Weltkrieg, auf den Trümmern einer Synagoge in Oran. Die amerikanische Armee war zu spät gekommen. Übrigens auch die deutsche. Die Algerier hatten sie angezündet.

Die Moscheen von Nazareth sind nicht die einzigen, die im Staat Israel gebaut wurden. Die Unabhängigkeitserklärung: «*Der Staat Israel ... wird allen seinen Bürgern ohne Unterschied der Religion, der Rasse oder des Geschlechtes, soziale und politische Gleichberechtigung verbürgen. Er wird Glaubens- und Gewissensfreiheit, Freiheit der Sprache, der Erziehung und Kultur gewährleisten und die Heiligen Stätten unter seinen Schutz nehmen.*» Im zentralen Teil des Landes hat es bis 1948 kein einziges Minarett gegeben, jetzt gibt es deren zehn, rund eine halbe Million israelische Pfund hat die Regierung für sie gespendet. Vor der Staatsgründung lebte die Geistlichkeit des Islam vom Grundbesitz der mohammedanischen Kirche oder von Spenden, jetzt wird sie vom Staat bezahlt, über zweihundert Diener Mohammeds, die in mehr als 90 Moscheen Allah preisen, erhalten vom Ministerium für religiöse Angelegenheiten jährlich Gehälter von 200000 Pfund. Die Gerichtsbarkeit in allen persönlichen und religiösen Fragen obliegt den Kadis der mohammedanischen Shari'a-Gerichte; die vier permanenten Gerichtshöfe werden vom Staat erhalten. Ungehindert pilgern die israelischen Muselmanen nach Mekka und Medina, aber die Al Salaam-Moschee von Nazareth, die Moschee des Friedens – Sḥahim: «Sie kostete den Staat eine halbe Million Pfund» –, wartet vergebens auf die Pilger aus den arabischen Ländern. Ägyptische und syrische Pilger dürfen die israelische Grenze nicht überschreiten, die jordanischen sind von ihrer Regierung einer strengen Kontrolle unterzogen. Terroristen haben es leichter.

Die «Duldsamkeit» – ein hochmütiges Wort, nicht von Anfang an, doch pervertiert in den Jahrhunderten, man sollte es nur in Anführungszeichen gebrauchen –, «Toleranz», gegenüber dem Islam fällt den Juden nicht allzuschwer, Allah und der Gott der Juden wohnen nicht in der gleichen Himmelsstraße, keine *invi-*

dious vicinity, keine Konkurrenten. Mohammed, der vierzig war, als er auszog, um seine Lehre zu verkünden, war Araber, kein naher Verwandter der Juden. Seine «Gegenreligion» hat das Christentum bedroht, nicht das Judentum, die Entstehung des Islam war keine Familientragödie, die unter allen Tragödien stets die tragischste ist. Seit dem achten Jahrhundert gab es unter den Juden wenige Proselyten, die sich zum Islam bekannten – insgesamt sind seit der Staatsgründung 1500 Jüdinnen zum Islam übergetreten –, Proselyten, die Christen wurden, gab es um so mehr. Aber auch auf die Araber übte die christliche Religion eine starke Anziehungskraft aus. Von den rund 100000 Christen, die seit dem Sechs-Tage-Krieg in Israel leben, sind rund 95000 Araber, Millionen Araber haben im Laufe der Jahrhunderte christliche Konfessionen gewählt. Ein Moslem, der zum jüdischen Glauben übergetreten wäre, würde im Panoptikum gezeigt werden: Moses und Mohammed ziehen sich nicht an, deshalb stoßen sie sich auch nicht ab. Neben der Geschichte der Judenverfolgungen durch die Christenheit wirkt die Geschichte der Judenverfolgungen durch den Islam beinahe harmlos. Nach der Eroberung Jerusalems durch die Moslems im Jahre 638 wurden die Juden zwar gedemütigt, doch war den «Ungläubigen» – ein schönes Paradoxon – just die Ausübung ihres Glaubens gestattet. Die Folterungen und Morde von Damaskus, zwölfhundert Jahre später, wurden von Syriern begangen, aber es waren die Folgen einer von der katholischen Kirche nach dem Verschwinden des Kapuzinerpaters Thomas angezettelten Hetzjagd. Der dem Islam innewohnende Fanatismus hat den Charakter der Araber geprägt und ist für Israel lebensgefährlich, doch ist die Wurzel des Glaubens von der Baumkrone der Gewalt weit entfernt: Wenn sich heute alle Araber taufen ließen, so blieben sie nicht weniger fanatisch – neben George Habbasch, dem Führer der radikalsten palästinensischen Terrororganisation, gehören viele arabische Terroristen christlichen Kirchen an. Die arabischen Führer spielen auf dem Instrument hergebrachter, also unkontrollierter Begriffe, wenn sie behaupten, sie könnten keine Antisemiten sein, da sie selbst Semiten sind: Was man gedankenlos Antisemitismus nennt, richtet sich nicht gegen die Semiten. Dennoch kann man in den Beteuerungen der arabischen Elite ein Körnchen Wahrheit entdecken – zwar hassen sie alle Juden, auch Nicht-Zionisten, auch Juden in der Diaspora, aber es ist der Haß gegen ein Volk, nicht gegen eine Rasse oder gegen eine Religion. Wem es, mit Heine zu sprechen, «*just passieret*», dem ist das egal, aber so kurzsichtig ist kein Israeli, daß er nicht zwischen dem Völkerkrieg von Kairo und dem Religionskrieg von Oberammergau zu unterscheiden vermöchte.

Mit dem Christentum verhält es sich anders; die jüdische «Toleranz» ist auf eine härtere Probe gestellt.

Den israelischen Intellektuellen ist es klar, daß der Rabbi Jesus kein Abtrünniger war. «*Ist das arme jüdische Kindlein in der Krippe nicht das Gleichnis für die zahllosen heimatlosen Judenkinder der jüngsten Vergangenheit ...?*», fragt der israelische Dichter und Philosoph Schalom Ben-Chorin; «*Jesus sah in sich nie mehr als einen Propheten des Judentums ... Er war ein Jude in Wort und Tat*», schreibt Abba Eban. Aber für die Mehrheit der Israelis ist Jesus der verlorene Sohn, der sich vom Hause des Vaters immer weiter entfernt hat, er kehrt nie wieder. Dem durchschnittlichen Israeli wird der «*tiefe Lehrer-Schüler-Konflikt zwischen Gamaliel und Paulus*», den Franz Werfel in «Paulus unter den Juden» erkannte, noch lange nicht bewußt werden. Das Symbol des ans Kreuz geschlagenen Christus ist für den Juden doppelt, wenn nicht gar dreifach schmerzlich – ein Jude wurde gekreuzigt, doch wurde das Kreuz auch allen blutigen «Kreuzzügen» vorangetragen. Überdies hat sich die Legende von der jüdischen Schuld im Unterbewußtsein der Juden eingenistet: Beweise für das Gegenteil, von Juden und Christen erbracht, bleiben intellektuelle Zeugnisse. Die Beziehung zwischen Judentum und Christentum ist eine Verewigung des Generationenkonfliktes: Der Jude ist der

Vater, der Christ ist der Sohn – wie sollten sie sich verstehen? Hier ist die Wurzel der Religion von der Baumkrone des Volkes nicht so weit entfernt: Die «rassische» Verfolgung der Juden ist verhältnismäßig jungen Datums, jahrhundertelang hatten die Pogrome einen «religiösen» Anstrich. Behauptet auch Herzl: «*Unser heutiger Antisemitismus darf nicht mit dem religiösen Judenhaß früherer Zeiten verwechselt werden ...*», ist auch in seinem «Judenstaat» von Religion kaum die Rede, so ruht der Judenstaat doch auf den Fundamenten der jüdischen Religion. Das ist seine Stärke, aber auch seine Schwäche. Wenn antijüdische Ressentiments nicht zu antichristlichen Ressentiments geführt hätten, wären die Juden nicht menschlich. Diese Ressentiments richten sich zwar fast nie gegen den Christen als Person – von einem Sabra wird man das Wort «Goi» kaum hören –, sind aber gleichwohl peinlich, weil sie sich nicht nur in gewissen israelischen Gesetzen, sondern auch in Kleinigkeiten und Kleinlichkeiten äußern. Der rächende Gott Mose liegt längst in Agonie, der ärgerliche und mißtrauische Gott befindet sich noch bei guter Gesundheit.

Um so erstaunlicher ist die schier rigorose «Duldsamkeit» des jüdischen Staates gegenüber der christlichen Minderheit. Vor dem Sechs-Tage-Krieg gab es 56000 Christen in Israel; die Zahl hat sich fast verdoppelt, nun sind es rund drei Prozent der Bevölkerung. Etwa 52000 sind Katholiken, davon 24000 römisch-katholisch. Obwohl fast alle Christen Araber sind, genießen sie religiöse Freiheiten, die Israel den Juden keineswegs gewährt – die religiöse Intoleranz der Juden bezieht sich auf andere Juden. Dreißig Orden und Kongregationen, 2500 Priester und Mönche, 600 Nonnen wirken im Heiligen Land. Die israelische Regierung unterscheidet nicht zwischen den christlichen Religionen – keine Selbstverständlichkeit, da die britische Mandatsverwaltung die Lutherische Kirche, die sie mit Deutschland identifizierte, zu benachteiligen suchte. Viele Kirchen besitzen Häuser und Landwirtschaft, sie sind von Zoll und

Kaufsteuer befreit – ein zweites Mal ungewöhnlich, da solche Ausnahmen dem Wesen des sozialistischen Staates widersprechen. Ungewöhnlich die Autonomie der christlichen Gerichte, da sie ja in manchen Fragen fortschrittlicher sind als die jüdischen. Über 210 Kirchen und Kapellen, neue werden gebaut, christliche Kirchen verwalten 54 Volksschulen und Mittelschulen mit 10000 Schülern, christliche Zeitschriften erscheinen in verschiedenen Sprachen, Kol Israel, der israelische Rundfunk, überträgt Gottesdienste und sendet religiöse Programme – niemand würde es einfallen, sich an das «Wort am Sonntag» heranzumachen, wie das in der Bundesrepublik Deutschland geschah. Israel ist ein religiöses Land, vermutlich das letzte der Erde, ein Land, das sich des Glaubens nicht schämt und das Heil nicht verachtet, Exil des emigrierten Gottes – «Wollt ihr gar Paradoxes hören? / Gott ist in die eigene Heimat verbannt, / Gott ist in Juda bekannt.»
Von der Kirche des Heranwachsenden Jesus – einundfünfzig Kirchen und Kapellen in Nazareth, wir hatten es nicht unterschätzt – fuhren wir in die Stadt. Noch immer schöpfen Araberinnen Wasser vom Marienbrunnen: «Jedes Haus hat fließendes Wasser», sagte Shahim. Die engen Straßen, steil ansteigend, orientalische Basarwelt mit christlichem Geschäft, Duft des süßheißen Gebäcks, scharf riechende Spezereien, ein schwarzäugiges Kind steht barfuß im Kanal, arabische Lampen, jüdische Öllampen, das Neueste in Antiquitäten, Verkündigungsbasilika en miniature gefällig, Blumen in leuchtenden Farben, arabische Töpfe, die Mutter Gottes samt Erzengel in Ton, Perlen, Messingwaren, Teppiche, man ist eingehüllt in Kaffeeduft, die alte Araberin bietet handgeflochtene Körbe an, Jesus Christus mit Batterie, leuchtet in der Nacht.
Zeira, der Jude, und Shahim, der christliche Araber, murmelten beschämt ein paar entschuldigende Worte; wir hätten den Batterie-Christus nicht kaufen können. Wessen schämen sie sich – der Araber, die diesen Tand verkaufen, der Juden, die ihn er-

zeugen, der Christen, die ihn erwerben? Ich beruhigte sie: Nichts von dem blasphemischen Jahrmarkt Bethlehems, nichts von dem ekelerregenden Schacher Lourdes', hier hätte Alfred Kerr nicht gespottet: «*Die hergepilgert kommen, / Die Gläubigen und Frommen, / Die woll'n um keinen Preis / Ins Paradeis.*» Was ist es? Bethlehem und Lourdes sind heute christliche Warenhäuser, da wird eine bestimmte Religion verkauft, Heiland AG. In Nazareth: Ein Franziskanermönch, zwei Juden im Kaftan, Shahim erwartet für den Abend eine protestantische Reisegesellschaft aus Hamburg, mit dunkler Würde eilt ein griechisch-katholischer Pope an den Buden vorbei, als wir vor der Verkündigungskirche stehen, hören wir von nebenan das singende Gebet des Islam. Selbst der Schacher steht in Nazareth im Zeichen der Versöhnung. Nazareth kann auch der Frank-Sinatra-Club, mitten in der Stadt, nichts anhaben. «*Die Club-Bibliothek steht den Angehörigen aller Religionen offen.*» Daß die Kommunisten 1970 Nazareth zu ihrer Zielscheibe wählten, ist kein Zufall. Die jungen Schriftsteller der New Left trommelten im Dezember zum Angriff; sie hofften nicht zuletzt auf die Araber. Da es sich um Nazareth drehte, bedienten sich die Linksradikalen urchristlicher Argumente. Vielleicht dachten die jungen Revolutionäre: Was von Nazareth ausgeht, erobert Israel, erobert, wer weiß, die Welt. Trotz einer der violentesten Wahlkampagnen für das Bürgermeisteramt, die in Israel je geführt wurde, unterlagen die Kommunisten. Ihr dreißigjähriger Kandidat, der Schriftsteller Tufia Zajjad, blieb auf der Strecke. Über dem Heimatdorf liegt eine milde Hand.
In einem 1956 erschienenen Buch über die heiligen Stätten, von Doré Ogrizek, hatte ich gelesen, daß man zum Glück von dem «*unsinnigen Projekt abgerückt*» sei, eine neue Verkündigungsbasilika zu bauen. So kann man sich irren, wenn man voreilig ist. Die moderne Kirchenarchitektur hat kaum etwas Schöneres hervorgebracht als den neuen Dom, der ein Jahr vor dem Sechs-Tage-Krieg vollendet wurde: Im vierten Jahrhundert

stand hier schon ein Gotteshaus, 1909 archäologische Funde, Neubau im achtzehnten Jahrhundert, 1955 wurde die alte Kirche abgerissen.
Der Prior der Franziskaner, die den Dom betreuen, ist Franzose – wir hatten Glück, er ist ein Freund von «Otto», der hatte ihm telephoniert, er führte uns selber.
Der Dom der Verkündigung, darunter die Wohnung Josephs und Marias: Schutz für das Kinderzimmer Jesu, nicht mehr, nicht weniger. Die Via Dolorosa ist eine Straße wie jede andere, die Grotten des Leidensweges ersticken in Kirchentalmi, Monumente des Pharisäertums. Die Verkündigungskirche ist ein Asyl und eine Festung, doch eine Festung nur, weil es fester Mauern bedarf, um das Zärtliche zu schützen. Von außen eine Burgmauer, Öffnungen wie Schießscharten, doch die Grotte der Verkündigung hat sich von der Kirche befreit, nicht zu Ehren der Kirche ist sie da, die Kirche zu ihrer Ehre. Eine junge Hand hat sich schützend über das Alte gelegt. Die Wohnung der Heiligen Familie ist isoliert, man betrachtet sie von oben, Rinnen, an denen die Körbe hinabgelassen wurden, Felsöffnungen, das war der Getreidespeicher, der Speisetisch, Öllampe in der Wandnische, Zisterne, Weinpresse, Werkstatt des Vaters, *hic erat subditus illi.*
Ein spanischer Bischof las gerade die Messe, zwischen den biblischen Steinen, nur zwei junge Priester assistierten ihm, sie waren allein. Die Sonne fiel durch die bunten Scheiben, abstrakte Gemälde, hier ist das Abstrakte sinnvoll. Französische Franziskaner, aber ein italienischer Architekt, Giovanni Muzio, hat die Kirche gebaut, die größte Baufirma Israels, Solel Boneh, hat die Arbeiten durchgeführt, ein Jude hat die Fenster entworfen. Als wir hinaustraten aus der Kirche, wurde von dem benachbarten Minarett Allahs Größe gepriesen. Al Ilah, Ave Maria, Schalom, Schalom. Wunder in Nazareth. Später wollten es unsere Freunde nicht glauben, daß uns Antoine Shahim in sein Haus eingeladen hatte. Er hatte darauf be-

standen. Eine hübsche kleine Villa am Hang, roter Mohn, Margariten, Sonnenblumen; ein kleiner Junge wird für Licci Blumen pflücken; es ist mit Blumen anders als in Europa, jede Rose ist dem Boden abgerungen. Ringsherum die Häuser anderer Araber, elegante Villen – die Wäsche hängt über dem Balkongeländer, man muß es nicht bemerken –, ein großer Teil der Landwirtschaft um Nazareth gehört Arabern, Nazareths reichster Mann ist ein Araber. Kaffee und süßes Backwerk, wir lobten es, die Freude war allgemein.
Shahims junge Frau kam herein, das Baby auf dem Arm, dann kam Shahims Mutter, dann kam der Bruder seiner Frau, dann kam die Frau des Bruders, dann kamen die Kinder des Bruders. Auf einem Sessel thronte eine Tüllpuppe, auf dem Tisch stand ein Feuerzeug aus Venedig. Das neue Kinderzimmer. Frau Shahim sprach französisch, ihr Bruder deutsch. Noch mehr Kaffee, noch mehr süßes Backwerk, Mama packte uns Backwerk ein, für die Reise. Ich versprach, Shahim eines meiner Bücher zu schicken, englisch oder französisch. Und ich schämte mich, daß ich es nicht wagte, von Politik zu sprechen, vom arabischen Problem. Wir hatten den ganzen Tag so getan, als interessierten uns nur Kirchen und Minarette und Synagogen, Quellen und Spuren. Als wäre Nazareth nicht fünfzig Kilometer von der jordanischen Grenze entfernt, als wäre nicht gestern in Hebron eine Bombe geplatzt, als hätte in der Nacht am Suezkanal kein Artillerieduell stattgefunden. Jetzt frage ich mich, was Shahim täte, wenn die Araber Israel eroberten. Würde er für Israel sterben, würde man ihn als «Quisling» hinrichten, würde er die «Befreier» begrüßen und im Amt bleiben? Ich weiß es nicht.

Festung und Zauberberg

Es war dunkel, als wir im Kibbuz Ayelet Hashahar eintrafen. Erster Eindruck: ein großes amerikanisches Motel, überfüllter Parkplatz, Souvenir-Shop, Neonlicht. Der Eindruck war falsch; jedenfalls war das nicht der Kibbuz, sondern sein Gästehaus. Viele Kibbuzim haben in der jüngsten Zeit Gästehäuser gebaut, mit Bungalows, schlichten aber hübschen Zimmern, Restaurants, Gesellschaftsräumen. Das Gästehaus gehört dem Kibbuz, aber die Kibbuzniks profitieren nicht vom Gästehaus. Sie leben nicht anders als in einem Kibbuz, das kein Gästehaus besitzt.

Ayelet Hashahar, 1915 von russischen Einwanderern gegründet, liegt nördlich vom See Genezareth, unmittelbar an der syrischen Grenze, nicht weit vom Libanon, sowohl im Bereich der «langröhrigen Kanonen» wie der Katjuschas. Das Gerippe des syrischen Flugzeuges, das 1948 über dem Kibbuz abgeschossen wurde, ist noch auf dem Feld hinter den Wirtschaftsgebäuden zu sehen. Die Gerippe der Kibbuzniks, die dem syrischen Angriff zum Opfer fielen, modern in der Erde.

Dov Eshkol, mit dessen Namen der Kibbuz verbunden ist und der das Gästehaus gebaut hat, ist eine legendäre Figur: Wenn der schmale Mann im Farmerhemd, der wie ein Meister im Fliegengewicht aussieht, nicht gerade auf dem Feld arbeitet, mit Gästen diskutiert, Zimmerschlüssel aushändigt, Versammlungen leitet und Honig verkauft, führt er Krieg – Oberst Eshkol hat auch am Sechs-Tage-Krieg teilgenommen.

Eshkol machte uns mit einem Ehepaar bekannt; wir aßen zusammen, auf der «Milchseite» des Restaurants. Neben weni-

gen Restaurants und Privathäusern, ißt man in Israel am besten im Kibbuz. Daß Juden etwas vom Kochen verstünden, ist eine Legende wie die von ihrer Geschäftstüchtigkeit. Im Kibbuz ißt man, was der Kibbuz erzeugt, und das ist beinahe nicht zu verderben. Die Tomaten sind faustgroß, die Gurken saftig, die Milch ist dickflüssig, und daß Israels Erzeugung von Zitrusfrüchten nicht nur zu der relativ größten der Welt gehört – beinahe anderthalb Millionen Tonnen, gegenüber 270000 im Jahre 1948 –, sondern daß das Obst auch ungewöhnlich schmackhaft ist, weiß man in Europa wie in Amerika. Selbst die Bedienung in den Gästehäusern der Kibbuzim läßt weniger zu wünschen übrig als in manchen Hotels und Restaurants. Die Juden eignen sich nicht zu servilen Arbeiten; es ist kein Zufall, daß es in Israel so viele Kellner-Witze gibt – israelische Kellner haben und zu israelischen Kellnern braucht man Humor.
Das Ehepaar, mit dem wir speisten, lebt seit über dreißig Jahren im Kibbuz; die rotblonde Frau mit den feinen, müden Zügen stammt aus Berlin, der Mann mit dem vierschrötigen, unbeweglichen Arbeiterkopf aus Mönchengladbach. Früher haben sie beide das Feld bestellt; jetzt hat sie einen Posten in der Verwaltung, er repariert Traktoren. «Ich arbeite frühmorgens und am Abend, wenn die Hitze nachläßt», sagte er. «Keine festgesetzten Arbeitsstunden?» Er sagte: «Die Arbeit muß getan werden, wann, ist egal.» Nicht nur die freiwillige Mitgliedschaft unterscheidet den Kibbuz von der Kolchose.
Wir sprachen von Ayelet Hashahar, von anderen Kibbuzim; dann knirschte Sand im Räderwerk des Gespräches. «*Es ist das Flachland, es ist der Krieg. Und wir sind scheue Schatten am Wege ...*» schreibt Thomas Mann am Ende des «Zauberbergs». Das Restaurant war laut, amerikanische Touristen, Neugierige aus der ganzen Welt, jüdische Familien, englische Hippies, hübsche Mädchen bedienten, als guter Wirt ging Oberst Eshkol von Tisch zu Tisch, und unsere Freunde saßen «*wie scheue Schatten*» neben uns, der Weg von ihrem Haus, ein paar hundert

Meter vom «Motel» entfernt, schien ihnen lang geworden zu sein. «*Es ist das Flachland, es ist der Krieg*» – aber außerhalb des Kibbuz. In den ersten Jahren haben die Mitglieder eine Woche Urlaub, später zwei, erzählten sie, doch die meisten verbringen die Ferien im Kibbuz oder in einem Erholungsheim des Kibbuz; die Frau hat Ayelet Hashahar seit Jahren nicht verlassen, der Mann erinnert sich nicht mehr an seine letzte Reise. «Fahren Sie nicht manchmal am Wochenende nach Haifa?» Sie sahen sich an. «Wozu?» sagte die Frau.

Ich lege die Feder beiseite; ich bin auf dem falschen Weg. Ich will etwas Neues vom Kibbuz sagen, aber das Originelle ist fast immer ungerecht: Was gerecht ist, ist schon gesagt. Begriffe sind wie Geschenke an Kinder: Kinder und Begriffe wachsen schnell, man sollte gleich die nächst größere Nummer wählen.

Denkt man an Israel, denkt man an den Kibbuz. Junge Leute, die für einen längeren Aufenthalt nach Israel fahren, wollen in einem Kibbuz arbeiten: Wechselstube des Gewissens, Neugierde, Mode, Gastspiel, Enthusiasmus, Abenteuer: *Visit the Kibbutz,* das gehört dazu. Kibbuz heißt Gruppe – was ist die Gruppe? Man spendet dem Kibbuz, man bestaunt den Kibbuz, Bewunderung für die Gladiatoren, ehe die Löwen sie fressen, in Freiheit vorgeführte Kibbuzniks, Stolz auf die Juden, die «anders» sind, Identifikation mit Juden, weil sie Sozialisten sind, Identifikation mit Sozialisten, obwohl sie Juden sind, Identifikation mit Juden, obwohl sie Sozialisten sind, Askese für vierundzwanzig Stunden, ein paar Wochen Exerzitien, man beobachtet den Sandkasten in Bewegung. Ich fürchte die Wiederholung, ich fürchte das Neue. Christoph Columbus reist mit Verspätung.

Was sind meine Bedenken gegen den Kibbuz? – ich habe verraten, daß ich Bedenken habe, unbewußt.

Im Gesellschaftsraum des Gästehauses wurde ein Film vorgeführt. Unsere Freunde sagten, sie hätten ihn schon gesehen, er reflektiert ihr eigenes Leben. Vielleicht hatten sie aber nur genug von den Fremden. Sie wollten in der Halle auf uns warten.

Was der Film zeigte, war uns nicht neu. Unbestrittener Erfolg. Vierundneunzigtausend Israelis leben in 235 Kibbuzim, vier Prozent der Bevölkerung – das ist zugleich 23 Prozent der Landarbeiter, und beinahe 30 Prozent der landwirtschaftlichen Erzeugnisse kommt aus den Kibbuzim, aus kleinen und großen, dreißig Mitglieder oder zweitausend. Nicht nur die Kibbuzniks besitzen kein Land, auch der Kibbuz besitzt keines: Zweiundneunzig Prozent des israelischen Bodens gehört dem Staat, er vermietet ein bestimmtes Gebiet an den Kibbuz, für 49 Jahre. Wenn es «reiche» und «arme» Kibbuzim gibt, so hat das doch mit dem Leben im Kibbuz fast nichts zu tun: Der Kibbuz verwendet den Profit zum Ausbau des Kibbuz. Der Wert der gesamten landwirtschaftlichen Erzeugung Israels beträgt etwa 580 Millionen Dollar im Jahr; mit diesem Resultat kann sich, relativ gerechnet, kein Land der Erde messen. Fast 90 Prozent der Wasserreserven des Landes sind genutzt, bei weitem die höchste Rate der Welt. Viele Kibbuzim haben Industrien entwickelt, von Konserven bis Motorroller, rund sechs Prozent der Industrieproduktion Israels wird im Kibbuz erzeugt, der Kibbuz exportiert nach den USA und der Bundesrepublik.

Nach der Filmvorführung hatten sich andere Kibbuzniks zu uns gesellt; wir saßen in der Halle des Gästehauses und sprachen vom Erfolg des Kibbuz, vom Mißerfolg der Kolchose. «Die Mitgliedschaft ist freiwillig», erklärte ein Kibbuznik. Das hatten wir schon gehört; es erklärt nicht alles. Wir leben, obwohl man daran zweifeln könnte, in einer intelligenten Welt. Der Bauernjunge wird Rechtsanwalt – aber daß der Rechtsanwalt Bauer werde, wurde nur in Israel versucht. Ein junger Kibbuznik, Doktor der Nationalökonomie, sagte lächelnd: «Mit Intelligenz lassen sich Kartoffeln besser aus der Erde buddeln – es ist nicht logisch, es ist nur wahr.» Sowjetische Bauern, die in Prag einmarschierten, glaubten – ich weiß es von Ohrenzeugen –, sie befänden sich in Amerika. Es ist leichter, einen Traktor zu reparieren, wenn man weiß, daß Amerika jenseits des Ozeans liegt. Und mehr. Mein Kommandeur im Zweiten Weltkrieg, General Omar N. Bradley, pflegte zu sagen: «Ich schicke keine Patrouille ohne einen Offizier hinaus – größere Verantwortung, bessere Leistung.» Ich beobachtete einmal in Ungarn Kolchosebauern, die Ziegel für einen Bau ablieferten. Sie warfen sie vom Wagen, die Hälfte zerbrach. Sie erfüllten ihr zeitliches Soll, zum Teufel mit den Ziegeln! Der Kibbuz ist eine Offiziersgesellschaft, kein Triumph des Sozialismus, sondern der Aristokratie. Das sagte niemand, aber einer der Kibbuzniks bemerkte: «Die Zahl der Kibbuzniks in Regierung und Diplomatie, in der Knesset und unter hohen Offizieren ist dreimal so groß, wie es der Zahl der Kibbuz-Mitglieder entspricht.» Moshe Dayan wurde im Kibbuz Degania geboren. Es gibt keine utopische Welt, es gibt nur utopische Inseln. Hinter uns, in der Halle, drängten sich die Käufer in einem Laden, in dem Kleider verkauft wurden. Es waren entzückende Kleider: Im Kibbuz hatte man sie erzeugt, keine Frau im Kibbuz würde sie tragen. Später sagte uns ein Abgeordneter, ein ehemaliger Kibbuznik: «Das Gelingen der sozialistischen Produktion hängt vom Wettbewerbsabsatz ab.» Die Voraussetzung für das Gelingen des sozialistischen Experiments ist die kapitalistische Umwelt. Die Kolchose wetteifert bestenfalls mit der Kolchose, der Kibbuz mit dem ganzen Land. Der junge Nationalökonome meinte nachdenklich: «Die Kolchose ist ein Resultat der kommunistischen Gesellschaft, die israelische Gesellschaft ist ein Resultat des Kibbuz.» Und mehr. Es ist schwer zu übersetzen, was Chaim Weizmann in einem amerikanischen Interview geäußert hat: «*The Kibbutz is Israel – only more so.*» Man benimmt sich in der Kolchose so gut oder so schlecht wie überall im Staat. Ich beobachtete gerade einen Hippie, der sich über die Bartheke des Gästehauses lehnte. Er verlangte einen Drink,

er bekam einen Orangensaft. Im Kibbuz gibt es keine Jugendkriminalität, kein Sexverbrechen, kein Rauschgift – Agatha Christie wäre der Titel «Mord im Kibbuz» nicht zu empfehlen; es gibt keinen.
Das Ehepaar, mit dem wir gegessen hatten, lud uns in sein Haus ein. Als wir an der Telephonzelle des Gästehauses vorbeikamen, fragte ich: «Gibt es Telephone im Kibbuz?» Nein, die gibt es nur in den Büros, sagte die Frau, die werden fast nie für persönliche Gespräche gebraucht, es müßte etwas Besonderes geschehen; sie eilte an der Telephonzelle vorbei. In der Nacht sagte ich zu Licci: «Man müßte eine Novelle schreiben. ‹Das Telephon›. Wie ein Telephon das Leben im Kibbuz verändert, ein Trojanisches Pferd mit Wahlscheibe.»
Kibbuzniks erhalten keinen Lohn – für Nahrung, Kleidung, Wohnung, für Erziehung, Gesundheit und kulturelle Ansprüche sorgt die «Gruppe». Man ißt im gemeinsamen Speisesaal; kein einzelner besitzt mehr als ein Zimmer, kein Ehepaar mehr als zwei, es gibt nur Kochnischen, keine private Küche, eine Dusche, keine Badewanne – «Warmwasser in den Wohnungen ist eine Neuerung», sagte der Mann. Ist man lange genug im Kibbuz, wird einem ein Häuschen oder eine größere Wohnung zugewiesen, freilich nie mehr als zwei Räume. Es fiel mir auf, daß es keine neuen Häuschen gibt, nur neue Wohnhäuser. «Auch wir würden eine Wohnung vorziehen», sagte der Mann, «– nicht weil sie neuer sind.» Kibbuzniks haben die Einsamkeit verlernt. Ich fragte nach dem Taschengeld. Das Taschengeld ist so gering, daß es der Kibbuznik im Kibbuz ausgibt. «Es stört niemand», sagte die Frau zu Licci. Wer will, kann seine Eltern mitbringen, die Gruppe sorgt für sie. Eine Familie – Vater, Mutter, ein Kind – kostet den Kibbuz rund 160 Dollar im Monat, davon 33 Dollar für Nahrung, 30 Dollar für Kinderpflege, 22 Dollar für kulturelle Veranstaltungen, Erziehung, Kurse. Fünf Pfund im Monat, anderthalb Dollar, sind für Hochzeiten vorgesehen.

Habe ich vielleicht Einwände gegen die Erziehung? Ein Professor in Jerusalem, der achtzehn Jahre in einem Kibbuz verbracht hatte, beruhigte mich: «Daß die Kinder ohne ihre Eltern aufwachsen, ist ein Märchen, das sich auch in wissenschaftliche Bücher eingeschlichen hat.» Kinder bis zu ihrem fünfzehnten, sechzehnten Lebensjahr von ihren Eltern getrennt – eine bloße Theorie. Die Mutter kehrt nach etwa sechs Wochen zu ihrer Arbeit zurück: Die Gleichberechtigung der Frau im Kibbuz wäre sonst nicht praktikabel. Die Sorge um die Kinder ist den Metaplot – Mehrzahl von Metapelet –, also Kindergärtnerinnen und Erzieherinnen, anvertraut. Die höheren Kibbuz-Schulen sind so gut wie irgendeine Schule im Land – als eine der besten Oberschulen Israels gilt die eines jungen Kibbuz im Hule-Tal. Nach der Arbeit verbingen die Eltern fast jede freie Stunde mit ihren Kindern: «Vermutlich mehr Zeit, als arbeitende Eltern irgendwo in der Welt, auch in Israel, ihren Kindern widmen», meinte der Professor. «Ferien-Mütter» brauchen nicht zu drohen: «Wart nur, wenn es Papa erfährt»; sie können ja sagen, weil das Kinderheim nein sagt. Das Kind verdankt sein physisches Sicherheitsgefühl der Gemeinschaft, sein emotionelles den Eltern. Von aggressiven Regungen, Eifersucht und Ödipuskomplex sind die meisten Kibbuz-Kinder frei. Da es im Kibbuz keine armen und keine reichen Kinder gibt, verkümmert der Neid. Die ständige Angst des Kindes, verlassen zu werden, wird bei den «Kindern des Traumes», wie Bettelheim sie nennt, nicht zum Alptraum: Alle Eltern verlassen zuweilen ihre Kinder, der Kibbuz verläßt sie nie. Daß Kinder Ehen «zusammenhalten», habe ich immer nicht nur als eine romantische, habe ich auch als eine frivole Vorstellung empfunden: Kinder sind kein Klebemittel wie Uhu oder Pelikan. Kibbuz-Ehepaare, die «für sich» leben, können an ihrer Ehe arbeiten – sie haben, wenn sie sich einander widmen, kein schlechtes Gewissen gegenüber den Kindern, wenn sie sich mit den Kindern beschäftigen, kein schlechtes Gewissen gegenüber dem Partner. Mit ihren Erziehungsproblemen sind sie nie allein. Die Kibbuz-Erziehung ist vielleicht die einzige Antwort auf die Generationenfrage. Oberst Eshkol erzählte: «Am Wochenende wimmelt Ayelet Hashahar von Soldaten, die ihre Eltern besuchen.» Das letzte Kapitel der Psychoanalyse ist noch nicht geschrieben. Freud und Jung und Adler waren nicht im Kibbuz. Mitscherlich tut besser daran, nicht hinzufahren.

Die Autonomie des Kibbuz ist beinahe vollständig. Ein halbes Jahre, ein Jahr bewirbt sich der «Kandidat» um die Aufnahme; mit achtzehn kann man Mitglied werden. Die Mitgliederversammlung, die jede Woche zusammentritt, oder der Aufnahmeausschuß entscheiden. Der gewählte Sekretär ist der «Bürgermeister», Ausschüsse stehen ihm bei. In dem Film von Ayelet Hashahar, den wir gesehen hatten, kam Dov Eshkol nicht vor. Nach der Vorführung hatte ich die Engländerin, die den Film erläuterte, nach den Privilegien der Vorstandsmitglieder gefragt. «Sie dürfen mehr arbeiten», hatte sie gesagt.

Auf dem Weg zum Haus unserer Freunde fragte ich mich noch einmal: Woher mein Skeptizismus? Ich bin kein Reaktionär, wie meine Gegner behaupten, ein Konservativer ganz gewiß, also ein romantischer Realist, oder, wie ein Freund schrieb, ein Extremist der Mitte. Das sollte mich nicht von den Kibbuzniks trennen, die auch romantische Realisten sind. Vielleicht, weil ich ein Bourgeois bin, von Geburt, von Erziehung, zu allem Überfluß auch noch aus Überzeugung? Die Antwort brauchte Zeit.

Aus zwei Gründen ist ein Experiment abgeschlossen. Weil es mißlungen oder weil es – gelungen ist. Das Kibbuz-Experiment ist gelungen; es stirbt zwar nicht am eigenen, aber am Erfolg Israels. Die Zelte der ersten Kibbuzniks standen im Sumpfland des Jordantales. Heute ist Israel ein Industriestaat, der jährlich Waren im Werte von weit über vier Milliarden Dollar erzeugt, die industrielle Erzeugung Israels ist seit der Unabhängigkeit

des Landes auf das fünffache gestiegen und wächst jährlich um mehr als ein Zehntel. Es gab 1948 rund 89000 Industriearbeiter, jetzt gibt es an die zweihundertsechzigtausend. In einem modernen Staat wirkt die Lebensform des Kibbuz anachronistisch. Die Siedler von Degania waren Pioniere. Die Kibbuzniks von 1970 sind Mönche.
Es wird immer Klöster geben, aber nie ein Land der Klöster. «Unser Problem ist der Nachwuchs», sagten unsere Freunde in Ayelet Hashahar; wir hörten es in jedem Kibbuz. Die gesamte Zahl der Kibbuzniks beträgt heute kaum mehr als vor zehn Jahren – vor zehn Jahren aber hatte Israel 2150000 Einwohner, heute hat es rund drei Millionen. Die Zahl der Gastspiel-Kibbuzniks wächst; Einwanderer, deren Ziel der Kibbuz ist, werden immer seltener. Seit dem Sechs-Tage-Krieg sind 100000 Juden in Israel eingewandert, davon wählten knapp 6000 den Kibbuz. Das *greenhorn,* wie einst die Amerikaner ihre Einwanderer nannten, der Oleh, wie ihn die Israelis nennen, ist kein Flüchtling, er ist meistens jung und gebildet – nur wenn der kommunistische Osten seine Juden ziehen ließe, könnte sich die Lage des Kibbuz ändern.
Ich mag mich irren, aber ich glaube, daß ich in kurzer Zeit den Kibbuznik zu erkennen gelernt habe: ein Menschentyp, anders als andere Juden, andere Israelis. Bernhard Shaw hat gesagt: «*Der Journalismus führt überall hin – wenn man ihn verläßt.*» Der junge Kibbuznik, der mir in der Halle des Gästehauses die Karriere der Kibbuzniks gepriesen hatte, ahnte vielleicht nicht, was er damit sagte. Dayan wurde im Kibbuz geboren, aber sein Vater verließ den Kibbuz und gründete die kooperative Siedlung Nahalal. Wenn Israel Lust hätte, Standbilder zum eigenen Ruhme zu errichten, müßte in jeder Stadt, in jedem Dorf ein Standbild des Unbekannten Kibbuznik stehen. Aber der Kibbuznik ist ein unbekannter Soldat – bevor er tot ist. In den asketischen Gesichtern kein Vorwurf, daß die Welt keine Kibbuz-Welt ist, aber ein stolzes Mitleid mit den Unwissenden –

eine große Gruppe, doch die Großen darin sind nur groß, wenn sie die Gruppe verlassen. Sokrates hat Glück als Abwesenheit von Schmerz definiert. Er muß sehr gelitten haben. Glück ist nicht allein die Abwesenheit von Schmerz. Glück, wie Unglück, ist nicht aus einem einzigen Material gewoben, es besteht aus vielen Fäden wie die indischen Saris, es ist bunt wie Batikarbeit. Auch Schmerz ist ein Faden im Glück. Der Kibbuz ist nicht das Modell der sozialistischen Gesellschaft; er ist das Modell der schmerzlosen Gesellschaft: Deshalb hat er den Kontakt mit der schmerzlichen Wirklichkeit verloren. In der Gründerzeit, zwischen 1910 und 1948, war das anders. Ein halbes Jahrhundert war der Kibbuz eine Festung, kein Asyl; Israel dagegen war ein Asyl und keine Festung. Theodor Herzl schrieb: «*Die Völker, bei denen die Juden wohnen, sind alle samt und sonders verschämte oder unverschämte Antisemiten.*» Er schrieb, daß die Juden ihre Gastländer verlassen «*müssen*». Judentum war immer Verzweiflung. Hans Castrop glaubt, daß er gesund ist, als er «*nach Davos-Platz im Graubündischen*» reist. Aber er ist es natürlich nicht, deshalb wird er im Zauberberg heimisch. Die Sehnsucht nach Sicherheit ist eine Krankheit: Der Gesunde will seine Grenzen nicht kennen. Der Kibbuz hat Grenzen, Israel hat keine. Der Kibbuz stirbt an der Sehnsucht des grenzenlosen Menschen nach Unsicherheit.

Mit dem Neid ist im Kibbuz der Ehrgeiz des einzelnen verschwunden. Die stolzen jungen Kibbuzniks sind die besten Soldaten – der hohe Blutzoll der Aristokratie –, aber Obersten und Generale haben uns bestätigt, daß es die phantasiebegabtesten nicht sind. Unberührt von den Versuchungen der Welt, kehren die Mönche in Uniform fast alle in die Sicherheit des Kibbuz zurück. Wenn sich im Kibbuz niemand um ein Amt bewirbt, so geschieht das nicht nur, weil die Last größer und die Eitelkeit verächtlich ist, es geschieht auch, weil es eine größere Sicherheit als die absolute Sicherheit nicht geben kann. Der Zauberberg ist über die Ritterburg hinausgewachsen.

Der Himmel über Ayelet Hashahar war groß wie die Stille. Wir gingen auf einem Umweg zu dem Haus unserer Freunde. Obwohl wir wußten, daß es sich in Israel von der Krise des Kibbuz so wenig zu sprechen schickt wie von der Krise der Kirche im Vatikan, fragten wir sie, ob der Kibbuz die Gefahren kennt, die ihm drohen. «Natürlich», sagte der Mann.

Unabhängig von der politischen Bindung des Kibbuz – die meisten stehen, direkt oder indirekt, unter dem Einfluß der Arbeiterparteien Mapam und Mapai – hat im Kibbuz eine stille Liberalisierung stattgefunden. Es gibt Kibbuzim, wo sich das Mitglied seine bescheidene Kleidung selber aussuchen darf, ohne mit Geld in Berührung zu kommen; es gibt sogar solche, die ihm einen bestimmten Betrag aushändigen – er kann in die Stadt gehen und einkaufen. Ein «Kapitalist» wird er auf keinen Fall, auch nicht auf Umwegen. Ich fragte:

«Was geschieht, wenn der Onkel aus Amerika dem Kibbuznik einen Fernsehapparat schickt?»

«Er wird bei seinem nächsten Besuch den Apparat im Gemeinschaftssaal finden. Allerdings gibt es auch Kibbuzim, in denen er den geschenkten Apparat behalten darf – wenn die Gemeinschaft schon genug Apparate besitzt, und in diesem Fall darf er sein Eigentum mitnehmen.»

Unser Freund sprach das Wort Eigentum mit einer gewissen Verachtung aus. Die Liberalisierung vermag mit der Entwicklung nicht Schritt zu halten; sie würde sonst das Wesen der «Gruppe» verändern und den Kibbuz in einen Moschaw verwandeln.

In einer neuen Form der landwirtschaftlichen Siedlung ist dem Kibbuz eine überwältigende Konkurrenz entstanden – in den Moschawim. In den letzten zwanzig Jahren ist die Zahl der Moschaw-Siedlungen verschiedener Art von 91 Dörfern auf annähernd 400 gestiegen; sie haben mehr Mitglieder als die Kibbuzim, etwa hundertvierzigtausend. Moshe Dayans Vater gehörte zu den Gründern des ersten Moschaw – vielleicht ein

Symbol. In diesen Kooperativen, die nicht Kooperativen im üblichen Sinne, sondern geschlossene Dörfer von 120 bis 150 Familien sind, gemeinsam und doch unabhängig verwaltet, wird jedem Mitglied von Anbeginn ein Stück Land zugeteilt. Die Produktionsmittel bleiben praktisch, die Häuser aber nur theoretisch Eigentum der Gemeinschaft: Das Haus ist die dauernde Wohnstätte des Siedlers, Möbel und Hausrat gehören ihm allein. Die Mitglieder der Moschawim bestimmen selber, welchen Anteil ihres Gewinnes sie für die gemeinsamen Dienstleistungen bezahlen wollen, siebzig Prozent oder auch nur vierzig. Der Moschaw ist Engros-Einkäufer und Verkäufer, die Mitglieder werden «gemäß ihrer Bedürfnisse», aber auch «gemäß ihrer Fähigkeiten» bezahlt; man kann im Moschaw nicht reich werden, man muß aber nicht arm bleiben.

Das Resultat des Experiments im israelischen Laboratorium ist eindeutig: Seit der Gründung des ersten Moschaw ist ihre Zahl um über 350 Prozent gestiegen. Freiheit und Privatbesitz sind kongruente Größen. Ein israelischer Soziologe, der übrigens der Arbeiterpartei angehört, sagte mir: «Wo vollständige Freiheit herrscht, wie in Israel, da mag sich die Entwicklung zum Kapitalismus langsam vollziehen, in diesem Jahrhundert wird Israel ein demokratisch sozialistischer, das heißt ein volkskapitalistischer Staat bleiben, aber der Fortschritt in Richtung Kapitalismus ist in der freien Gesellschaft nicht aufzuhalten.»

In der Tat: Die sozialistische Entwicklung in Westeuropa und in den Vereinigten Staaten ist nur durch die Rückständigkeit der amerikanischen und westeuropäischen Gesellschaft zu verstehen. Israel braucht diesen Weg nicht zu gehen, da der israelische Staat dort anfing, wohin die westeuropäischen Staaten und die USA heute streben. Gegen den Sozialismus ist nichts zu sagen, als daß er der menschlichen Natur widerspricht. In Freiheit entwickelt er sich zum Volkskapitalismus, in Unfreiheit wird er zur kommunistischen Perversion. Israel ist gegen den Kommunismus gefeit, weil es den Weg zum Volkskapitalismus

über den Sozialismus, nicht über den Kapitalismus genommen hat. Der Kommunismus ist die Reaktion auf den Kapitalismus, der Volkskapitalismus ist die Reform des Sozialismus. Hebräisch liest man von rückwärts nach vorwärts.
Ist es vornehmlich der Wunsch nach Privatbesitz, der den israelischen Bauern und Einwanderer in die Moschawim treibt?
Ich traf in Eilath einen ehemaligen Kibbuznik, der jetzt in einem blühenden Moschaw lebt, ein Mann von zweiunddreißig Jahren, im Kibbuz geboren; er hat eine englische Jüdin geheiratet und hat vier Kinder, alle rothaarig, alle sehen ihm ähnlich. «Ich habe meine Frau kennengelernt, als sie in den Kibbuz kam», sagte er. «Sie war achtzehn, so alt wie ich. Unsere Arbeit war sehr verschieden, wir aßen zu verschiedenen Zeiten, und wenn wir zufällig gleichzeitig in den Speisesaal kamen, konnten wir nie nebeneinander Platz finden. Privatbesitz im Moschaw? Nein, es kommt auf das Privatleben an.»
Das Privatleben unterscheidet den Moschaw vom Kibbuz. Die gemeinsame Küche ist eine nützliche Idee, der gemeinsame Speisesaal ist unbarmherzig. Die Gleichberechtigung der Frau ist selbstverständlich, aber Anatole France hatte recht, als er eine Revolution verspottete, die es «*Armen und Reichen gleichermaßen gestattet, unter der Brücke zu schlafen*». In den Moschawim arbeiten die Frauen nur so viele Stunden, als es ihr Haushalt erlaubt. Der Tagesraum für die Kinder ist eine Notwendigkeit, aber die Mutter will das nächtliche Weinen ihres Kindes hören. Wo man nicht beides haben kann, da will einer lieber eine Badewanne, der andere hübsche Kleider. Wo käme man hin, ganz ohne Ödipuskomplex? Perfektion ist Sterilität.
Der Weg zum Haus unserer Freunde führte durch die ganze Siedlung. In den meisten Häusern brannte kein Licht mehr. Der Kibbuz schlief, und es war, als schliefe er ohne Träume. Kein Alptraum, kein Traum. Wir stolperten über Wurzeln, der Boden war karg und sandig, ein schmaler Pfad, hier und da ein armes Blumenbeet. Ringsum, hinter den dürren Bäumen,

schlief ein volles, zufriedenes, glückliches Land, das Land träumt, nur die Menschen träumen nicht, sie haben ihren Traum der Erde geopfert.

«Sie haben keine Kinder?» fragte ich.

«Nein, keine Verwandten.»

Im Haus brannte ein müdes Licht. Die Frau kochte Tee; wir saßen in dem winzigen Wohnzimmer, die Bücher engten es ein. Ich hatte das Gefühl, daß die beiden froh waren, wieder «zu Hause» zu sein, das Gästehaus eine fremde Welt. Weil wir vom Kibbuz sprachen, wurde das Gespräch wieder lebhaft. «Lesen Sie viel?» O ja, die Kibbuz-Bibliothek hat 5000 Bücher – alle ungarischen Bauerngemeinden, zusammengerechnet, haben knapp über zehntausend –, allerdings nur in hebräischer Sprache. Der Mann wies auf das Büchergestell: «Schließlich will man auch deutsch lesen.»

«Zeitungen, Zeitschriften?»

«Soviel wir wollen, aber Sie wissen ja, man hat wenig Zeit.»

«Korrespondieren Sie viel?»

«Mit wem?»

Die Frau sagte: «Der Oberbürgermeister von Berlin hat mich eingeladen.» Einladung an alle früheren Berliner.

«Wollen Sie hinfahren?»

Sie schüttelt den Kopf – «Nein, nein!» Nach der Kristallnacht hat sie Berlin verlassen. Die Verwandten endeten in den Gaskammern. Korrespondenz – mit wem?

Ob die jungen Deutschen «anders» seien als die «früheren», wollte sie wissen. Viele junge Deutsche kommen in den Kibbuz, sagte der Mann. Meistens Hippies. «Ein paar arbeiteten in meiner Werkstatt. Fleißig, verläßlich, ausgezeichnete Arbeitskräfte. Sie wollten uns von den Segnungen des Kommunismus überzeugen.» Wir hatten im Kibbuz Ma'agan Ähnliches gehört, über die Kanadier.

Die Frau rührte traurig in ihrem Tee. Der Mann lächelte – zum ersten Mal. «Komische Leute, schwer zu verstehen. Sie wollten

unentwegt diskutieren. Gut, dachte ich, ich habe sie zu Mitgliederversammlungen mitgenommen. Sie sagten, wir hätten keine Demokratie, in der Verwaltung säßen lauter Sklaven des amerikanischen Imperialismus.»
«Haben die Mitgliederversammlungen sie überzeugt?»
«Die meisten wollten nicht mehr hingehen. Sie blieben unter sich, diskutierten nur noch miteinander.»
«Du hast zu ihnen gesprochen», erinnerte die Frau.
«Ich erzählte ihnen vom Kibbuz», sagte der Mann, «aber sie wollten nichts wissen. Sie fragten, ob wir Orffsche Musikerziehung haben. Wissen Sie, was Orffsche Musikerziehung ist?»
«Nein.»
Er sagte: «Ich auch nicht. Als ich ihnen gestand, daß wir keine Orffsche Musikerziehung haben, sagten sie: Aha! Sie fragten, ob wir alle Schallplatten haben dürfen, die wir haben wollen.»
Er wies auf einige Schallplatten. «Sie verließen Ayelet Hashahar ohne zu glauben, daß kein Mensch danach fragt, was wir hören. Sie fragten, ob wir den ‹Spiegel› lesen dürfen. Ich sagte ihnen, wir lesen alles, und daß ich mir den ‹Spiegel› manchmal von einem Freund ausleihe. Sie sagten: Aha!»
Ich fragte: «Glauben Sie, daß solche Propaganda bei den jungen Kibbuzniks verfängt?»
«Darauf mußten die jungen Deutschen verzichten. Einer versuchte es mit Drogen. Unsere Jungen warfen ihn hinaus. Vielleicht halten das die jungen Deutschen für undemokratisch.»
Ich erfuhr später, daß er nicht so unrecht hatte. In der der sozial-demokratischen Partei der Bundesrepublik nahestehenden «Hamburger Morgenpost» überschrieb eine Journalistin, Dr. Cornelia Sonntag, am 14. Dezember 1970 ihren antiisraelischen Ausbruch mit «Nazis in den Kibbuz?». Darin sprach sie von der «*geistigen Nachbarschaft zionistischer Kreise zum Faschismus*». Eine Kölner Zeitung prangerte den «*nationalen Egoismus*» der Israelis an.
«Im übrigen lassen wir sie ruhig gewähren», sagte der Mann.

«Die Regierung hat jetzt einer Gruppe von Hippies aus Boston einen verlassenen Kibbuz zur Verfügung gestellt. Ehemalige Universitätsstudenten, die das Studium aufgegeben haben. Sie sagten, Studium und Establishment gehen Hand in Hand.»
«Diskutieren die jungen Kibbuzniks untereinander?»
«Natürlich, es sind doch Juden.»
«Worüber?»
«Worüber nicht? Über Innenpolitik. Über Krieg und Frieden. Über das Verhältnis von Religion und Tradition. Über die Frage der Identität. Ist man ein Jude oder ein Israeli oder beides? Und immer wieder: Wie kann man die Araber bekämpfen, ohne sie zu hassen?»
Dann mußten wir Fragen beantworten, interessierte Fragen, doch mit einer gewissen Zurückhaltung gestellt, manchmal auch ängstlich, als fürchteten Mann und Frau, daß wir eine Büchse öffnen würden, nicht gerade die Büchse der Pandora, die Büchse der Erinnerung immerhin: Für Juden ist es dasselbe.
Der Mann begleitete uns zum Gästehaus zurück. Nur im Spitalsgebäude brannte noch ein Licht. Er sagte: «Schalom, Schalom», wir sagten «Schalom, Schalom», nicht nur, weil es hier üblich ist: «Auf Wiedersehen» hätte wie Hohn geklungen.
Nach unserer Rückkehr in die Schweiz schickte ich meinen Freunden «Die Mission» und «Das Netz», man liest gern deutsch. Kurz darauf kam ein Aquarell, das die Frau gemalt hatte. Sie hatte nicht erwähnt, daß sie malt. Israel lebt von Geschenken. Israelis nehmen keine Geschenke.
Am frühen Morgen stieß Licci die Fensterläden auf. Unser Zimmer lag im rückwärtigen Teil des Gebäudes, dort, wo der Kibbuz beginnt. Das Land, mit der Schneekuppe des Hermon am Horizont, war von Sonne überflutet. Die Felder waren grün und satt und reich. Und weil die Sprinkler im Feld noch ihre Wasserfächer ausgebreitet hatten, war es, als sähe man das Land hinter einer Wand von Tränen. Eine Wand von Tränen. Und dahinter das Land – so grün, so satt, so reich.

Christus in Israel

Wenige Kilometer südlich von Ayelet Hashahar führt der Weg auf den Hügel hinauf, den man den Berg der Bergpredigt nennt. Italienische Franziskanerinnen betreuen Kloster und Kirche. Die Wiesen fallen ab zum See Genezareth. Links, unten, liegt Kapernaum.
Der See Genezareth heißt auch See Tiberias oder Galiläisches Meer. Aber es ist kein Meer, sondern ein kleiner See, vielleicht ist er deshalb so rührend.
Bei einer neugierigen Rundfrage wollte eine Zeitschrift von mir wissen, ob ich – weinen kann. Ich weiß nicht, was man hören wollte. «Ich weine selten», sagte ich, «– höchstens bei einem Happy end.» Leider muß man derlei begründen. Happy end ist der glückliche Ausgang einer Konfliktsituation. Sie ist unlösbar und wird gelöst, einer hat keine Chance und bekommt sie, das Unrecht marschiert und wird aufgehalten, die Wahrheit liegt im Sarg und steht auf, «*Und er hat geglaubt auf Hoffnung, da nichts zu hoffen war*», das ist das Ganze. Da ist ein See, im Norden Israels, syrische Artilleriebeobachter brauchen kein Fernglas, ein kleiner See in einem kleinen Land, das Land liegt in Asien, und kein See der Erde ist so berühmt wie dieser, nicht in Europa, nicht in Amerika, nicht in Afrika, nicht in Australien, man spricht von diesem See in den Elementarschulen von Johannesburg und auf den hohen Schulen von Stockholm, Negerkinder in Angola kennen seinen Namen und gelbe Kinder in der Mongolei, sein Name ist nicht verblichen, nicht als das Reich des Augustulus zusammenbrach und nicht als das Reich des Adolfus aufbrach. Das alles aber, weil ein Judenjunge

aus Nazareth diesen See zu seinem Fischteich wählte, beinahe zweitausend Jahre ist es her, «*wiederum ist das Reich der Himmel gleich einem Netz, das ins Meer geworfen wurde und von allerlei Art zusammenbrachte*». Über diesen See geht der Sohn des Zimmermanns trockenen Fußes, hier heilt er die Schwiegermutter des Petrus, wählt er den Zöllner Levi-Matthäus zu seinem Jünger, läßt er den Gelähmten wandeln, macht er die Blinden sehend, rettet er den Diener des Hauptmanns, erweckt er die Tochter des Jairus.

Glaube ich das alles? Meine christliche Erziehung, der Glaube, der mich in deutscher Kriegsgefangenschaft vor der Verzweiflung bewahrte, Christus in Noirval, in «Ob Tausend fallen» habe ich es beschrieben, die Dorfkirche von Balatonboglár. Aber es gab auch eine Synagoge in Balatonboglár, im Garten unter den Kastanien pflegten wir Räuber und Gendarm zu spielen, und als ich 1947 Balatonboglár besuchte, spielten die Kinder in den Ruinen der Synagoge, es roch nach Asche. Ist das das Happy end, der See Genezareth und Auschwitz?

Ich blicke hinunter auf den See, spiegelglatt, ein einziges Fischerboot, der Petrus-Fisch, die Stille ist verstummter Lärm, man weiß nicht, woher das Licht kommt, die Sonne entschuldigt sich, sie will nicht stören, die Zeit hat sich aufbewahrt, die Berge warten darauf, gehört zu werden, Entlastungszeugen der Zeit, und ein Schatten löst sich, das Wort ist gesprochen, langsam bewegt sich der Schatten über das Feld, steigt er hinab nach Kapernaum. Auf einmal hat sich der Konflikt gelöst. Christentum, Judentum, Altes Testament, Neues Testament, Jeremia, Matthäus, mögen sie streiten, gescheiterte Liebe und gewordene Gerechtigkeit, war er ein Prophet, war er Messias, und hätte er den Diener des Burghauptmanns mit Penicillin geheilt, dann war eben Penicillin das Wunder, das Wunder ist, daß ich davon weiß, Billionen von Wörtern sind verblichen, die Worte Christi sind nicht verblichen, das Wort des Hosea ist nicht verblichen, «*Wie könnte ich dich preisgeben, Ephraim, dich aus-*

liefern, Israel?» Ich wage, gerührt dem Vogelgezwitscher zu lauschen, ich wage, den Schatten zu sehen, ich wage zu glauben, daß die Schafe auf dem Hang zweitausend Jahre alt sind, noch immer die gleichen, ich wage zu hoffen, daß der Hirt zurückgekehrt ist, um das Land der Bibel zu bewahren, das Wunder ist Wirklichkeit geworden durch den Glauben, ein Glaube, jeder Glaube, anvertraut dem auserwählten Volk – «Merkt ihr es nicht? Gerechtigkeit ward hier geboren / und Liebe auch – Sinai und Bethlehem, / aus Judensamen und aus Judensaat, / doch fremde Saat war's, ausgestoßen ward es / aus fremder Erde, vor und nach der Zeit. / Hier ist die Welt noch heil, doch nicht von gestern, / hier ist sie neu, / Gott hatte Urlaub, nun ist er zu Haus.»

Auf dem Weg nach Kapernaum sagte ich zu meiner Frau: «Da verlangt der Vatikan die Internationalisierung Ost-Jerusalems, damit die Heiligtümer des Christentums bewahrt bleiben. War man so heikel, als Ost-Jerusalem unter jordanischer Verwaltung stand? Vertraute man das Christentum dem Islam an? Ist das Christentum mit dem Islam verwandt? Oder Privatbesitz einer Kirche, einer Kirche, der man gerade vertraut? Bei wem ist Golgotha sicher, mit wem ist Christus verwandt, ist er im Petersdom zu Hause oder auf dem Berg über dem See Genezareth, sind die Heiligtümer aus Gold oder aus Gras?» Wir blickten zurück nach dem Berg der Bergpredigt.

Eukalyptus-Wälder, ein Franziskanerkloster zur Rechten, dann das Dorf Kapernaum, Kefar-Nahum, das Dorf des Nahum, niemand weiß, wer er war. Von dieser Synagoge, heute wie die Ruine eines griechischen Tempels, hat sich das Wort auf den Weg gemacht. Hier hat Christus gepredigt, und es ist ihm nicht gut bekommen. Er hat ziemlich harte Worte für Kapernaum gefunden: «*Dem Lande Sodom wird es am Tage des Gerichtes erträglicher ergehen als dir.*» Entweder hat es Christus gekränkt, was ihm dort widerfahren, oder der Tag des Gerichtes ist noch nicht gekommen – keine Ruinenwelt ist so lebendig wie diese; man will den Hut aufsetzen, in die Synagoge eintreten, ein Gotteshaus braucht kein Dach. Gegenüber der Synagoge das Haus der Schwiegermutter Petri, hier hat er gewohnt, die Mauern sind mit einer Plache überdeckt, Diskussionen mit den Jüngern, während das Dorf wimmelte und schacherte, stritt und erschrak, lebte und litt – Militärposten, Zollamt, Matthäus verließ sein Büro, der Hafen in der Nähe, Boote mit vollem Netz, Webereien aus Galiläa, Gewürze aus Damaskus, Früchte aus der Ebene, Ölpressen, Getreidemühlen: Deutsche Archäologen haben 1905 mit den Ausgrabungen begonnen, 1926 haben Franziskaner sie beendet, die Synagoge steht auf vatikanischem Boden. Die Synagoge ist weiß, leuchtet in der Sonne, Kalkstein, schwarz die Häuser ringsum, Lava. Die Gebetshalle, eine Treppe ins Obergeschoß, hier beteten die Frauen, ein Kreuzgang, man denkt an Rom, Professor Albright hat die Abhängigkeit frühchristlicher Kunst von den jüdischen Fresken der römischen Epoche nachgewiesen.

Was wollen die israelischen Archäologen nachweisen? Was sie nachweisen wollen: In Kapernaum ist es nachgewiesen. Ein Stein mit dem Davidstern, wunderbar erhalten, ein Davidstern sieht wie geflochtenes Brot aus, um einen Davidstern der römische Lorbeerkranz, ein Schilfknoten um eine Muschel geschlungen, militärische Auszeichnung für besondere Tapferkeit, die Zitrone, Ethrog, eine der vier Pflanzen, über die beim Laubhüttenfest Gebete gesprochen wurden, der Palmwedel, die erste der gesegneten Pflanzen, daneben der römische Adler, Regimentsinsignia der Zehnten Legion, eine griechische Inschrift, und wieder Davids Schild, Magen David, Mannagefäß, der siebenarmige Leuchter Menora, das Widderhorn Schofar.

Auf einer archäologischen Landkarte, deren es in Israel so viele gibt wie Straßenkarten an den Benzinstationen Europas, sind zweiundsiebzig bedeutende israelische Ausgrabungen angegeben. Jüdische Tempel in Arad, viertausend Jahre vor Christus, oder «vor der Zeitrechnung», wie die Israelis lieber sagen, Vorurteil im Sprachgebrauch. Ausgrabungen bei Afikim, südlich vom See Genezareth, ein Neandertalmensch; Japaner haben ihn gefunden. Eine Stadt aus der Philisterzeit in Tel Kassile bei Tel Aviv, die von Josua zerstörte kanaanitische Stadt Hazor; ein Engländer hat sie gefunden. Zeichnung eines Schiffes in einem jüdischen Grab in Jerusalem, ein oder zwei Jahrhunderte «vor der Zeitrechnung». Festung der jüdischen Monarchie in Ramat Rachel, die Kreuzfahrerburg von Belvoir, die Synagoge von Korasin. Ein römischer Wachturm am Golf von Akaba, griechische Siedlung – als das Postamt von Akko gebaut wurde, hat man sie entdeckt –, die Schriftenrollen vom Toten Meer, jüdische Bewässerungsanlage tausend vor Christus, Silbermünzen von der Negev-Besetzung, Besetzung nicht jetzt, in der mittleren Bronze-Periode, dreitausend Jahre ist es her. Und Masada – «Der jüdische Krieg» des Josephus Flavius taghell beleuchtet. Nüchtern schreibt der israelische Außenminister Abba Eban mehr als neunzehnhundert Jahre nach dem jüdischen Historiker: «*Ausgrabungen, in jüngster Zeit in Masada durchgeführt, haben uns näheren Aufschluß über dieses heroische Zeitalter gebracht.*»

Aber so nüchtern ist die israelische Archäologie nicht. Archäologie ist der Rausch Israels. Eine Familie zu finden, in der sich nicht mindestens ein Familienmitglied mit Archäologie beschäftigt, ist so schwer wie eine österreichische, die nichts von Musik versteht. Tausende von Amateur-Archäologen folgen der Arbeit Hunderter von Professionals. Zeitungen, die nicht ausführlich von Archäologie berichteten: da schon eher amerikanische, die sich nicht um Baseball kümmern. Vielleicht gibt es junge Ehepaare, die keine Wiege für ihr Kind haben, aber ohne ein paar vorchristliche Funde gründet man keinen Hausstand. Professor Yigael Yadin, Israels größter Archäologe, ist ein Nationalheld, und der Nationalheld General Moshe Dayan beschäftigt sich mit Archäologie. Im Silo Dr. Reuben Hechts in

Haifa trägt man die Getreidesäcke zwischen Getreidemühlen aus dem achten und neunten Jahrhundert «vor der Zeitrechnung». Wie andere Kinder ausziehen zum Fußballspiel, so ziehen israelische Kinder aus mit Schaufel und Spaten; man könnte einen Stein entdecken, man bringt einen Stein nach Hause. Man glaubt, Steine zu suchen, und sucht Wurzeln. Die Zahl der archäologischen Gesellschaften ist Legion, archäologische Kongresse stehen auf der Tagesordnung, für archäologische Expeditionen hat die Regierung immer Geld, auch wenn es sich um Ausländer handelt, einmal ist der römische Istituto per L'Oriente in Israel, einmal die Japanese Society for Near Eastern Studies, archäologische Fachzeitschriften wie Hadashot Archeologiot sind so gelesen, als erzählten sie von Filmstars. Und als Jerusalem 1967 wiedervereinigt wurde, da folgten den Fallschirmjägern die Archäologen der Universität von Jerusalem und der Israel Exploration Society auf dem Fuß – wozu erobern, wenn man nicht gräbt?

Das muß einen Grund haben, wenn die Israelis auch nicht gern danach fragen. Der Ausspruch: «Wenn die Engländer den Juden schon ein Land geben wollten, das ihnen nicht gehörte, warum dann nicht das Engadin», ist ein Scherz, und nicht einmal ein guter. Es spricht für die deutsche Sprache, daß sie keinen Plural des Wortes «Heimat» kennt. Es gibt keinen Plural von Heimat und keinen Ersatz für Heimat. Suchen also die Juden ihre Identität auf den Höhen der Felsen von Masada, in den Tiefen des Kraters von Ramon, in den jüdischen Guerilla-Schlupfwinkeln von Muraba'at? Auch das nicht. «*Als Abram 99 Jahre alt war, erschien ihm der Herr und sprach zu ihm: ... Und ich gebe dir und deinen Nachkommen das Land, wo du als Fremdling weilst, das ganze Land Kanaan, zu ewigem Besitz, und ich will ihnen Gott sein.*» Das muß sich vor viertausend Jahren ereignet haben, ein prolongierter Wechsel. An dem Versprechen des Herrn zweifeln die Israelis nicht, nicht die Jungen und nicht die Alten, nicht die Religiösen und nicht die Ungläubigen, nicht die Sieger und nicht die Geschlagenen, nicht die «Tauben» und nicht die «Falken». Sie brauchen sich selbst nichts zu beweisen – der Welt alles. Die Juden glauben an Abraham, U Thant ist es, der nicht an Abraham glaubt. Jahrtausendelang hat man den Juden gesagt, sie sollen dorthin gehen, von wo sie gekommen sind, ein unerwünschtes Volk. Und nun sind sie dorthin gegangen, von wo sie gekommen sind. Aber daß sie just dorthin gingen, von wo sie gekommen sind, das glauben sie der Welt beweisen zu müssen, die sie auch von dort verjagen will, von wo sie kamen. Es gibt auf dem ganzen Rund der Erde keinen naiveren Menschen als den israelischen Archäologen. Er steigt mit dem Öllämpchen der Kultur in die Höhlen Judäas hinab, während oben längst Millionen unter den Fackeln der Anti-Kultur-Revolution marschieren. Er blättert in dem Steinbuch der Geschichte, wie seine Vorfahren im Talmud blätterten, während seine Feinde in den Zeichnungen der Atomkanonen blättern. Er findet im Sand der Wüste die Gerechtigkeit, die der Wind des Hasses längst verweht hat. Er glaubt an Beweise in Stein und Bronze, in Ton und Erz, in Pergament und Eselshaut, und ahnt nicht, daß im Prozeß gegen die Juden Beweise nicht zulässig sind.

Wir waren auf den Spuren Christi gewandelt, und es wäre unnatürlich gewesen, wenn wir uns hier, im jüdischen Land, nicht gefragt hätten, ob der Antisemitismus tatsächlich mit der Kreuzigung Christi begonnen hat – «*Christ killer!*», der kirchliche Jagdruf der Judenhatz. Das Christentum ist den Israelis fremd, fremder als den Juden in der Diaspora, aber zumindest die Hälfte des Volkes, die Sabras, beschäftigt sich wenig mit den Wurzeln des Antisemitismus. Lenkte ich das Gespräch doch auf die Frage, die ich mir ein Leben lang gestellt habe, fand ich für meine Ansicht mehr Verständnis als in Europa oder Amerika.

Die Schuld der Kirche am Antisemitismus zu leugnen, der katholischen wie der protestantischen, hieße die Geschichte leugnen. Aber daß der Antisemit den Juden haßte, weil er immer noch die «jüdischen Mörder» Christi verflucht, mag bis an das Ende des Mittelalters wahr gewesen sein: Es ist es nicht mehr. Reichte der «religiöse» Antisemitismus aus, bedürfte es nicht des «rassistischen» oder des «völkischen», ein Beweis von vielen. Die Mahnungen Johannes' XXIII., von Paul VI. allerdings schnell vergessen, fruchteten so wenig, weil der Antisemitismus längst aus der Larve des religiösen Antisemitismus gekrochen ist, er hat die Larve längst abgeworfen, der häßliche Schmetterling. Päpste sind keine Experten für Antisemitismus. Antisemitismus ist die Rechtfertigung jahrhundertelang begangener Verbrechen. Es geschieht, daß man ohne Haß mordet, aber man haßt immer den, den man gemordet hat. Der, an dessen Hand Blut klebt, oder der auch nur glaubt, daß an den Händen seiner Ahnen Blut klebt, wird immer das Blut des Ermordeten verfluchen und verachten oder wird zu erklären trachten, warum es vergossen wurde. Deshalb sind auch die Beteuerungen der arabischen Führer, sie könnten nicht Antisemiten sein, fadenscheinig und Heuchelei. So sollen der schuldbewußte Westen und der leichtgläubige Teil der Diaspora beschwichtigt werden: Daher hört man solche Äußerungen vornehmlich von dem «westlichen» König Hussein. Ebenso hätte Hitler sagen können, er sei kein Antisemit, da doch die semitischen Araber seine liebsten Verbündeten waren. Die christliche Welt hat nicht die semitischen Araber, sondern die semitischen Juden verfolgt: Sie hat nicht den Semiten, sondern den Juden gegenüber ein schlechtes Gewissen. Was bei den arabischen Führern bewußte politische Heuchelei ist, das ist bei der «linken Jugend» des Westens zum großen Teil gutwillige Ahnungslosigkeit. Für sie, so sagt sie, sei der Antisemitismus «kein Problem», ihr Antizionismus habe andere und die allerredlichsten Motive. Der Antisemitismus ist für die «linke Jugend» Westeuropas «kein Problem», weil Hitler dieses Problem «endgültig» gelöst hat. Nur eben nicht so endgültig, daß er die Entstehung des Staates Israel hätte verhindern können. Und so hat

sich denn auch, mit den überlebenden Juden und ihren Kindern, die Adresse des Antisemitismus geändert. Die junge Generation – ein unterbewußter Prozeß, ich sagte es – hat den westeuropäischen Juden gegenüber kein schlechtes Gewissen: Ein schlechtes Gewissen zu haben, den Judenmord zu verdammen oder zu rechtfertigen, überläßt sie den Vätern und Großvätern. Sie glaubt, «kein Problem» zu haben, und weiß nicht, daß ihr Problem nur ausgewandert ist.
Richtig ist allein, daß man den Juden haßt, nicht den Semiten. Und man haßt ihn aus gutem Grund: Man hat ihm Unrecht getan. Weil aber die Israelis Juden sind, wird man sie hassen, und weil man ihnen Unrecht tat, tut man ihnen Unrecht, und weil man ihnen Unrecht tut, wird man ihnen Unrecht tun. Es gibt für das Gewissen keine Rettung, als seinem emigrierten Problem nachzureisen.
Nur wenige hundert Meter von Kapernaum hielten wir bei der mittelalterlichen Kirche, deren Reste einen Felsblock umgeben – hier, am Ufer des Sees, soll Jesus seinen Jüngern erschienen sein und Simon Petrus dreimal gefragt haben: «*Liebst du mich?*» Aber er hatte wohl nicht das Gefühl, daß Petrus ihn verstand, denn, obwohl Petrus ihn seiner Liebe versicherte, wiederholte er nur: «*Weide meine Lämmer! ... Hüte meine Schafe! ... Weide meine Schafe!*» Ein rundlicher Franziskaner saß auf dem Felsen, streckte die Hand nach einer Gabe aus, begleitete uns am Ufer entlang. Ein leiser Wind hatte sich erhoben, das Schilf sprach. Der Frieden, den man biblisch nennt, lag über dem Land. Aber obwohl jedes Jahr Tausende, Christen und Juden, am Felsen stehen, die Mensa Christi besuchen, begreifen nur wenige, daß man nicht lieben kann, ohne die Schafe zu hüten.

Verzicht auf Liebe

Freitag, Sabbat, Wochenende: Wir befreiten den Wagen aus seiner Garagegefangenschaft und fuhren nach Herzliya.
Die Autostraßen Israels sind breit und asphaltiert; sie erinnern an die Autostrade Italiens. Im Jahr nach dem Sechs-Tage-Krieg wurden 200 Kilometer gebaut und verbreitert. Am meisten erstaunte uns später die Qualität der Autostraßen in den eroberten Gebieten; sie sind in weniger als drei Jahren entstanden und mußten an vielen Stellen weglose Pfade ersetzen. Soviel ich weiß, haben die Vereinten Nationen Israel diesen Straßenbau auf «fremden Territorien» noch nicht verboten.
An Italien erinnern auch die Cowboy-Manieren der Autofahrer, wobei man sich allerdings in Italien sicherer fühlt: Offenbar fliegen die Israelis besser als sie fahren. Die erlaubte Höchstgeschwindigkeit auf den Autostraßen ist achtzig Kilometer pro Stunde; die Israelis verwechseln das mit Minimalgeschwindigkeit. Das Jahr 1970 hat 600 Todesopfer auf Israels Straßen gefordert.
Der Weg südwärts, in den Badeort Herzliya, nach Theodor Herzl benannt, führt durch historisches Land – wie immer. In Appolonia Reliquien der Moslems, griechische Altertümer, Spuren des Kreuzfahrerkrieges, im Jahre 1191 schlug Richard Löwenherz den Sultan, 1265 zerstörten die Araber Appolonia. Rechts und links die grünen Felder von Hasharon, amerikanische Zionisten bauten das Dorf Ra'anana, eine Landwirtschaftsschule, die von kanadischen Juden errichtet wurde, ein orthodoxes Kinderdorf, Kefar-Batya, ein anderes Dorf, Even-

Yehuda, ist nach Ben Yehuda benannt, der aus dem toten Hebräisch das lebendige Iwrith schuf.

Wir wohnten im Hotel Accadia. Der Salon stand voll Blumen, auf den meisten Karten fehlte die Adresse. Unsere Zimmer blickten auf das Meer und einen riesigen Swimming-pool: Sand oder Schwimmbad.

Dachten wir, daß wir uns zwischen Schwimmbad und Seestrand würden entscheiden können? Theodor Herzl war der «Erfinder» des Sieben-Stunden-Tages; er hat nicht mit dem Wochenende eines Israel-Besuchers gerechnet. Der Freitagnachmittag war Gesprächen mit Journalisten, der Sabbat Unterhaltungen mit Politikern, Industriellen, hohen Offizieren gewidmet.

Wenn ein Reporter Pech hat, sollte man ihn fristlos entlassen, pflegte mein erster Chefredakteur zu sagen. Als Reporterglück empfand ich es, daß gerade eine Sensation «geplatzt» war, die Goldmann-Mission. Sie ist ein Testfall israelischer Politik.

Ich kenne Dr. Nahum Goldmann, den Präsidenten des Jüdischen Weltkongresses, der in diesem Frühjahr 1970 versucht hatte, ohne Einwilligung der israelischen Regierung und ohne die gebührende Ermunterung von Nasser, mit dem ägyptischen Präsidenten zu sprechen, aus meiner Genfer Zeit. Ich war Völkerbund-Korrespondent; er hat in den dreißiger Jahren die Jewish Agency am Lac Léman vertreten. Wir sind uns seither öfter begegnet.

Der Lehrerssohn aus dem polnischen Wischnewo hat sich um den Zionismus wie wenige verdient gemacht; er war jahrelang der Vermittler zwischen Israel und der Diaspora; er hat Konrad Adenauer von der Richtigkeit der Reparationszahlungen an die Juden und Israel von der Richtigkeit der Verhandlungen mit Deutschland überzeugt. Man kann sich den alten Makkabäer mit der messerscharfen Nase und der gutturalen Stimme als tragische Figur schwer vorstellen. Golda Meir hat ihn so genannt, er hat sich dagegen gewehrt – er ist es. Ein Zionist, der Israel nicht mehr versteht.

Man hat den Juden vorgeworfen, daß sie alles, was sich ereignet und unterbleibt, Erdbeben und Wahlen, Inflation und Liebesaffären, aus einem einzigen Gesichtswinkel betrachten: Ist es gut für die Juden? Ob das alle Juden taten, viele oder wenige: Ich weiß es nicht. Den Israelis geht es um die Existenz ihres Staates, nicht um die Popularität des Judentums, und auch um die Popularität Israels geht es ihnen nur solange, als sie nicht die Existenz des Landes berührt. Wenn man mich fragte, welche Freiheit, die Israel für die Juden errungen hat, mir als die größte erscheint, würde ich sagen:

Israel hat die Juden gelehrt, auf die Liebe der Nichtjuden zu verzichten.

Das ist der wahre Grund, warum die israelische Propaganda neben der arabischen geradezu hilflos wirkt. Zur psychologischen Kriegsführung braucht man, wie zum Krieg, «*Geld, Geld und nochmals Geld*», und die Juden sind arm, aber daneben bedarf es der Überzeugung, daß das Ziel der Propaganda nicht unerreichbar ist. Die Israelis haben in zwanzig Jahren gelernt, was die Juden in zweitausend nicht zu lernen vermochten: Liebe ist nicht käuflich, die Liebe zu den Juden am allerwenigsten. Garfinkel will den Zollbeamten nicht mehr gewinnen. Goldmann noch immer.

Ich begann, die Juden zum ersten Mal zu verstehen, als ich Professor von Benda in meinem Roman «Die Mission» sagen ließ: «*Immer wenn die Juden ihrer eigenen Sache sich annahmen, hatte es in Anklage, Verurteilung und Verfolgung geendet. Schlichen sie sich an der Wand entlang, waren sie feig, traten sie aus dem Schatten, waren sie unverschämt; knauserten sie mit ihren Mitteln, waren sie geizig, gingen sie mit dem Geld großzügig um, trumpften sie auf; strebten sie vorwärts, waren sie von Ehrgeiz zerfressen, gaben sie sich bescheiden, fehlte es ihnen an Mut; kämpften sie, geschah es, um Ehren einzuheimsen, kämpften sie nicht, waren sie ehrlos ...*» Mit stolzer Resignation hat sich

Israel von dem Popularitäts-Wettbewerb abgemeldet, in dem das jüdische Volk seit zweitausend Jahren keinen Preis erringen konnte.
Just diese Popularität – nicht die eigene, man darf es dem umstrittenen Mann glauben – hat Nahum Goldmann angestrebt, als er den absurden Versuch unternahm, von Abdel Nasser empfangen zu werden. Er wollte der Welt zeigen, daß Israel im Interesse des Friedens nichts, nicht einmal das Absurde, unversucht läßt. Auf dem Trittbrett stehend, ein Balanceakt, wollte er den Wagen Israels lenken. Er begriff nicht mehr, daß für Israel das Rennen um den Grand Prix de popularité längst gelaufen ist. Er manövrierte, nach dem verlorenen Rennen, Israels Wagen auf die Startlinie.
Nur wenige Besucher in Herzliya fanden ein freundliches Wort für die totgeborene Mission. Goldmann erklärte später in einem Interview: «*Die scharfe Kritik, die der negative Beschluß der Regierung bezüglich meiner eventuellen Reise nach Kairo hervorrief, beweist, wie tief die Friedenssehnsucht hier ist.*» Ich zeigte einem Journalisten die International Herald Tribune mit einem Photo demonstrierender Studenten. Der junge Journalist, durchaus kein Feind Goldmanns, lächelte ein altes Lächeln. Er sagte: «Die gleichen Studenten der Neuen Linken, die, wie die Statisten in einem billigen Film, immer wieder in den verschiedensten Verkleidungen vor der Kamera aufmarschieren, marschieren auch heute. Die auf unsere Kosten ‹pazifistische› Presse Amerikas und Europas klebt solche Photographien mit Vorliebe auf die erste Seite – teils, um zu zeigen, wie tief die Kluft zwischen unserer ‹kriegerischen› Regierung und der ‹friedliebenden› Jugend ist; teils, um zu beweisen, daß sie selbst zwar antizionistisch, aber nicht antijüdisch ist – die lieben jüdischen Kinder demonstrieren auch ganz schön! –; teils, um im Interesse Moskaus, Pekings und der Araber, die ‹Kriegsmüdigkeit› Israels darzutun.»
Und in der Tat: Nachdem Israel dem Rogers-Plan prinzipiell zugestimmt hatte, mußte die Jerusalem Post auf grobe Entstel-

lungen in der westlichen Presse hinweisen: «*Die jungen Leute, die jeden Samstag Abend in Dizengoff Circle tanzen, würden sich wundern, als ‹Israelis, die vor Freude über die Feuereinstellung in den Straßen Tel Avivs tanzen›, beschrieben zu werden.*» Der Photoreporter von Match brachte Soldaten an der Suez-Front einige Flaschen Champagner, und als sie taten, was man in einem solchen Fall tut – sie toasteten ihm zu –, hieß es in der französischen Illustrierten, israelische Soldaten tränken auf den Waffenstillstand. «Wir haben eine Umfrage veranstaltet», erzählte der Reporter. «Sie ergab zwar, daß etwa zehn Prozent der Israelis die Idee der Goldmann-Mission begrüßt haben, aber als wir weiterforschten, stellte sich heraus, neunzig von hundert dieser Minderheit hätten nichts beweisen wollen als die Unnachgiebigkeit Nassers.»

Ich ging zu meinem Schreibtisch, auf dem die neusten Ausgaben der internationalen Presse lagen. Mit wenigen Ausnahmen glich das Verhalten der Zeitungen dem der etwa hundertzwanzig Studenten, die demonstrierend vor das Haus Golda Meirs gezogen waren. Einige waren über die Gartenmauer geklettert. Fast alle Blätter verurteilten die Ablehnung der Goldmann-«Mission» durch die israelische Regierung. Zum Teil «kletterten sie über die Mauer».

Wie ist es zu erklären – die Goldmann-Affäre brachte es mir zum Bewußtsein –, daß Israel, nach dem Sechs-Tage-Krieg wenigstens im Westen von beispielloser Popularität, sie ganz oder zum größten Teil eingebüßt hat?

Wir sprachen über die Palästinenser, die Vertriebenen, die Flüchtlinge. Die Reise in die besetzten Gebiete lag noch vor uns. Um die Palästinenser allein kann es sich nicht handeln.

Das Verhalten Israels nach seinem Sieg im Juni 1967 ist alles andere als originell. Es ist nicht erinnerlich, daß in der Antike, nach der Seeschlacht von Cumae im Jahre 474 und der Eroberung Vejis durch Rom, die Römer den Etruskern freiwillig überlassen hätten, was sie ihnen weggenommen hatten. Es ist nicht erinnerlich, daß im frühen Mittelalter, im sechsten bis zum zehnten Jahrhundert etwa, dänische, norwegische und schwedische Wikinger freiwillig die Gebiete herausgegeben hätten, die sie, von den Balearen bis Island, vorher erobert hatten. Es ist nicht erinnerlich, daß im späten Mittelalter die kleine Schweizer Eidgenossenschaft, nach Morgarten und Sempach, 1315 und 1386, auf die den Habsburgern abgerungenen Gebiete freiwillig verzichtet hätte. Es ist nicht erinnerlich, daß im sogenannten Zeitalter der Vernunft – 1668 bis 1742 – Gibraltar von den Engländern freiwillig an Spanien zurückgegeben worden wäre; es soll sich, wenn nicht alles täuscht, immer noch im Besitz der englischen Krone befinden. Es ist nicht erinnerlich, daß in der Neuzeit die Landkarte Südamerikas unverändert geblieben wäre: Nach dem Sieg Bolivars im Jahre 1819 war von einer freiwilligen Auslieferung Ecuadors an Spanien kaum die Rede. Wo bleibt der Fortschritt? Wo bleibt er wirklich? Obwohl die Israelis gern im Buch der Geschichte blättern, muß es ihnen wohl entgangen sein, daß nach dem Acht-Tage-Krieg – er heißt so –, den General Scott im Jahre 1847 gegen die mexikanische Hauptstadt führte, New Mexico und Kalifornien wieder an Mexiko gefallen wären. Es muß ihnen auch entgangen sein, daß nach dem Frieden von Frankfurt, 1871, das deutsche Kaiserreich Elsaß und Lothringen an das «Mutterland», daß Frankreich nach 1919 die rückeroberten Gebiete an Deutschland abgetreten hätte. Entgangen sein muß es den Israelis schließlich – neuste Geschichte –, daß die siegreiche Sowjetunion Ostpreußen an Deutschland, daß sie Litauen, Lettland und Estland an Litauer, Letten und Esten, oder daß Polen Schlesien an die ihm doch ideologisch nahestehende Deutsche Demokratische Republik zurückzugeben plante. Der Rückzug der Franzosen aus dem Rheinland nach dem Ersten Weltkrieg geschah weder «freiwillig» noch unter dem Druck der öffentlichen Meinung: Es waren politische Handlungen, die den Interessen der Sieger entsprachen und ihre Existenz keineswegs in Frage stellten.

Ist ein Krieg einmal entschieden, fragt man an den Konferenztischen der Friedensrichter nicht nach Angriffs- oder Verteidigungskriegen, nicht einmal nach berechtigten oder unberechtigten Ansprüchen. Die Ansprüche der «Nationalstaaten» an Ungarn waren 1918 zum Teil berechtigt, zum Teil unberechtigt: Sie bekamen, was ihnen gebührte, aber auch, was ihnen nicht gebührte. Weder das kommunistische Rumänien noch die kommunistische Tschechoslowakei erwägen, das Friedensdiktat von Trianon, das ihnen unter anderem rein ungarische Gebiete zusprach, zu revidieren – auch nicht im Interesse der vielgeküßten «sozialistischen Brüder» von Budapest. Prag und Bukarest profitieren ohne die geringste Hemmung von Geschenken, die bürgerliche Regierungen, ja Monarchien von der bürgerlichen Entente erhalten haben. Der Sechs-Tage-Krieg war ein Verteidigungskrieg, noch dazu ganz ungewöhnlicher Art, da er nicht der Verteidigung eines Regimes oder bestimmter Landesteile, sondern der nackten Existenz galt – «*Die Existenz Israels ist ein Irrtum, der berichtigt werden muß*», sagte Präsident Araf des Irak in Radio Bagdad am 1. Juni 1967; schon früher – am 20. November 1965 – hatte Präsident Nasser in Heluan verkündet: «*Unser Wunsch ist die Vernichtung Israels.*» Aber wenn es anders wäre: Die Israelis müßten immer noch höchst originell sein, um etwas zu tun, was kein Staat in der Menschheitsgeschichte je getan hat.

Es sind die Schlechtesten nicht, die vom jüdischen Staat erwarten, was sie von keinem anderen erwarteten. Die Juden waren so lange unterdrückt, daß man meint, sie müßten den Palästinensern gegenüber jene Großzügigkeit üben, die man ihnen selbst nie bekundet hat. Dieser unlogische Schluß ermangelt nicht einer gewissen Noblesse, wird aber vollends grotesk, wenn es sich nicht um die Beziehungen zwischen Israelis und Palästinensern, sondern um die Auslieferung Israels an die Palästinenser handelt. Mögen die arabischen Staatsführer so tun, als verlangten sie nur einen Rückzug Israels auf die Grenzen vom Mai

1967, so haben die Palästinenser ihren Anspruch auf ganz Israel nie aufgegeben: Das Problem begann nicht, als die Israelis 1967 Hebron eroberten, sondern als der erste jüdische Einwanderer seinen Fuß auf den Boden von Erez Israel setzte. Es geht nicht um die Rechte der Palästinenser in Israel, wie es um die Rechte der ungarischen Minderheit in der Tschechoslowakei nach dem Ersten Weltkrieg oder die Rechte der deutschen Minderheit in Polen nach dem Zweiten Weltkrieg ging – die Minoritätenpolitik Israels ist unendlich «toleranter» als die Polens oder der Tschechoslowakei –: Es geht nicht um die Rechte der Palästinenser in Israel, sondern um ihr Recht auf Israel. Die Wohlwollenden, die Israels Sieg feierten, jetzt aber Israels freiwillige Kapitulation verlangen, gleichen dem bärtigen Turnvater Jahn, der – so spottete der Historiker Heinrich von Treitschke – den deutsch-französischen Konflikt «*mit einer Bauchwelle an der französischen Grenze*» lösen wollte. Sollte es wirklich so enttäuschend sein, daß die Israelis die geschlagene Schlacht nicht als eine geschlagene Bauchwelle ansehen?
Die nichtjüdischen Freunde Israels sind größere Romantiker als die Israelis. Sie jubelten, als «*ein rotblonder Jüngling von schöner Gestalt* » einen Mann «*mit Namen Goliath, aus Gath, sechs Ellen und eine Spanne hoch*» mit «*Schleuder und Stein*» überwand. Erst als David das Schwert des Philisters aus der Scheide zog und «*ihm damit den Kopf abhieb*», begannen die Freunde Israels an David zu zweifeln. Hätte es sich David leisten können, dem besiegten Goliath, wie nach einem Schnitzlerschen Offiziersduell im Morgengrauen, die Hand zu schütteln? Die biblische Geschichte ist eine blutige Geschichte. Was Samuel von seinem Helden David erzählt, ist eine biblische, also menschliche, also blutige Geschichte; es kommt darin, wenn man nur über das Kapitel 17 hinausliest, allerlei Menschliches vor, allerlei von Gewalt und Intrige, von Ehrgeiz und Eifersucht, von Macht und Haß. Es steht in dem ersten Buch des Samuel nichts von dem großen Frieden, der über die Welt kam, nachdem das

Großmaul tot war, es heißt da: «*Die Männer Israels und Judas aber machten sich auf, erhoben ein Feldgeschrei und verfolgten die Philister bis nach Gath und bis an die Tore von Ekron. Und erschlagene Philister lagen auf dem Wege von Saaraim an bis Gath und Ekron.*» Die Israelis wissen es zu schätzen, daß ihre Freunde Neumenschliches von ihnen erwarten, sie verstehen die Enttäuschung ihrer Freunde. Aber David ist für sie ein Krieger, ein Gründer und ein König, kein Gott. «*Der Sohn eines Ephratithers aus Bethlehem in Juda*» war ein Mensch: Vielleicht halten die Juden deshalb auch den anderen Menschensohn «aus Bethlehem in Juda» nicht für den Messias. Es ist nicht alles von hohem Edelmut, was die Israelis nach ihrem Sieg taten und tun; so edel wie ihn Michelangelo dargestellt hat, ist David mitnichten. Das erste Buch des Samuel hat eine Fortsetzung. Man erfährt daraus, daß die Juden ihren Sieg zu festigen versuchten: Das ist, nichts Originelles, der Sinn der Siege. Die nichtjüdischen Freunde Israels, die den militärischen Sieg des kleinen Landes bewunderten, verurteilen jetzt das «militärische» Israel. Ohne diese, ihrer unmilitärischen Art wegen übrigens hochgepriesene Militarisierung vor 1967, wäre Israel im Juni 1967 vernichtet worden. Dem großen Friedensfreund Ben Gurion wird das Wort zugeschrieben: «*Wir leben von Wundern. Aber wir sollten uns darauf nicht verlassen.*» Bei Samuel heißt es: «‹*Der Herr der Heerscharen ist Gott über Israel*›, *und das Haus deines Knechtes David wird vor dir Bestand haben.*» Die Israelis, anders als ihre Freunde, lesen weiter.

Viele Freunde haben sie nicht. Zu den enttäuschten Freunden, die Israels friedliche Kapitulation verlangen, gesellen sich die Feinde Israels: die Sowjetunion, Maos China und deren Satelliten und Bewunderer und Mitläufer. David und Goliath? Es gibt einen David, aber nicht nur einen Goliath. Der Dritte Weltkrieg hat sogleich nach dem Zweiten begonnen, nach Hiroschima eine neue Form des Weltkrieges. Einmal wählt die Sowjetunion das Schlachtfeld, einmal Amerika, bald wird es auch China verstattet sein, seine Schlachtfelder zu wählen. Ägypten und Jordanien und Syrien und der Irak und die Palästinenser sind nicht erst 1967 die Verbündeten der kommunistischen Welt. Am 16. Mai hatte Präsident Nasser zu den ägyptischen Gewerkschaften gesagt: «*Ich habe immer gewußt, daß wir in der Lage sein werden, den Abzug der UN-Beistandstruppen zu fordern, sobald wir unsere Vorbereitungen abgeschlossen haben. Genau das ist nun geschehen. Der Krieg wird jetzt unbegrenzt sein, und unser Ziel ist die Vernichtung Israels.*» Weltrevolution und Weltkommunismus sind keine Erfindungen «kalter Krieger», sondern stolze Vokabeln im Wörterbuch der marxistisch-leninistischen Ideologie. Selbst wenn sich Israel dem Friedensdiktat beugte, wie es sich 1956 gebeugt hat, bliebe es ein Hindernis auf dem Wege der kommunistischen Eroberung ganz Asiens, ganz Afrikas und schließlich ganz Europas. Da der Weltkrieg nach Hiroschima anders aussieht als alle anderen Kriege zuvor, haben auch seine Schlachten ein neues Gesicht. Aus der begreiflichen Angst, der Krieg en détail könnte sich in einen globalen Krieg verwandeln, schalten die beiden Supermächte zwischen den Schlachten kürzere und längere Pausen ein. Einmal bringt der sowjetische Goliath den amerikanischen, ein anderes Mal der amerikanische den sowjetischen ins Feldlazarett. Das sind die Pausen, in denen man seine Verbündeten noch weniger liebt als seine Gegner. Das ist die Stunde, in der David Schleuder und Stein aus der Hand genommen werden.

Wie in jedem Krieg wechselt nicht nur das Glück, wechselt auch die Popularität der Gegner. Seit 1914 werden die Kriege immer häufiger im Namen einer Ideologie geführt. Der Zweite Weltkrieg war «ideologischer» als der Erste, der Dritte ist «ideologischer» als der Zweite. Die Kurve der sinkenden Popularität Israels verläuft parallel mit der steigenden Popularität des Kommunismus im Westen.

Das Glück Moskaus und Pekings ist die moralische beziehungsweise unmoralische Qualität der Kys und Thieus in Südvietnam, der faschistischen Generale in Südamerika, der Apartheid-Regierung in Südafrika. Dieses Glück ist um so größer, als die beiden mächtigen kommunistischen Reiche kaum etwas zu unternehmen brauchen, um, mit dem Hinweis auf die faulen Früchte am Baum des Kapitalismus, auch nichtkommunistische sozialistische Massen und linksliberale Intellektuelle des Westens für sich zu gewinnen. Das Glück Moskaus und Pekings ist das von den östlichen Diktaturen kraft ihres undurchsichtigen Polizei- und Zensursystems mit viel Geschick verborgene, für die übrige Welt nur selten – 1956 in Ungarn, 1968 in der Tschechoslowakei, 1971 in Polen – sichtbare geistige und materielle Elend im Ostblock, die zugleich stets sichtbare und vom Westen mit Bienenfleiß plakatierte Unzufriedenheit in der freien Welt. Das Glück Moskaus und Pekings ist die «unbewältigte Vergangenheit» in Deutschland, Frankreich und Italien, wo das traumatische Erlebnis der faschistischen Diktatur oder der korrupten Kollaboration zu einer Reaktion des Skeptizismus, des Puritanismus, oder, umgekehrt, zum Drang nach anarchistischer Freiheit geführt; ihr Glück sind der Generationenkonflikt und die intellektuelle Ungeduld in Amerika, wo der verlorene Frieden keine geringere Verheerung angerichtet hat als der verlorene Krieg in Europa.

Das Pech Moskaus und Pekings ist das Guernica-Gemälde ihrer arabischen Alliierten – kapitalistische Ölpotentaten in der nationalistischen Zwangsgemeinschaft mit Revolutionären, maoistische Guerillas in der Verbrüderung mit mittelalterlichen Scheichs, aristokratische Obristen, die ihre analphabetischen Soldaten wie Untermenschen behandeln, sie aber im Krieg Moskaus und Pekings vor sich herjagen, kleinbürgerliche Nationalisten, die sich als tapfere Revolutionäre tarnen und die bescheidensten Reformen fürchten, intrigante Monarchen, die der Haß gegen die Juden in die Arme ihrer eigenen Gegner treibt, männliche Scheherezades schließlich, die sich mit ihren eigenen Märchen wachhalten.

Dieses Pech Moskaus und Pekings wäre das Glück Israels. Das wahre Unglück Israels ist es, daß es selbst das größte Unglück der kommunistischen Welt ist.
Israel ist kein faschistisches, es ist nicht einmal ein kapitalistisches Land. Es ist, im Gegenteil, das einzige Land der Welt, in dem das Experiment des demokratischen Sozialismus gelungen ist und damit der Beweis für den von Moskau und Peking geleugneten Unterschied zwischen Sozialismus und Anführungszeichen-Sozialismus erbracht wurde – und dies nicht etwa, wie in Schweden, mit Hilfe einer bestimmten Regierung, sondern auf der Grundlage eines verbürgten Regierungssystems. Es ist ein Land ohne «*Korruption von oben*», wie es Thomas Macaulay nannte, ohne Unterdrückung und Ausbeutung, ohne Klassen- und Kastenherrschaft. Es ist ein Land ohne Hunger und Elend, in dem die Palästinenser jenes sozialen Fortschritts teilhaftig werden könnten, der ihnen in den arabischen Ländern, nicht zuletzt in Jordanien, vorenthalten wird. Es ist ein Land ohne das Kainszeichen der Vergangenheit. Hier wurden keine unschuldigen Bürger gemordet wie in Deutschland, hier gab es keine Verräter wie in Frankreich, hier wüteten keine McCarthys wie in Amerika, hier gab es nichts, was an den deutsch-sowjetischen Pakt von 1939 gemahnte. Dagegen ist kein dialektisches Kraut gewachsen. Ohne das jüdische Schicksal wäre Israel nicht der fortschrittliche Musterstaat des Nahen Ostens, aber wer Israel deshalb beneidet, müßte die Juden um ihre sechs Millionen Toten beneiden. Israel, wie es heute ist, paßt nicht in das Bild, das sich der Osten von den «faschistischen» Verbündeten Amerikas macht. Chaim Weizmann statt Hitler, Ben Gurion statt Stalin, Golda Meir statt Ky: ein Pech.
Das Pech – für Moskau und Peking, aber indirekt gleichwohl für Jerusalem – ist noch größer, weil Moskau und Peking just um das Jahr 1967 den ideologischen Guerillakrieg in den Westen getragen haben, vornehmlich mit Hilfe ihrer intellektuellen Avantgarde. Was soll die mit Israel anfangen? Da sie

nicht so schamlos ist, sich offen auf die Seite der Ölscheichs, der feudalistischen Großgrundbesitzer, der arabischen Militärs zu stellen, bleibt ihr als Operationsbasis nur ein einseitiger Humanismus. Israel, ein kleines Land am Mittelmeer, bedroht nicht die kommunistische Welt, aber es bedroht deren attraktive Identifikation mit der Sauberkeit des öffentlichen Lebens, bedroht die intellektuelle Lustvorstellung von der Dekadenz jedes nichtkommunistischen Staates. Es gibt einen Punkt der Erde, wo die Welt morgen früh um sieben noch heil ist, und, zu allem Überfluß, gibt es in Israel kaum eine Handvoll junger Leute, die sich dessen schämten. Die Freiheit der Intellektuellen ist unbegrenzt – und das Volk verehrt seine Heerführer; die Mitbestimmung der Studenten ist so alt, wie es die hohen Schulen sind –, und die Studenten beugen sich dem Wissen ihrer Lehrer; das Durchschnittsalter der Professoren ist sechsunddreißig – und an der Klagemauer räumen Soldaten alten Männern im Kaftan ihren Platz ein; keine Religionsgemeinschaft wird unterdrückt – und die eigene Orthodoxie wird geachtet; man tanzt am Samstagabend in Dizengoff Circle – und die Synagogen sind voll; schulmeisterliche Eltern werden wie Raritäten angesehen – und vierundsiebzig Prozent der Mädchen gehen als Jungfrauen in die Ehe; Israel ist von allen Seiten bedroht – und man ist in den dunkelsten Straßen Tel Avivs sicherer als bei Tag auf New Yorks Fifth Avenue; es gibt kein Gesetz gegen Pornographie – und es werden, im Verhältnis zur Bevölkerungszahl, weniger als vier Prozent so viele pornographische Druckprodukte gekauft wie in den USA, weniger als zwei Prozent so viele wie in Dänemark; mit rund 700000 Mitgliedern umfaßt die Gewerkschaft Histadrut rund 80 Prozent der Wahlbürger – und sie wählen zwölf verschiedene Parteien ins Parlament. Deshalb ist Israel für die kommunistische Welt, wie sich Präsident Sadad von Ägypten ausdrückte, «unerträglich». Deshalb fordert der beamtete Sendbote des Ostens in der Welt-

organisation des Friedens den Rückzug Israels auf unhaltbare Positionen.
Erklärt das vollends den Wandel der öffentlichen Meinung?
In Ungarn wurde nach dem Sechs-Tage-Krieg die Geschichte vom Minister und seinem Chauffeur erzählt. Fünf Tage lang ärgerte der Chauffeur seinen volksdemokratischen Herrn mit israelischen Siegesmeldungen. So viele Meilen seien die Israelis wieder vorwärtsgestürmt, so viele Flugzeuge hätten sie vernichtet, so viele Schlüsselstellungen erobert. Der Minister schwieg. Am nächsten Tag aber, just an dem Tag, an dem der Krieg entschieden war, schwieg der Chauffeur. Neugierig geworden, klopfte ihm der Minister auf die Schulter: «Was – heute keine Siegesmeldungen?» Betroffen wandte der Chauffeur sich um: «Genosse Minister, haben Sie gewußt, daß diese Israelis – Juden sind?»
Was der primitive Fahrer nicht wußte, weiß die Welt: Die Israelis sind Juden. Lenin hat von der «bürgerlichen Schlacke» gewarnt, doch ist das, was in den kommunistischen Ländern von bürgerlichen «Vorurteilen» übriggeblieben ist, gering neben den Resten der antisemitischen Schlacke in der ganzen Welt. Es ist ein unbedeutendes, gleichwohl bezeichnendes Beispiel, daß die rechtsextremistische deutsche National-Zeitung unter Titeln wie «Wir werden Palästina befreien» ihre Spalten den Terroristen öffnet, und das Organ der linken Gegenseite, die Abendzeitung in München, Moshe Dayan als grinsenden, einäugigen Piraten porträtiert. Während in Moskau Schauprozesse gegen Juden inszeniert und Todesurteile gefällt werden, nur weil die Mehrheit der russischen Juden auswandern will, marschiert das gaullistische Frankreich an der Spitze der westlichen Gegner Israels. Außenminister Bravo des faschistischen Spanien bekundet seine Solidarität mit den Arabern, und linksradikale Studenten des deutschen SDS demonstrieren gegen die israelischen Botschafter Ben Nathan und Ben Chorin. Im Mai 1969 enthält sich die reaktionäre Union des

Démocrates pour la République jeder Äußerung gegen die «antijüdische Massenhysterie» – so die Neue Zürcher Zeitung –, die Orléans gerade ergriffen hat, und der Anwalt der rebellierenden Studenten in Berlin, Horst Mahler, flieht, nach einem Bombenanschlag, in die Arme der palästinensischen Guerillas. Wo sie einen Goliath finden können, da schlagen sich die Intellektuellen, von Stockholm bis Bombay, von Quebec bis Rio de Janeiro, auf die Seite Davids, zuweilen aus Redlichkeit, zuweilen emotionell-naiv, oft ohne Prüfung von Recht und Unrecht wie im Fall Biafra, oft voll blinden Ressentiments gegen das «Establishment» wie im Fall der lateinamerikanischen Menschenräuber; der «David-*look*» ist unter allen Umständen große Mode – es sei denn, daß es sich um den israelischen David handelt. Er ist Jude. Ich denke zurück an den Sabbatnachmittag in Herzliya. Wir saßen an den offenen Fenstern. Es war heiß, man begann vom Chamsin zu sprechen, dem gefürchteten Wüstenwind. Hübsche Mädchen in Miniröcken bedienten die Durstigen an der Milchbar des Swimming-pools.

Durch unsere Gespräche geisterte jetzt das Wort Antisemitismus. So genau unsere Gäste über den sowjetischen Antisemitismus informiert waren – Rußland, Polen, der Osten: da gibt es Juden zu retten –, so kühl, so ohne Erregung, so wenig gekränkt beurteilten sie den Antisemitismus im Westen. Oder war es etwas anderes? In der Frage des Antisemitismus haben die Israelis eine Niederlage erlitten, die sie sich nicht eingestehen. Darin gleichen sie den wahren Christen, welche die Wahrheit auch nicht wahr haben wollen.

Die Gründer des Zionismus, wie alle Revolutionäre, haben sich in manchem geirrt, aber ihr größter Irrtum war die Hoffnung, mit der Gründung des Staates Israel würde der Antisemitismus verblassen, zu einem Skelett abmagern, endlich verschwinden. Es gibt in Herzls «Judenstaat» keine tragischeren Sätze als diese: «*Man wird in den Tempeln beten für das Gelingen des Werkes. Aber in den Kirchen auch! Es ist die Lösung eines alten Druckes, unter dem alle litten.*» Der Antisemitismus gleicht dem Verwandlungskünstler Fregoli, der an einem einzigen Varietéabend in zwei Dutzend verschiedenen Masken zu erscheinen vermochte. Einmal richtet sich der Antisemitismus «nur» gegen die Ostjuden, ein andermal «nur» gegen die «assimilierten» Juden, ein drittes Mal «nur» gegen jüdische Hausierer, ein viertes Mal «nur» gegen die Rothschilds, ein fünftes Mal «nur» gegen den jüdischen «Linksdrall», ein sechstes Mal «nur» gegen den jüdischen «Konservatismus». Jetzt, da sechs Millionen Juden ermordet wurden, richtet er sich «nur» gegen den Judenstaat. Man betet in den Kirchen nicht für Zion. Der Zionismus ist Millionen und Abermillionen Antisemiten willkommen, weil sie sich in einem Moment, da der Antisemitismus vorübergehend nicht «salonfähig» ist, der Blindheit des Ministerchauffeurs bedienen können – die Israelis sind keine Juden, man muß ihnen die Ehre erweisen, Auschwitz zu vergessen und Israel als einen «normalen» Staat zu betrachten: Wer Israel verdammt, tut es aus den lautersten Motiven, von Antisemitismus keine Rede. Willkommen auch, für die Minorität der bewußten und die Majorität der unbewußten Antisemiten, das Wort «Antisemit» selbst. Der Begriff, der längst durch «Antijude» ersetzt werden müßte, erlaubt es, bei passender Gelegenheit zwischen Juden und Israelis zu unterscheiden, wie es, anderseits, der in Israel kaum noch gebrauchte Begriff Zionismus linksextremistischen Juden von der perversen Art des Studentenführers Cohn-Bendit gestattet, in Frankfurt an der Spitze einer El-Fatah-Demonstration zu paradieren. Nichts sollte jedoch darüber hinwegtäuschen, auch nicht in Israel, daß die Welt über die Folgen des Sechs-Tage-Krieges längst zur Tagesordnung übergegangen wäre, wenn die Israelis Neger, buddhistische Indochinesen, Hottentotten, katholische Südamerikaner oder Botokuden, wenn sie keine Juden wären.

Der Sabbat war längst vorbei, als der letzte unserer Besucher Herzliya verließ. Wir gingen am Sandstrand spazieren, entfernten uns immer mehr von den Lichtern des Hotels. Wir sprachen von Kalifornien, wo wir beide lange gelebt hatten und wo man es nicht mehr wagen könnte, sich in der Nacht von den Behausungen zu entfernen. Nur der weiße Schaum der Wellen leuchtete in der Dunkelheit. Wir sprachen von Amerika, gingen über das asiatische Festland, und es war uns, als befänden wir uns auf einer europäischen Insel. «Wer schwimmen muß, um sein Leben zu retten», hatte uns ein junger Abgeordneter der Knesset gesagt, «der achtet nicht darauf, daß sein Stil Beifall findet. Er will auch keinen neuen Stil erfinden. Er will ans Ufer gelangen.» Der Satz klang noch lange nach.

Yad Va'Shem

Der beste Reiseführer durch Israel, The Guide to Israel, widmet dem Berg der Erinnerung, Har Hazikaron, widmet Yad Va'Shem, das sich an seinem Fuße befindet, zwanzig Zeilen. Ich will Yad Va'Shem ein Kapitel widmen.
Hava Bitan, von der Europasektion des Außenministeriums, hatte uns in Herzliya abgeholt, um uns nach Jerusalem zu begleiten. Die reizende Frau – heute zählen wir sie zu unseren Freundinnen – war Botschaftsrätin in Wien gewesen, bevor sie in New York diente und heimgekehrt ist: Sie spricht deutsch mit einem angenehmen Wiener Akzent. Noch ehe wir Jerusalem sehen, sagte sie, sollten wir in Yad Va'Shem haltmachen. Wir wußten nichts von Yad Va'Shem.
Mount Herzl. Hier ruht Theodor Benjamin Herzl, geboren in Budapest am 2. Mai 1860, gestorben im niederösterreichischen Edlach am 3. Juni 1904; unter dem Eindruck des Dreyfus-Prozesses – als hätte es dessen bedurft – trat er für die Gründung eines jüdischen Staates ein, Verfasser des Romanes «Altneuland», der geistige Vater des Zionismus, Prophet Israels, fünfundvierzig Jahre nach seinem Tod, ein Jahr nach dem gewonnenen Unabhängigkeitskrieg, in der Heimat der Väter beigesetzt; im Herzl-Museum steht der Schreibtisch, an dem er 1896 zu Papier brachte, was 1948 Wirklichkeit wurde – «Der Judenstaat». Der «Neue Brockhaus», Ausgabe 1960, gedenkt seiner in zwölf Zeilen. Neunundzwanzig Zeilen für Generalissimus Franco, vierundfünfzig für Generalissimus Stalin.
In der Nähe: der Militärfriedhof. Hier sind die Kämpfer begraben, die in Jerusalem und um Jerusalem im Freiheitskrieg 1948

fielen, hier verneigt sich Israel vor den Fallschirmjägern, die, als Freiwillige der britischen Armee, im Zweiten Weltkrieg hinter feindlichen Linien abgesprungen sind. Der «Wasserfriedhof» ehrt die Juden, die bei den Kämpfen im Mittelmeer ertranken. Es heißt im achtundsechzigsten Psalm: «*Der Herr hat gesprochen: Aus Basan bringe ich heim, / bringe heim aus den Tiefen / des Meeres ...* » Es hieß in «Volksarmee», dem offiziellen Organ der syrischen Armee, am 30. Mai 1967: «*Wir werden sie ins Meer werfen.*»

Sollte es der Tag der Toten werden? Vorerst sahen wir nur ein modernes Bürogebäude. Der Mann, der uns in seinem Arbeitszimmer empfing, war Katriel Katz, Vorsitzender des Direktoriums von Yad Va'Shem, ehemaliger israelischer Generalkonsul in New York, der letzte Botschafter Israels in Moskau vor dem Abbruch der diplomatischen Beziehungen. Das Gespräch drehte sich zunächst um politische Fragen – wie von anderen zuvor und von manchem nach ihm, wollte ich wissen: «Sind die Sowjets überzeugt, daß im Falle eines neuen Krieges die USA eingreifen würden?»

Katriel Katz antwortete vorsichtig: «Als ich aus Moskau abreiste, waren die Russen sicher, daß ein neuer arabischer Angriff mit sowjetischer Hilfe die Amerikaner auf den Plan rufen würde.»

«Fürchten die Russen diese Konfrontation?»

«Sie wollen sie möglichst vermeiden.»

«Haben Sie Hoffnung für die Juden in der Sowjetunion?»

«Der Antisemitismus hat im ganzen Ostblock die Form des Antizionismus angenommen. Nicht nur in Rußland, wo der Antisemitismus das Zarenreich überlebt hat. Unter dem Vorwand des Antizionismus gibt es in einem Staat des Ostblocks einen regelrechten ‹Arier-Paragraphen›. Der Ministerpräsident der DDR tritt für die Liquidation Israels ein. Die Neue Linke vermag offenbar nicht, zwischen rechts und links zu unterscheiden; sie unterstützt den arabischen Faschismus. Es ist längst vergessen, daß auf den Mauern des Warschauer Gettos neben der Fahne Polens die blau-weiße Fahne wehte. Die Überlebenden des Warschauer Getto-Widerstandes haben die Auszeichnungen, die ihnen von der polnischen Regierung 1945 verliehen wurden, zurückgeschickt. Die Zitationen wurden damals von General Spychalski unterzeichnet, der heute Präsident Polens ist – Polen nennt uns Piraten und Aggressoren. Die toten Getto-Kämpfer können ihre Auszeichnungen nicht zurückschicken.»

Seit Botschafter Katz so sprach, hat die polnische Hungerrevolte Präsident Spychalski weggefegt – Antisemitismus und Antizionismus sind geblieben.

Der Botschafter erhob sich, brachte uns ein schmales Buch, in dem, handgeschrieben, ein Zitat aus meinem Roman «Christoph und sein Vater» lag. Das Buch heißt «Young Moshes Diary».

«Weil Sie in ‹Christoph und sein Vater› das geschrieben haben», sagte Katz, «dachte ich, das Buch würde Sie interessieren. Vielleicht könnte man es in Europa veröffentlichen.»

Das Buch ist das Tagebuch eines orthodox-jüdischen Jungen, geboren in Holland wie Anne Frank; es wurde ursprünglich in biblischem Hebräisch geschrieben und berichtet, nicht minder erschütternd als die Aufzeichnungen Anne Franks, von den Wochen der Flucht und der Furcht; Moshe Finker starb den Tod von Auschwitz. Yad Va'Shem hat die in Brüssel aufgefundenen Papiere herausgegeben. Ich habe kein Interesse für «Young Moshe's Diary» gefunden.

Ist Yad Va'Shem ein israelischer Verlag? Nur wer, wie ich, kein Wort Hebräisch versteht, kann so fragen. Yad Va'Shem heißt Denkmal und Name – den Juden «*Denkmal und Namen*» zu geben, die «*besser sind als Söhne und Töchter*», hat Jesaja versprochen. Yad Va'Shem ist der größte Friedhof der Welt. Ein Friedhof ohne Gräber.

Das Denkmal des Job, das Gebetstuch über den Schultern, auf dem nackten Arm die Konzentrationslager-Nummer. Nathan

Rapoport, ein israelischer Bildhauer, hat das Monument geschaffen; später werde ich verstehen, daß es nur in Yad Va' Shem stehen kann. Ein betender Job, aber wenn man die gefalteten Hände betrachtet, erkennt man eine geballte Faust, der massive Kopf ist dem Himmel zugekehrt, vom Himmel erwartet Job eine Antwort, aber es ist die Antwort auf eine Anklage, die er erwartet, mehr Mut als Demut ist in dieser Gestalt, Israels Job jammert nicht, Israels Job klagt an. Verhaltener Zorn liegt über Yad Va'Shem, in die Würde des Todes mischt sich hier trotzige Ungeduld: Man betrauert die Ermordeten und man grüßt den Widerstand. Ich glaube nicht, daß es die Juden, die Yad Va'Shem errichteten, wissen – sie haben der Jugend geantwortet, die fragt: Warum, warum habt ihr euch hinschlachten lassen? Nirgends in Israel ist man so tief ergriffen wie hier, aber wenn zwei Augen zwei verschiedene Tränen vergießen könnten, dann würde ein Auge eine Träne der Trauer vergießen, das andere eine Träne des Zornes. Friedhof: Das mittelhochdeutsche *vrithof*, das althochdeutsche *frithof*, vom Frieden kommt es nicht, von «eingefriedet» kommt es, erst später dachte man an eine Stätte des Friedens. Einen eingefriedeten Raum gibt es für die Juden, keinen Raum des Friedens.

Eine breite Freitreppe führt nach oben. Von einer französischen Kathedrale schrieb der galizische Jude Joseph Roth: «... *nicht Stufen, auf denen man hinansteigt, eine Treppe vielmehr, auf der man sich hinaufkniet»;* hier hätte er sich hinaufgekniet. Das Haus der Erinnerung: ein trotziger Felsblock, das glatte gigantische Viereck ruht auf Steinen, als hätten sie jüdische Sklaven in der ägyptischen Gefangenschaft aus der Erde geschlagen oder in der deutschen. Das Haus der Erinnerung liegt auf einem milden Hügel, in einem Olivenhain, die Blumen leuchten, es ist Frühling um das Haus der Erinnerung. Unten alte arabische Dörfer, neue Siedlungen, das Steinfeld wie das weiße Blatt auf dem Zeichenbrett des Ingenieurs, gleich wird es sich füllen. Ein kleiner Wald, ein seltsamer Wald, alles ist hier seltsam, seltsam der

Name des schmalen Weges im seltsamen Wald: Avenue der Gerechten Christen. Unter jedem Baum eine Tafel, nicht die Art der Bäume nennen die Tafeln, nicht Cupressus sempervirens oder Pinus sylvestris, die Bäume haben Namen von Menschen. Gerechte Christen: Monsignore Théas aus Frankreich und Ochrym Sieroczuk aus der Sowjetunion, Irene Typaldos aus Griechenland und István Vasdenyey aus Ungarn, Dr. Angelo de Fiore aus Italien und Johana Stoensecu aus Rumänien, Emilia Miazio aus Polen und Gerben Tiedema aus Holland, Sophia Binkiene aus Lithauen und Dr. Gertrud Luckner aus der Deutschen Bundesrepublik. Ich finde den Baum Dr. Margit Schlachtas, ich durfte ihre Hand berühren, 1947, Oberin eines Klosters in Budapest war sie, Hunderte Juden hat sie versteckt. In der englischen Emigration dachte Alfred Kerr an die illegalen Kämpfer in Deutschland: «*Die Welt erfährt kaum, wie sie heißen. / Sie schweben dahin, dunkel und licht. / Man will den Hut vom Kopfe reißen, / Sie tausendmal grüßen – sie sehn es nicht.*» Sie sehen es nicht, die illegalen Kämpfer, doch für 540 von ihnen hat Israel Bäume gepflanzt, mehr Bäume werden gepflanzt werden; die Prüfungskommission arbeitet noch immer; es steht nicht geschrieben, daß nur jüdische Namen «*besser sind als Söhne und Töchter*», es steht nicht geschrieben, daß ein Monument nicht blühen kann.

Ich bekomme ein schwarzes Käppchen aus Papier, die Jarmulka: aus der grellen Sonne in die Dunkelheit, Ohel Yizkor, Zelt der Erinnerung. Das Auge gewöhnt sich, von oben fällt ein schüchternes Licht in das steinerne Zelt, in einer Ecke brennt die Ewige Flamme. Man sieht den Marmorboden von oben, es ist, als hätte keines Menschen Fuß ihn betreten. Der Marmorboden ist endlos, irgendwo muß er enden; er verliert sich in der finsteren Endlosigkeit, wie die Leiden der Juden. Kein einziger Gegenstand, kein rituelles Gerät, Symbole besagen nichts. Nur Namen auf dem Marmorboden, es sind nicht Menschennamen, Namen der Unmenschlichkeit sind es, Dachau und Treblinka,

Auschwitz und Babi Yar, Mauthausen und Bergen Belsen. Über zwanzig Namen – und vier Millionen, die in Konzentrationslagern ermordet wurden. Eingelassen in den schwarzen Boden sind die Namen der Mordstätten, unregelmäßig, hier der eine, dort der andere, Visitenkarten des Todes, nichts hinzuzufügen, kein Toter liegt unter dem Grabstein, keinen Toten kann man hier besuchen, nur alle Toten. Die Klagemauer hat sich gesenkt, unberührbar liegt sie zu unseren Füßen, zwischen die Ritzen dieser Klagemauer kann man keine Klagen legen und keine Bitten, es ist vorbei. Die Ruhestätten der Juden in anderen Ländern sind ruhelose Stätten, es gibt Erinnerungsmale in Warschau und Auschwitz, ruhelose Stätten auf feindlichem Boden, nur hier sind die toten Juden zu Hause, hier, wo sie nicht sind. Vor ein paar Monaten, auf dem Weg von Zürich nach Wien, fuhren wir an einer Straßentafel vorbei, Wegweiser, achtzehn Kilometer nach Mauthausen, Ortsbeginn, Ortsende, fünfzig Kilometer Höchstgeschwindigkeit, die Straßentafel sieht aus wie jede andere, Bauernhäuser in der Sonne, Obstbäume, Kinder spielen am Wegrand, die Erinnerung wird müde, vergeßt, vergeßt: Jetzt fällt der Blick auf den Namen Mauthausen, ein Name auf einem Grabstein. Unter der Ewigen Flamme liegt ein Kranz, schwarz-rot-goldene Schärpe, eine deutsche Delegation hat gestern den Kranz gelegt, ich empfinde es nicht als Blasphemie. Katriel Katz wird uns später ein Dokument geben, darauf steht das Wort des Baal Shem Tov: «*Vergessen führt zum Exil, und Erinnerung ist das Geheimnis der Erlösung.*»

Wir sehen uns nicht an, meine Frau und ich: Ich weiß nicht, ob sie Tränen in den Augen hat. Ich habe die Zähne zusammengebissen. Trauer braucht wenig Platz, viele Straßen führen vorbei an den Friedhöfen. Wer maßt sich das Recht an, zu vergessen? Ihr Jungen wart also nicht dabei, als es geschah? Wer sagt euch, daß man nur schuldig wird durch Anwesenheit? Habt ihr Christus gekreuzigt? Und seid ihr unschuldig, weil ihr nicht dabei wart? Und warum sollen dann Juden, die auch nicht dabei waren und deren Väter und Großväter und Ur-Ur-Ur-Urgroßväter nicht dabei waren, schuldig sein? Wo beginnt die Unschuld, wer stellt ihr einen Geburtsschein aus? Und ihr dürft also vergessen, daß hier, jenseits und diesseits des Berges Herzl, das gleiche Volk lebt, das in Dachau und Treblinka, Auschwitz und Babi Yar, Mauthausen und Bergen Belsen gemordet wurde? Unschuldig seid ihr also und diesem Volke nichts schuldig? Ich möchte nicht teilhaben an eurer Unschuld. Ich möchte nicht teilhaben an der Rache. Ich möchte nur nicht fliehen in das Exil des Vergessens.

In Yad Va'Shem kann man nicht vergessen. Archive des Massenmordes, die Namen der Mörder in der Nähe der Namenlosen. Die Ausstellung «Zeuge und Warnung»: Stufen zur Hölle. Führerbefehle, vollzogene Exekution, Hauptbücher des Todes, Soll und Haben, Buchhalter des Mordes, Transportbericht Auschwitz, einer hat die Weichen gestellt, das Sträflingskleid eines Unschuldigen, Gaslieferung angefordert, Zyklon B, Befehl ausgeführt, es war nur ein Befehl, wer nur gehorcht hat, darf vergessen, Protokoll der Endlösung, die Hunde bekamen reichlich zu essen, Photographien der brüllenden Menge, natürlich wußte sie nichts, in der Nähe von Dachau blühte der Flieder, Photographien der Gebeine, Misthaufen von Menschen, Goldzähne abgeliefert. Alles nüchtern, sparsam, wortlos, durch die hohen Fenster fällt die Mittagssonne, hier sagt keiner: So sind wir gestorben; hier fühlt jeder: Wir sind auferstanden.

Ich sage es nochmals: Die Israelis mögen es nicht wissen – nicht zufällig gehören in Yad Va'Shem die größten Säle und die sonnigsten den Widerstandskämpfern; da ist das Bild der Hanna Szenes, wir haben sie gekannt, hinter den deutschen Linien in Ungarn ist sie abgesprungen, man hat sie gefoltert, keinen verriet sie, sie wurde hingerichtet. Briefe aus dem jüdischen Untergrund, hinausgeschmuggelt der Brief eines Fallschirmjägers an seine Mutter, vor der Hinrichtung, Tagesbefehl des Kommandeurs der jungen Widerstandskämpfer in Polen, im Tagebuch Ludwik Landaus die Worte: «*Wir haben hier einen neuen Krieg eröffnet, den jüdisch-deutschen Krieg. Juden haben die dritte Front eröffnet, die sich den Fronten in Rußland und Nord-Afrika anschließt.*» Und die Erinnerung an die Getto-Kämpfer von Warschau: das vor allem. Die Toten von Auschwitz sind die Verwandten der Israelis, die Toten von Warschau sind ihre Brüder. Israel hat nicht vergessen, daß es junge Zionisten waren, die im Getto von Warschau kämpften und starben. Am 25. April 1968, am fünfundzwanzigsten Jahrestag der Revolte, sagte ein Abgeordneter in der Knesset: «*Denn sie waren es, die jungen Männer und Frauen der zionistischen Jugendbewegung, die Geschichte machten. Sie – nicht ihre deutschen Feinde. Sie – nicht die Polen, von denen sie gehaßt wurden und die sich mit den Unterdrückern der Revolte verbündeten. Sie – nicht die gleichgültige Welt, die sich blind stellte, als der Feind aufstand, um das jüdische Volk zu zerstören. Sie – nicht die offizielle Führung der jüdischen Gemeinden in der Diaspora.*» Der Abgeordnete, der es sagte, war Gideon Hausner, der Ankläger im Eichmann-Prozeß. Und so ist Yad Va'Shem, das die Rede Hausners veröffentlichte, der sonderbarste Friedhof der Welt, eine Grabstätte, wo kein Sarg versenkt wird und wo die Totengräber nach den Wurzeln suchen.

So dachten wir, bis zu unserer letzten Station. Ein Tor tut sich auf. Die Architektur von Yad Va'Shem ist von mächtiger Schönheit, aber wenn man zurückdenkt, sieht man nur dieses Doppeltor. Schwarze Steine ineinander verkeilt, dazwischen schmale rechteckige Öffnungen; daß sich das Tor öffnet – man kann es kaum verstehen, ein Kerkertor. Der Raum dahinter ein schwarzer Würfel, schwarz der Steinboden, schwarz die Decke und schwarz sind die Wände, doch ist das nicht so sicher, daß es hier Wände gibt; man sieht die Mauern nicht, denn in den schwarzen Regalen, bis zur Decke reichend, stehen schwarze Briefordner, sie sehen nicht anders aus als andere Briefordner,

Leitz-Ordner nennt man sie in Deutschland, nur sind sie schwarz, Briefablage, alphabetisch, ein Arsenal unbeantworteter Post, unerledigten Geschäftes. Das hier ist keine Briefablage. Jedes Blatt Papier spricht von einem Toten. In kleinen Buchstaben, oben auf dem Papier: «Für die Registration der Opfer des Unheils.» Name, Vorname, Name des Vaters, Name der Mutter, Geburtsdatum, Wohnort vor dem Krieg, Wohnort im Krieg – keine Frage nach dem Wohnort nach dem Krieg –, Name der Ehefrau, Name des Ehemannes, Kinder unter achtzehn, Umstände des Todes. Umstände des Todes. Und weil an dieser strengen Stätte nur jene Toten Anrecht auf ein Blättchen Papier haben, für die ein Lebender Zeugenschaft ablegen kann, sind es bisher nur anderthalb Millionen, deren Namen verzeichnet sind – nur anderthalb Millionen.

Der Verwalter von Yad Va'Shem, der uns begleitet, putzt sich die Nase. Er ist nicht erkältet. Ich weiß nicht, wie viele Hunderte er schon durch Yad Va'Shem geführt hat, aber er benützt sein Taschentuch nicht, weil er erkältet ist. Draußen, am großen Gefängnistor, steht ein Tisch. Er öffnet die Schublade, fragt zögernd: «Wollen Sie das ... ?» Er hält ein Formular in der Hand. «Ich, der Unterzeichnete ... wohnhaft in ... Verwandtschaftsgrad ... erkläre, daß diese Zeugenschaft meines besten Wissens ... » Ich denke an die schöne Schwester meiner Mutter, geborenen Aranka Marton, sie war die jüngste, verheiratet mit einem Christen, ungarischer Nationalspieler, Ferencz Egyházy; ich denke an die große, hagere Schwester meiner Mutter, geborenen Adele Marton, sie pflegte Kuchen für mich zu bakken; ich denke an die sieben Schwestern meiner Mutter, es waren acht Töchter. Licci denkt an ihren Schwager, Ernö Klein, geboren in Preßburg, ermordet in Dachau.

«Wir möchten mehrere Formulare mitnehmen», sage ich zu dem Verwalter.

«Wir haben genug», sagt er.

Man kann sie brauchen.

Neun Maß Leid

Die Bürger Israels kennen keinen Lokalpatriotismus, weil ein bestimmter Lokalpatriotismus alle anderen verdrängt. Die Florentiner und die Neapolitaner beugen sich nicht unbedingt der Superiorität Roms, Marseille und Nizza blicken nicht hypnotisiert nach Paris, sogar die New Yorker sagen: «*New York is not America.*» Aber kein Bewohner Haifas, kein Bewohner Tel Avivs liebt seine Stadt so sehr, daß er nicht seufzte: «Jerusalem – das ist etwas anderes.» Jerusalem, das ist Israel.

Wir standen an diesem Nachmittag vielleicht eine Stunde lang stumm am Fenster unseres Zimmers im King-David-Hotel. Mein journalistischer Lehrmeister pflegte das Wort «unbeschreiblich» aus meinen Manuskripten zu streichen: «Wenn es ‹unbeschreiblich› ist, warum beschreibst du es dann? Aber», fügte er hinzu, «alles läßt sich beschreiben.» Alles? Auch Jerusalem? Ich weiß nicht. Der «Objektive Geist», von dem Hegel spricht, die Summe dessen, was man weiß und was man vor hundert Jahren gewußt hat und vor tausend, steht jeder Objektivität im Wege; bewundert man, was man sieht, oder erkennt man, was man nie gesehen hat; spielt das Gehirn dem Auge einen Streich oder verdunkeln atavistische Gefühle das Urteil; ist man noch hier oder schon fortgezaubert in die Vergangenheit, und ist man entführt ins Gestern, dann in welches, Klagemauer, Christi Kreuzigung, Mohammeds Himmelsritt, Sechs-Tage-Krieg?

Aus Gold und Silber ist die Stadt, über der jetzt das Licht des Nachmittags verfließt; man hat es erwartet und ist betroffen, denn Gold und Silber sind nicht massiv, es ist nicht das Gold und Silber eines Altars, eines Kirchenfensters eher, die feierlichen Farben sind durchsichtig, indem man auf Jerusalem hinabblickt, blickt man zu Jerusalem hinauf, die Sonne spielt mit, die Wolken spielen mit, Morgen und Mittag und Abend spielen mit, der Himmel scheint durch Kuppeln und Türme und Mauern und Häuser. Die hohe Mauer, welche die Altstadt umschließt, ist wie keine andere, die man zuvor gesehen, denn sie ist vollständig, ein verzerrtes Viereck, verzerrt und harmonisch, sie fristet kein zerbröckelndes Ruinendasein, sie schützt keine tote Welt, und auch keine neue Welt ist hinter ihren Toren entstanden: Was sie umfängt, ist in die Zeit gesetzt für immer, wie die Hand Gottes. Vom Monte Pincio blickt man hinab auf die andere Ewige Stadt, aber die hat sich gebreitet und ist gewachsen, und allerlei ist zwischen die gespreizten Finger Gottes geraten, die Hand Gottes liegt über Rom, darüber, doch sieht man auch Seinen Arm, der sich aus dem Himmel streckt, und Seine Finger reichen über die Stadt hinaus, über das Festland und die Meere, über die fünf Erdteile. Die Hand Gottes ruht nicht schützend über Jerusalem, Gott ist unter Jerusalem begraben. Aus der Erde Jerusalems streckt sich die Hand Gottes empor, die Hand des begrabenen Gottes, sie ragt aus der Erde, um mit fünf Fingern, die sich zu einem Pokal formen, das wenige zu wahren, das ewig ist. Die arme kleine Hand Gottes umfaßt nicht viel, den letzten Besitz des begrabenen Gottes. Zum Schutz des Grabes, aus dem die lebendige Hand ragt, sind die Mauern errichtet, Gott ist schutzbedürftig. Die Tore in der Mauer sind nicht Stadtpforten, eher die Schießscharten einer Burg, Damascus-Tor und Jaffa-Tor und Herodes-Tor und Löwen-Tor und Zions-Tor; über allen könnte das umgekehrte Dante-Wort stehen: Beim Eintritt hier laßt alle Hoffnungslosigkeit fahren! Die goldene Kuppel der Omar-Moschee auf dem Hügel Moriah, die silberne Kuppel der Aqsa-Moschee, zu ihren Füßen die Klagemauer, Westwall, am Jaffa-Tor die Zitadelle mit dem Davids-Turm, wie danebengedrängt, in der

Vogelperspektive, die Grabeskirche, Christi Grab, Golgatha, die Schädelstätte, es ist nicht viel Platz in der Hand des begrabenen Gottes, und das alles also, die Hoffnung der islamischen Welt, des Judentums, des Christentums, muß die kleine Hand umfassen, der Menschheit ganzer Glaube in einem Pokal.

Das alte und das neue Jerusalem. Unter unseren Fenstern der Swimming-pool des King-David-Hotels. Jenseits des Hotelgartens breite Straßen, rote und grüne Lichter wechseln, spielen in den Abend, Hunderte Automobile parken an der Stadtmauer, zur Linken Häuserblocks, große weiße aufgestellte Zündholzschachteln, Menschenmengen auf dem Weg von Büros und Geschäften; da, ein paar hundert Meter von uns, stand die Mauer, die Jerusalem in zwei Teile brach, am 29. Juni 1967 brach die Mauer, sie fiel um wie eine Spielkarte – die Photographie, die den Moment festhält, ist berühmt geworden wie jenes Bild von Iwo Jima, als die amerikanische Flagge über der Insel wehte. In einem alten Fremdenführer, nämlich drei Jahre alt, heißt es vom Davidsturm: «*Photographieverbot wegen der Nähe der Demarkationslinie.*» Unser Hotel hätte vor dem Sechs-Tage-Krieg von einem Artillerie-Bombardement aus Ost-Jerusalem in einer einzigen Stunde zerstört werden können, und ein solches Feuer fiel über das jüdische Jerusalem, am 5. Juni 1967. Das Feuer fiel über Wohnhäuser und Synagogen, Schulhäuser und Märkte, Krankenhäuser und Museen. Zwei Tage später, am 7. Juni 1967, am 28. Ijjar 5727 jüdischer Zeitrechnung, um zehn Uhr morgens, meldete Fallschirmjäger-Oberst Mordechai Gur, auch Mota genannt, geboren in Jerusalem, 1948 am Gazastreifen verwundet, 1956 in Sharm el-Sheikh abgesprungen, noch nicht vierzig Jahre alt – am 7. Juni 1967 meldete Oberst Mordechai Gur: «*Har Habajit bejadenu* – wir sind am Ölberg angelangt.» Jerusalem war heimgekehrt.

Noch ehe wir Jerusalem betraten, am Fenster stehend habe ich begriffen, daß Jerusalem für alle Zeiten der Erisapfel des Nahen Ostens bleiben wird, und kein Paris, möge er Jarring

heißen oder sonstwie, wird, urteilend zwischen den drei Göttinnen Christentum, Judentum, Islam, etwas anderes als einen neuen Trojanischen Krieg entfachen.
Am ältesten ist die jüdische Geschichte Jerusalems. Über tausend Jahre, bevor es 70 nach Christus von den Legionen Roms erobert wurde, war es die Hauptstadt des israelitischen Reiches gewesen; im Jahre 132 haben die Rebellen Bar Kochbas die Stadt genommen; römische Herrschaft, byzantinische Herrschaft, wieder jüdische Herrschaft; von 638 bis 1099 spricht man von der muselmanischen Periode, aber die Araber regierten von Bagdad und Ramle und Damascus; die Türken kamen und die Tataren und Mamelucken und die Kreuzfahrer; die Alliierten bezwangen es 1917 mit Hilfe der Jüdischen Legion; ein Jahr später legte Dr. Chaim Weizmann den Grundstein zu Jerusalems Hebräischer Universität. Jerusalem wurde siebzehnmal zerstört und ist siebzehnmal auferstanden: Symbol des Judentums. Die Mehrheit der Bevölkerung war immer jüdisch, alte Geschichte, neuere Geschichte: 1844 waren von ungefähr 15000 Menschen über 7000 Juden, 5000 Moslems, 3300 Christen, 1931 lebten rund 51000 Juden und je 19000 Moslems und Christen in Jerusalem, am Tage vor dem Juni-Krieg von den etwa 270000 Menschen 200000 Juden, 55000 Moslems, etwas über 13000 Christen. In Jerusalem ist König David begraben, in Jerusalem steht die Klagemauer, an der die Juden die Zerstörung des Tempels durch Titus beklagten, auf dem Moriah-Berg war Abraham bereit, seinen Sohn zu opfern, und es heißt im 137. Psalm: «*Vergesse ich deiner, Jerusalem, / so müsse meine Rechte verdorren! / Die Zunge müsse mir am Gaumen kleben, / wenn ich dein nicht gedenke, / wenn ich nicht Jerusalem setze / über meine höchste Freude!*»
Mystizismus? Alle Geschichte ist Mystizismus. Zeitrechnung und Religion hängen zusammen, sind beinahe eins, wo Religion beginnt, da beginnt die Zeit: auf Jahrhunderte, Jahrtausende kommt es nicht an. Hier wurde in einer Höhle Johannes der

Täufer geboren, Maria, die Mutter, ist hier begraben, die Stationen von Golgatha, Via Dolorosa, im Garten Gethsemane wartete er auf das Unvermeidliche, hier entschied sich das Volk für Barrabas und gegen Christus, hier wurde er ans Kreuz geschlagen, das Heilige Grab war das Ziel der Kreuzfahrer, hier wurde Gottfried von Bouillon beigesetzt, die Kreuzfahrer-Könige Baldwin und Godfroy ruhten hier. Und es heißt im 15. Kapitel des Markus: «*Elohi, Elohi, lama sabachthani – Mein Gott, mein Gott, warum hast du mich verlassen?*»
Historisches Recht? Und warum dann nicht das der Moslems? Es mag wahr sein, was die Israelis sagen, daß Jerusalem nie die Hauptstadt der arabischen Welt war, daß es nur eine der drei heiligen Stätten des Islams ist, im Schatten von Mekka und Medina, aber hier sind die Fußspuren Mohammeds, wie an die Auferstehung Christi die Christen glauben, so glauben die Moslem, daß von dem Felsen, auf dem jetzt die Felsen-Moschee steht, Omar, Mohammed zum Himmel stieg, hier steht Aqsa, die «entfernte Moschee», da wurde 1951 der Vater König Husseins erschossen, der kluge König Abdallah, und ursprünglich stand auf der Wand der Omar-Moschee: «*Dieser Dom wurde von Abd el-Malek, dem Sohn des Marwan, dem Befehlshaber der Gläubigen gebaut im Jahre 72, und Allah hat ihn empfangen aus seiner Hand und hat ihm seinen Schutzsegen versprochen. Amen.*»
Wem, nun, «gehört» Jerusalem? Die Geschichte wird es nicht entscheiden, das Alte Testament wird es nicht entscheiden, nicht das Neue Testament und nicht der Koran. Die Satzung der Vereinten Nationen am allerwenigsten.
Das Problem Jerusalem versinkt in einem Meer von Emotionen. Religion ist Gefühl, «religiöses Denken» ein Widerspruch in sich. Wenn Jerusalem nicht Jerusalem wäre, ließen sich Tatsachen nicht leugnen. Jerusalem ist eine unteilbare Stadt, wie alle Städte unteilbar sind, man kann ihr Herz nicht herausschneiden, ihre Gliedmaßen nicht amputieren, Städte wachsen von selbst und in alle Richtungen, der Vater wohnt im Süden,

der Sohn im Osten, die Städte streben auseinander und streben zusammen und werden jeden Tag neu geboren, und wenn Staatsmänner oder Militärs Drahtverhaue ziehen und Mauern errichten, dann sind es nicht Staatsmänner und Militärs, es sind Mörder, und wer eine Stadt mordet, der mordet seinen Bruder. Jerusalem ist eine unteilbare jüdische Stadt, weil die überwiegende Mehrzahl ihrer Bewohner – der ganzen Stadt, es gibt keine halben Städte – Juden sind, und weil Juden in zwanzig Jahren den westlichen Teil der Stadt, den ihnen zugesprochenen, aufgebaut haben zu einer Stätte des Wissens und der Kunst und der Heilung und des Fortschritts – das Hadassah-Hospital und die Hebrew University und das Israel-Museum und die Knesset und die Kongreßhalle Binjenei Ha'uma und der Biblische Zoo und Artist's House –, während der östliche Teil der Stadt hindöste in Schmutz und Elend, in kleinlichem Schacher und mittelalterlicher Unterdrückung. Jerusalem ist eine jüdische Stadt, weil die Grenze eines Staates nicht mitten durch eine Großstadt laufen kann; es gibt Grenzstädte, aber Grenzen durch Städte sind eine Reißbrett-Perversität von Friedensverträgen; der nächste Angriff auf den israelischen Staat würde die Stadt zerstören, würde Jerusalem zerstören; ist die Existenz des Staates Israel anerkannt – und anerkannt wurde sie in der Resolution der Vereinten Nationen am 29. November 1947 von 33 Staaten, die Sowjetunion nicht ausgenommen –, dann ist die natürliche Hauptstadt dieses Staates, Jerusalem, unteilbar. Jerusalem ist schließlich eine jüdische Stadt, weil man nicht ewig in der Heuchelei verharren kann, daß der Ausgang von Kriegen gleichgültig ist; die Israelis haben den Sechs-Tage-Krieg nicht heraufbeschworen – «*Meine Söhne ... mit der Hilfe Gottes werden wir uns treffen in Tel Aviv und Haifa*»*:* Präsident Aref von Irak –, die Israelis haben den Krieg gewonnen, und verlangt man jetzt von ihnen, «originell» zu sein und die «Beute» herauszugeben, können sie sagen, was ein Abgeordneter des französischen Parlaments in der Todesstrafe-Debatte seinem Gegner zurief: « *Que Messieurs les assassins commencent* ... » Wenn, wenn Jerusalem nicht Jerusalem wäre ... Ein Blick auf Jerusalem genügt, um zu verstehen, daß Christen, Juden, Mohammedaner mit der gleichen inbrünstigen Sehnsucht, also mit dem gleichen inbrünstigen Neid nach Jerusalem greifen. Je tiefer in die dunkle Erde die Wurzeln eines Konfliktes gewachsen sind, desto üppiger grünen die Bäume der Gewalt: Die altmodischen Kriege sind die blutigsten. Ein Religionskrieg im Atomzeitalter ist ein paradox-pathologisches Symptom, die Krankheit deshalb nicht geringer: Neben Jerusalem gibt es auch Belfast. Nichts gelernt zu haben, ist das Charakteristikum der wissenschaftlichen Epoche.

Jerusalem – ein religiöses Problem also?

Ein religiöses Problem, ohne Zweifel, doch eben « religiös » ist es unlösbar. Wie viele Geschichtsbücher, Pandekten, heilige Schriften man auch herbeischleppen mag: Keine der drei großen Religionen wird beweisen können, daß eine ihrer heiligen Stätten « heiliger » ist als die andere. Christus wurde hier gekreuzigt, David liegt hier begraben, Mohammed ritt von hier zum Himmel – der Glaube ist keine Frage der Anciennität und die Hand Gottes keine Reliquie, die man in einer Prozession mit sich führt. Die heiligen Stätten der Juden nicht heiliger als die der anderen. Ich sah den wunderbaren Film des Franzosen Dassin, Originalaufnahmen von der Befreiung der Klagemauer. Der Krieg hält den Atem an. Junge Soldaten in schmutzigen Uniformen, Maschinengewehrgurt als Betschal, legen ihre Hände an die Mauer der Klage, über die Wangen der Generale im Stahlhelm rinnen die Tränen, Hunderte Menschen laufen auf die Mauer zu, dann sind es Tausende, mit ausgestreckten Armen laufen sie, dünne Juden im Kaftan und alte Frauen und stolpernde Kinder und Soldaten mit der Maschinenpistole, die Qualen des Tantalus sind zu Ende, er ißt von den Früchten, er schlürft das Wasser. Am meisten rührte mich ein anderes Bild: der oberste Seelsorger der israelischen Armee,

Oberrabbiner General Slomo Goren, ein alter Mann mit einem wallenden weißen Bart, die kleine Militärmütze über der hohen Stirn ist verrutscht, mitten in den Kämpfen ist er hierher geeilt, das Horn der Juden hält er in der Hand, er bläst den Schofar. Aber der Pilger, der durch die Via Dolorosa schreitet, ist nicht minder gerührt, und nicht minder gerührt ist der alte Araber, den ich aus der Ferne bei der Fußwaschung vor der Omar-Moschee beobachtete. Ich selbst – wenn mich die Bilder so tief ergreifen, dann nicht, weil Juden an ihrer Klagemauer stehen, sondern weil seit der Teilung der Stadt kein Jude diese Mauer berühren durfte, weil er es jetzt darf. So geht es nicht, so ist das Problem nicht zu lösen.

Und es ist doch so einfach. Zukunft ist eine Lehre der Vergangenheit. Wie sieht sie aus, diese Vergangenheit?

Ende Mai 1948 meldete Abdullah el-Tal, Kommandeur der gegen die Juden eingesetzten jordanischen Streitkräfte: «*Nur vier Tage nach unserem Einmarsch in Jerusalem wurde das jüdische Viertel ein jüdischer Friedhof.*» Aus den Synagogen wurden Pferdeställe, in Synagogen verrichteten arabische Soldaten ihre Notdurft, die Bücher der Kabbala auf dem Scheiterhaufen, tausendjährige Schriften verbrannt, die Mauern abgerissen. Wir haben jetzt, 1970, den jüdischen Friedhof auf dem Ölberg gesehen. Tausende umgeworfene Steine, von 50000 Gräbern nur 12000 noch halbwegs erhalten, mitten im jüdischen Friedhof eine Moschee, Grabsteine als Stufen, darauf tritt man, die Gräber aufgewühlt, ganze Reihen von Gräbern als Laufgräben der Latrinen verwendet, ein Grab als Benzinstation, Grabsteine zum Häuserbau abtransportiert, das Haus eines jordanischen Offiziers ganz aus Grabsteinen, über Gräbern ein Parkplatz – den Grabstein der Dichterin Else Lasker-Schüler hat man noch gefunden, ihr Grab nicht mehr. Von den fünfunddreißig jüdischen Gotteshäusern im alten Teil Jerusalems wurden bei der jordanischen Besetzung im Mai 1948 vierunddreißig dem Erdboden gleichgemacht. Ein Geleitzug mit

jüdischen Ärzten und Krankenschwestern wurde am 13. April 1948 überfallen: Siebenundsiebzig Ärzte und Schwestern wurden getötet.
Im Juni 1967 waren die Korrespondenten der angesehenen englischen Zeitungen Sunday Times und Sunday Telegraph während sämtlichen Kampfhandlungen in Jerusalem. Sie berichteten von der Verwandlung mohammedanischer Heiligtümer in militärische Stützpunkte: Die Heilige Grotte unter der Omar-Moschee ein Munitionslager, die Minarette der Omar- und El-Aqsa-Moscheen Quartiere der Heckenschützen, die östlichen Mauern des Haram Al-Sharif-Geländes Artilleriepositionen. Die jordanische Armee schonte keine christliche Stätte, die ihr im Wege stand, sie feuerte auf die Dormition Abbey. Der Sunday-Telegraph-Kriegsberichterstatter Royce Jones berichtete von der Furcht christlicher Araber, die ihm sagten: «*Nach dem Samstag kommt der Sonntag – unser Sprichwort heißt, daß, nachdem die Juden geschlachtet worden sind, die Reihe an die Christen kommt.*»
Als am 5. Juni 1967 der norwegische UNO-General Odd Bull dem jordanischen König mitteilte, daß Israel Ost-Jerusalem nicht angreifen werde, wenn die Jordanier West-Jerusalem schonen, erklärte König Hussein, er habe «keine Wahl».
Und, in der Tat, es besteht keine Wahl. In der zweiundzwanzigjährigen Geschichte des Staates Israel ist keine einzige heilige Stätte des Islams oder der Christenheit von einem Juden angegriffen, zerstört oder auch nur wissentlich entheiligt worden. Bereits am 27. Juni 1967 verabschiedete die Knesset ein von dem Präsidenten Shneor Zalman Shazar, dem Ministerpräsidenten Levi Eshkol und dem Minister für religiöse Angelegenheiten, Zerah Wahrhaftig, unterzeichnetes Dekret, wonach schon geringe Vergehen gegen die Heiligen Stätten mit Kerker von fünf Jahren, gewisse andere mit Kerker von sieben Jahren bestraft werden. Wenige Tage nach Beendigung der Feindseligkeiten empfing Levi Eshkol die Repräsentanten der Christen und Muselmanen; der Zugang zu den Heiligen Stätten, die in

der Altstadt für Juden von 1948 bis 1967 gesperrt waren, wurde für Pilger aller Religionen freigegeben. Dreihundert beschädigte Häuser von Mohammedanern wurden mit Hilfe der Regierung aufgebaut, für die Wiederherstellung von christlichen Stätten, welche die jordanische Armee beschädigt hatte, setzte Israel sogleich 200000 Pfund aus. Die ersten christlichen Würdenträger, die Jerusalem nach dem Sechs-Tage-Krieg besuchten – der Patriarch der Äthiopischen Kirche, Theophilos, der Patriarch der Griechisch-Orthodoxen, Benedictos, der armenische Patriarch und der katholische Bischof Don José Gonçalves da Costa von Brasilien –: Sie alle sprachen der israelischen Regierung ihre dankbare Anerkennung aus. Am rührendsten aber war das Zeugnis der «kleinen Nonnen» des Hospizes St. Vincent de Paul von Jerusalem, die in einem spontanen Brief an die Londoner Catholic Herald gegen die arabische Greuelpropaganda protestierten: «*Krieg ist Krieg, und die Juden führten ihren Krieg mit dem einzigen Ziel, ihre Existenz zu bewahren, indem sie zugleich jedes Menschenleben, das sie nur konnten, retteten.*» Offenbar gibt es von der Kriegsregel, daß sich Soldaten an Nonnen vergehen, wenigstens eine Ausnahme.

Die Frage ist also nicht, wer Jerusalem besitzt, sondern wer Jerusalem behütet. Vergangenheit und Gegenwart haben die Frage beantwortet. Der Islam hat sein religiöses Recht auf Jerusalem nicht verscherzt, denn Mohammed wußte nicht, was in seinem Namen geschehen würde. Das Christentum hat sein religiöses Recht auf Jerusalem nicht verscherzt, denn Christus wußte nicht, was in seinem Namen geschehen würde. Aber der jüdische Friedhof am Ölberg wurde zerstört, und kein islamischer Friedhof in Israel wurde zerstört. Aber jüdische Friedhöfe in Los Angeles und in Köln und in Arras wurden zerstört, und kein christlicher Friedhof in Israel wurde zerstört.

So einfach ist das. Oder nicht? Könnte man nicht sagen, die Juden seien zu klein und zu schwach, deshalb legten sie es sich nicht an mit den gigantischen Mächten Islam und Christentum. Mag sein. Was beweist es? Es beweist, daß der Glaube bei den Schwachen am besten aufbewahrt ist. Es gibt einen alten Spruch in Jerusalem, so alt, daß niemand mehr weiß, woher er stammt: «*Zehn Maß von Schönheit kam in die Welt; Jerusalem bekam davon neun Maß, die übrige Welt eins. Zehn Maß von Leid kam in die Welt; Jerusalem bekam davon neun, die übrige Welt eins.*» Und weil auch die Juden von zehn Maß Leid neun Maß bekamen, sind ihnen die Stätten des Glaubens, ist ihnen Jerusalem anvertraut.

Jerusalem-Tagebuch

Die Lektüre des Polizisten

Vor der Tür des Nebenzimmers saß ein Polizist. Er grüßte, als wir vorbeikamen. In seinem graublauen Hemd, mit den Fallschirmjägerstiefeln, Pistole auf der Hüfte, mit den kurzen, blonden Haaren, der Schrankkoffer-Figur, unter der sein Lehnstuhl verschwand, sah er wie ein Texas-Ranger aus. In der Nacht, als wir heimkehrten, saß ein anderer da. Am Morgen wieder ein anderer. Alle sahen wie Texas-Rangers aus, oder wie Sherifs, in den Wild-West-Filmen. Alle grüßten.

Und alle waren merkwürdig. Wir sagten nur Schalom, Schalom, aber wir lernten ein Stück Israel kennen. Neben jedem der drei Polizisten, die sich ablösten, lag ein Haufen von Büchern und Zeitschriften. Einer las Agnon. «Ein Agnon-Verehrer», sagte das Stubenmädchen. Ein anderer las Atlantic Monthly. Sie blickten aus ihrer Lektüre nur auf, wenn wir vorbeikamen. Schalom, Schalom.

Sie bewachten Angie E. Brooks, die Außenministerin von Liberia, Präsidentin der Vollversammlung der Vereinten Nationen. Wir begegneten ihr überall, in der Knesset, bei Empfängen, in der Hotelhalle, auf den Straßen. Eine riesige Negerin wie aus «Gone with the Wind», mit einem kleinen Engelsgesicht unter dem Turban. Sie grüßte jeden, noch ehe man grüßen konnte. Bevor wir in Jerusalem ankamen, war sie für eine Woche verschwunden gewesen. Grippe, hatte man gesagt, sie werde im Hadassah-Spital gepflegt. Sie war im Hadassah-Spital gewesen, aber sie hatte keine Grippe. Mit einem schweren Augenlei-

den war sie nach Israel gekommen, ratlos. Wahrscheinlich wiederholten die Ärzte im Hadassah-Krankenhaus den israelischen Refrain: «Wir werden es schon schaffen.» Sie schafften es. Deshalb grüßte sie alle, noch ehe man grüßen konnte. Ihr Sohn begleitete sie. Wir sahen ihn in der Hotelhalle, das Juden-Käppchen auf dem schwarzen Kopf. Er grüßte nach rechts, er grüßte nach links, Schalom, Schalom. Es war ganz überflüssig, Angie Brooks zu bewachen.
Aber wir lernten von den Polizisten im King-David-Hotel, was zu erfahren auch in einem Gefechtsstand am Suezkanal nicht leicht wäre. Rechtsanwälte sind bessere Landarbeiter. Und Agnon-Leser sind bessere Soldaten. Natürlich nur, wenn sie wie Texas-Rangers aussehen.
Im übrigen hat Chagall zwölf Fenster im Hadassah-Spital gemalt.

Dichter und Fallschirmjäger

Wir lernten Jerusalem bei Nacht kennen.
Botschafter Arieh Aroch, Direktor der kulturellen und wissenschaftlichen Abteilung des Außenministeriums, hatte uns zum Abendessen gebeten. Wir nahmen den Aperitif in seiner Wohnung. Die Wohnung klein, um so kultivierter, Sammlung von alten Kacheln aus Delft. Die modernen Gemälde fielen mir auf, der Einfluß Chagalls unverkennbar, dann Abstraktion, dann gegenständliche Originalität. Aroch gehört zu den bedeutendsten Malern Israels; er will sich bald zurückziehen, sagte er, sich nur noch der Malerei widmen. Mit Politikern, die Maler sind, hat man es leichter. Seine hübsche, lebendige Frau spricht ein halbes Dutzend Sprachen.
Die Arochs hatten einen der erfolgreichsten jungen Dichter Israels eingeladen. Hava Bitan, die mit von der Partie war, hatte mich gewarnt – mein schlechter Ruf war offenbar nach Israel gedrungen –: Unser Dichter stünde sehr weit «links». Sie

wird wohl gemeint haben, daß er für die Rechte der Arbeitenden eintritt; welche Gesinnung sollte ein Dichter sonst haben, was hat es mit «links» zu tun? Er hat zu den ersten Fallschirmjägern gehört, die in Ost-Jerusalem eindrangen. Die Paraschutisten singen sein Lied. Die junge Linke in Europa oder Amerika würde das kaum verstehen.

Wir aßen in einem ausgezeichneten Restaurant, Chez Simon. Da ich ein Snob bin, fiel es mir auf, daß die Sitzordnung streng protokollarisch war. Da ich kein Snob bin, sagte ich dem Botschafter, daß es mir auffällt. Er erzählte mir, daß schon Herzl auf das Protokoll im künftigen Staat großes Gewicht gelegt hat. Alle israelischen Staatsmänner haben danach gehandelt. Man kann die Tradition nicht bewahren, wenn man ihre Formen über Bord wirft. «*Darum denke ich mir eine aristokratische Republik*», schrieb Herzl. «*Das entspricht auch dem ehrgeizigen Sinne unseres Volks, der jetzt zu alberner Eitelkeit entartet ist. Manche Einrichtung Venedigs schwebt mir vor; aber alles, woran Venedig zugrunde ging, ist zu vermeiden.*»

Nach dem Abendessen fuhren wir nach Ost-Jerusalem. Der junge Dichter wollte uns den Weg der Fallschirmjäger im Sechs-Tage-Krieg zeigen.

Wir kamen aus dem Westen der Stadt, die Straßen waren voll, kein freier Parkplatz, junge Menschen vor den Kaffeehäusern, die Lichtschlangen über den Toren der Kinotheater bissen sich in den Schwanz.

Hinter der Mauer schlief die Altstadt. Eine schlafende Stadt hat ein Gesicht, aber keine Augen und keinen Mund. Man weiß nicht einmal, ob sie einen versteht, vielleicht stellt sie sich nur schlafend. Die Straßen waren spärlich beleuchtet, aber wir bemerkten es kaum; es lag an den sonnengelben Mauern. Von oben gesehen war Jerusalem wie aus Gold und Silber gewesen, die Natur kennt kein Gold und Silber, nur in den Tiefen der Bergwerke gibt es Gold und Silber, bei Nacht ist Jerusalem sonnig. Die Via Dolorosa war ausgestorben, die Kirchen traten in den Schatten zurück, sie kündeten nicht den Sieg Christi, der Asphalt brach auf, ein wegloser Weg, Steine des Leidens, Leiden des Gesteinigten, bei Nacht ist die Via Dolorosa eine leidende Straße. «Das ist das griechisch-orthodoxe Kloster von St. Charalampos», sagte der Botschafter, aber das Kloster hatte sich in die Dunkelheit geduckt, ein Lämpchen schaukelte über der Straße, der Weg gehörte dem armen Mann, der ihn gegangen war; hier, an der achten Station, hatte er den klagenden Frauen gesagt: «*Ihr Töchter Jerusalems, weinet nicht über mich; weinet vielmehr über euch und über eure Kinder!*»

Bei Tag ist das alte Jerusalem anders.

Bei Tag ähnelt das äußere Bild Jerusalems Tiberias oder Nazareth oder den Städten und Dörfern in den besetzten Gebieten. Schon bei der Ankunft in Haifa hatten wir es empfunden – erste Eindrücke sind oft die richtigsten –: Israel ist der Okzident im Orient. Da liegt, wer weiß, das tiefste Problem des jungen Staates. Jahrhundertelang waren die Juden Fremde in der Fremde gewesen, jetzt sind sie sie Fremde zu Hause. Palästina ist ihre Heimat, Asien nicht ihr Erdteil. Die Amerikaner wußten, was sie taten, als sie die Indianer in Reservationen sperrten. Solcher Unmenschlichkeit wären die Heimgekehrten nicht fähig, auch wenn sie die Macht der Unmenschlichkeit besäßen. Sie verstehen nicht, daß die Araber Fortschritt als Kolonisation empfinden, und die Araber verstehen nicht, daß Fortschritt etwas anderes sein kann. Mit der Zeit mögen sie es begreifen, die jüdisch-arabische Zusammenarbeit im «alten» Israel ist ein optimistischer Beweis. Man läßt den Juden keine Zeit, den Arabern auch nicht. Israel gleicht jenen russischen Puppen, in denen sich andere Puppen befinden, und in diesen wieder andere. Nur ähneln sich die größeren und kleineren russischen Puppen; die israelischen Puppen ähneln sich nicht. Eine jüdische Puppe in der großen arabischen, dann wieder eine arabische in der jüdischen, dann wieder eine jüdische in der arabischen. Alle sind mit Dynamit geladen, das gefährlichste Spielzeug der Welt.

Das alte Jerusalem bei Tag. Arabermarkt unter den Arkaden, Hammelkeulen hängen am Fleischerhaken, Hunderte Säcke mit den Gewürzen des Orients, ein Mann im Burnus bahnt seinem Esel einen Weg, islamische Reliquien, Fußwaschung vor der Omar-Moschee, ein Mohammedaner liegt auf dem Boden, Kaffeeservice aus Messing, ein kleines Mädchen führt einen blinden Araber, Araber feilschen mit Arabern, mit den Reisenden feilschen sie nicht, erwachter Stolz, jemenitische Stickereien flattern im Wind, Briefmarken werden verkauft, jordanische, mit dem Bild König Husseins, ein Araber jagt bettelnde Kinder davon, *Open for business.* Aber das ist keine Reservation. Öllämpchen von israelischen Ausgrabungen, Garantieschein wird mitgeliefert, Jeeps mit Soldaten, Photoläden, die Juden im Kaftan darf man nicht photographieren, ein Fallschirmjäger geht neben einem alten Mann, sie gehen langsam auf die Klagemauer zu, Motorenlärm, Forum Romanum, die Rufe aus den Moscheen werden von Hämmern unterbrochen, Bulldozer, an einem neuen Hotel wird gezimmert, jüdische Touristen aus Amerika kaufen die Herald Tribune. Christliche Puppen. Gesang aus den Kirchen, Heiligenbilder, Pilger beten und photographieren, photographieren und beten, wie ein Pinguin watschelt eine alte Nonne vorbei, ein Priester von einer Schulklasse gefolgt, griechisch-orthodoxe Kreuze, die Glocken läuten. Jenseits der Mauer Wolkenkratzer, die Hebrew University, die Knesset, das Hadassah-Spital, hier verkrustet der Schmutz, dort wirbelt der Staub der Baustellen, dort schreitet die Zeit, hier steht sie still, alles zum Greifen nahe, der Orient ist in den Okzident gezwängt, jenseits des Okzidents liegt wieder der Orient, die Zeit ist eine tickende Zeitbombe.
In der Nacht liegt das alte Jerusalem in einem trotzigen Schlaf. Der Trotz beginnt, wo das Geschäft aufhört. Durch die Via Dolorosa hallen die Schritte der arabischen Polizisten, sie tragen israelische Uniformen. Kein offenes Fenster, kein Licht

hinter geschlossenen Fensterläden, Restaurants und Cafés sind längst verriegelt, verhängte Scheiben, kein Blick ins Innere. «Fremde staunen, daß Jerusalem so sicher ist bei Nacht», sagt der Botschafter. Ja, der Fremde ist sicherer als der Weiße in Harlem; es gab Zeiten, als auch der Weiße in Harlem sicher war. Der Befehl der jordanischen Streitkräfte an die Imam Aly Ben Abi Taleb-Brigade von Jerusalem lautete: «*Es ist die Absicht des Hauptquartiers Westfront, einen Angriff gegen die MOTZA-Siedlung zu richten, sie zu zerstören und alle ihre Bewohner zu töten.*» Das war am 7. Juni 1966, ein Jahre vor dem Sechs-Tage-Krieg. Das ist erst vier Jahre her. Trügerische Sicherheit.
Zwischen dem Sechs-Tage-Krieg und Januar 1970 wurden in Israel 999 Terrorakte begangen, 144 im «alten» Israel, 855 in den eroberten Gebieten. Seither haben sie sich verdoppelt. Jerusalem blieb von Terrorakten beinahe ganz verschont, noch immer. Die Israelis sprechen voll Hoffnung vom Zusammenleben in Jerusalem. Es ist die subjektive Wahrheit. Nirgends in den besetzten Gebieten habe ich in so viele haßerfüllte Augen geblickt wie in den Straßen Ost-Jerusalems. Sogar der Händler, bei dem wir ein Kleid für Licci erstanden, maß uns voll Haß. Ich habe im Zweiten Weltkrieg über ein halbes Jahr unter Arabern gelebt; ich kenne ihre geschäftstüchtige Servilität. Wer lange unterdrückt war, ist tüchtig. Hier ist davon nichts zu spüren. Je größer die Niederlage, desto größer der Stolz. Sieger achten manchmal die Besiegten, die Besiegten verachten immer die Sieger. Über Völkerhaß lassen sich Brücken bauen; die Brücken über den Religionshaß sind morsch.
Es spricht für die Israelis, daß sie den Fanatismus der Araber unterschätzen; es spricht gegen die Israelis, daß sie die Bestechlichkeit der Araber überschätzen. Die Jordanier haben 73 bedürftige Familien in Ost-Jerusalem unterstützt, die Israelis unterstützen 3300, neuntausend Familien führen sie fremde Hilfe zu. Im Hadassah-Spital werden täglich 80 bis 100 Patienten aus Ost-Jerusalem betreut, besser als in irgendeinem jordani-

schen Spital. Rund 1 000 Wohnungen wurden in Ost-Jerusalem gebaut, der Fremdenverkehr sprengt die 2000 Hotelzimmer, die Zahl der Pilger hat sich verdoppelt. Man folgt dem Blick eines jungen arabischen Händlers, mit dem er einen vorbeieilenden Rabbiner mustert – und weiß, wie wenig das alles bedeutet. Man sieht einen kauernden Araber, der sich von zwei kurzgeschürzten jungen Jüdinnen abwendet, er denkt an die verschleierten arabischen Frauen, er bewegt die Lippen: Er betet oder er flucht. Die jüdischen Soldaten tragen ihre Waffen im Gürtel, die Araber im Auge.
Die scheintote Stadt wartet auf den Morgen, das Scheinleben. Am 23. November 1967 hat Abdel Nasser über Radio Kairo verkündet: «*Der Krieg ist nicht beendet, er hat erst begonnen ... Wenn die Zeit kommt, werden wir zuschlagen.*» Das schlafende Jerusalem wartet auf seine Zeit. Hinter den herabgelassenen Rolläden wacht nur die Angst, Angst vor den Siegern, Angst vor Terroristen, die könnten sich einschleichen, sinnlose Heldentaten verlangen, Angst vor Freunden, Angst vor Verrätern. Man wartet nicht auf Yasir Arafat oder George Habbasch, man wartet auf Allah. Frieden? Frieden ist die Gewöhnung an die Niederlage. Es kann sein, daß sich die Araber Jerusalems an die Niederlage gewöhnen; jedenfalls gibt es keinen anderen Weg zum Frieden. Der Mensch ist so beschaffen, daß er sich nur mit der Hoffnungslosigkeit abfindet. Ich denke an einen Film, den ich kurz nach Ausbruch des Zweiten Weltkrieges sah, in Paris, ich hatte mich bei der Fremdenlegion gemeldet, ich wartete auf meine Einberufung, die Stadt war schon verdunkelt. Hieß der Film nicht «Fin du jour», Ende des Tages? Michel Simon spielte einen abgewirtschafteten Schauspieler. In der Nacht schleicht er durch die Korridore, vorbei an den verschlossenen Türen. Hinter den Türen erschallt Applaus, Applaus, Applaus. In ihren Altersheimbetten träumen verschollene Stars von verschollenem Applaus. Hinter den verriegelten Türen und verschlossenen

Fenstern von Jerusalem hörte ich den Kriegsruf der Araber. Das schlafende Jerusalem träumt von der Nacht der Rache. *«Ihr Töchter Jerusalems, weinet nicht über mich; weinet vielmehr über euch und über eure Kinder!»*

Bei Abba Eban

Der Außenminister empfängt uns in seinem Haus. Es gehört ihm nicht, es ist die Residenz des Außenministers, Golda Meir bewohnte es vor ihm. Ein schlichtes Bürgerhaus mit einem kleinen Garten – für den Botschafter eines Entwicklungslandes wäre es zu bescheiden. Allerdings besitzen die Botschafter der Entwicklungsländer nicht so viele schöne alte Bücher. Abba Eban kommt aus der Bibliothek, Suzanne Eban vom Garten. Ich kenne ihn nur von Photographien, von der Wochenschau, aus dem Fernsehen. Er ist nicht photogen – «im Leben» halb so beleibt wie auf den Bildern, halb so alt. Er ist fünfundfünzig, sieht jünger aus. Suzanne Eban ist blond, schlank, ein klassisches Profil mit einer kleinen Nase: Man denkt an Prinzessin Gracia von Monaco, geborene Grace Kelly.
Der in Südafrika geborene Minister spricht französisch, persisch, türkisch, arabische Dialekte, ein wenig deutsch. Wir einigen uns auf englisch. Er spricht es wie ein Cambridge-Professor. Er wollte Professor in Cambridge werden. Statt dessen wurde er Oberst des britischen Intelligence Service. Er bildete jüdische Freiwillige für Palästina aus, für das besetzte Europa; zehn Jahre vertrat er Israel in Amerika, seit 1966 ist er Außenminister. Das Wort «natürlich» ist aus der Mode gekommen wie das Wort «tugendhaft», und aus dem gleichen Grunde. Wörter für Begriffe, die verkümmert sind, verkümmern: Organe, die man nicht braucht. Abba Eban ist natürlich – Natürlichkeit ist keine Tugend, sie ist nur eine Rarität. Er strahlt die natürliche Ruhe von Menschen aus,

die keine Masken im Schrank haben. Die meisten Menschen sind nervös, weil sie ihre Masken suchen. Die natürliche Ruhe eines jungen Mannes, der nicht lügen gelernt hat. Manches, was er mir sagt, ist vertraulich, aber er sagt nicht, daß es vertraulich ist. Ich werde schon, wenn ich überhaupt etwas schreibe, nichts Indiskretes schreiben; er täte es auch nicht. *Innocent until proven guilty* – anscheinend hält er den alten englischen Rechtsgrundsatz für eine gute Basis menschlicher Beziehungen. Licci und ich, geübte Emigranten, haben gewisse Freunde, von denen wir sagen: Mit denen könnte man emigrieren. Abba Eban ist ein Kompagnon für schlechtes Wetter.

Die Weltpresse liebt es, Abba Eban als «Taube» zu bezeichnen. Das kommt wohl daher, daß man andere israelische Staatsmänner als «Falken» abzustempeln liebt. In Israel weiß man, daß die Ausdrücke in propagandistischer Absicht gebraucht werden. Sie stammen aus dem Vietnamkrieg und mögen für die konfliktierenden Ansichten der Amerikaner zutreffen. Die amerikanischen Falken wollen immer weiter fliegen, zum Beispiel nach China. Die weißen Tauben Amerikas treten für einen bedingungslosen Abzug der amerikanischen Truppen ein, die grauen für die «Vietnamisierung» des Krieges. In Israel kann es die einen so wenig geben wie die anderen. Der totale Abzug der amerikanischen Truppen aus Vietnam würde für die Sicherheit, würde gar für die Existenz Amerikas keine Gefahr bedeuten. Amerika müßte nicht auf die Früchte eines mit großen Opfern errungenen Sieges verzichten, da es zwar Opfer gebracht, aber bisher keinen Sieg errungen hat. Ein Rückzug Israels auf die Grenzen von 1967 wäre ein Selbstmord und ein Mordversuch am Weltfrieden. Eine «Vietnamisierung», anderseits, ist ein Widerspruch an sich, weil sich keine fremden Truppen auf israelischem Boden befinden. Es ist nichts zu «israelisieren», während mindestens 20000 Soldaten, Piloten, Techniker des Ostblocks auf arabischem Territorium stehen, so daß allein die Araber den Konflikt zu «arabisieren» vermöchten. Womit man im Westen die «Tauben» verwechselt – ihre Zahl ist geringer als die ihrer gefiederten Schwestern auf dem Markusplatz –, das sind die «weißen Falken», wie Abba Eban. Es sind keine Raubvögel, und sie turteln nicht. Es sind Wachvögel. Sie bewachen die Existenz Israels.

Die «weißen Falken», Israels Mehrheit, suchen das direkte Gespräch mit den Arabern. Es ist nicht, weil Israel die Araber demütigen möchte; sie sind viel zu sehr gedemütigt. Es ist auch nicht, weil sich Israel der Illusion hingibt, Verträge mit den Arabern würden seine Existenz garantieren. So lange die Beherrschung des Mittelmeeres und die Eroberung Europas das Ziel der Sowjetunion ist, wäre mit arabischen Garantien wenig getan. Die Nachfolger Stalins haben aus den Fehlern der Amerikaner gelernt, die im Zweiten Weltkrieg, des Churchill-Planes nicht achtend, Europas «weichen Unterleib», die Mittelmeerländer, unterschätzten.

Die Israelis drängen auf den Dialog mit den Arabern vornehmlich aus einem Grund, den sie nicht aussprechen können, ohne den Stolz der Araber noch mehr zu verletzen. Sie wollen den Arabern helfen, wenn auch nicht uneigennützig – sie hoffen, israelische Hilfe könne gegen arabische Friedfertigkeit eingetauscht werden. Die Sowjets lehren die Araber, mit Raketen umzugehen. Kein Volk ist beleidigt, weil man es lehrt, mit Raketen umzugehen. Die Israelis würden die Araber lehren, wie man die Wüste bewässert, und das ist ziemlich beleidigend. Im jordanischen Bürgerkrieg im Herbst 1970 sandte Israel 35 Lastwagen mit weit über 200 Tonnen von Mehl, Zucker, Öl und Milchkonserven über die Allenby-Brücke in das hungernde Land – daß es israelische Lastwagen und israelische Lebensmittel waren, hatte das Internationale Rote Kreuz nur nebenbei erwähnt. Die Zahl der Studenten in Israel ist von 1948 bis heute von 1790 auf über

35 000 gestiegen, die Zahl der wissenschaftlichen Veröffentlichungen hat sich verzehnfacht; Israels Atomreaktor in Nahal Sorek bedient sich Methoden, die kleinen Ländern sonst verschlossen sind; Israel besitzt 80 große Computeranlagen, die gesamte arabische Welt vierzig. Es war nicht schwer zu überprüfen, was mir Abba Eban sagte: Das kleine Land gewährt sein technisches *know-how* 50 Ländern in Afrika, Asien und Lateinamerika; jährlich kommen 1 500 Lernbegierige aus den Entwicklungsländern nach Israel. Das Volkseinkommen in Israel wird im Nahen Osten, auch die Türkei nicht ausgenommen, nur von Kuwait übertroffen – es beträgt pro Kopf an 1 500 Dollar, neunmal soviel wie in Ägypten, achtmal soviel wie in Syrien, sechsmal soviel wie in Jordanien. Das einzige Land des Nahen Ostens, das den Nahen Osten vor Elend oder Kolonisation, oder vor beiden, zu bewahren vermag, ist Israel. Entwicklungshilfe während man sich selbst entwickelt, und Entwicklung unter den Augen derer, denen man hilft, David nach einem Sieg über Goliath als Entwicklungshelfer für Gath – eine «jüdische Frechheit».

Das ist zugleich eine der größten Schwierigkeiten des Friedens im Mittleren Orient. Wenn das Angebot, die Länder des Nahen Ostens hinauszuführen aus ihrer Misere, öffentlich ausgesprochen wird, verletzt es den Stolz der Araber. Das Angebot, den Nahen Osten vor der Kolonisation zu bewahren, klingt weder in sowjetischen noch in amerikanischen Ohren verlockend. Die Selbständigkeit des Nahen Ostens ist keineswegs der Traum der Ölmagnaten von Texas, am wenigsten mit Hilfe der Israelis, deren sozialistisches System in den arabischen Ländern Schule machen und, zugleich mit dem Kommunismus, einen «antiken» Kapitalismus überwinden könnte. Noch weniger sind die Sowjets an der Unabhängigkeit des Nahen Ostens interessiert, nicht nur aus politischen und strategischen, auch aus wirtschaftlichen Gründen: Die Kolonisation durch Verschuldung – die Russen haben allein Ägypten zwischen 1967 und 1970 Rüstungsmaterial im Werte von mindestens drei Milliarden Dollar geliefert, vom Bau des Assuan-Dammes, der Nasser-Pyramide, ganz zu schweigen –, die Kolonisation durch Verschuldung und Aufrüstung ist der neue Imperialismus der Sowjetunion.

So hat das Abba Eban nicht gesagt, aber der Wunsch der israelischen Regierung, Leistungen gegen Friedensgarantien einzutauschen, ging aus seinen Worten unmißverständlich hervor. Kein Satz, keine Geste, kein Mienenspiel, die Haß und Fanatismus verraten hätten. Die jüdische Aggressivität, die man in der Diaspora oft beobachten kann, haben die neuen Israelis wie eine böse Erinnerung hinter sich gelassen. Und weil ich von «Tauben» und «Falken» gesprochen hatte, zitierte er Camus: «*Große Ideen kommen in die Welt wie Tauben. Es könnte sein, daß wir, wenn wir nur gut horchen, im Gebrüll der Imperien und Nationen, den leisen Flügelschlag vernehmen, das leise Rühren von Leben und Hoffnung.*» Zwar schien er an dem Friedenswillen der arabischen Führer zu zweifeln – «Wie soll man glauben, daß sie unsere Existenz anerkennen werden, wenn sie nicht einmal mit uns sprechen wollen?» –, aber ebenso zweifelte er daran, daß die Araber aus eigenem Antrieb handeln. Er meinte, arabische Friedensgarantien hätten doch einen Sinn – wenn sie auf einer Interessengemeinschaft beruhen.

Wie bei den meisten Israelis, fand ich bei ihm mehr Zuversicht, als ich mir selber abzuringen vermag. Er war vor kurzem aus Amerika zurückgekehrt und schilderte ein Gespräch mit Präsident Nixon. Das Gespräch hatte auf der gleichen Terrasse des Weißen Hauses stattgefunden, wo General Eisenhower im Herbst 1956 Abba Eban angefahren hatte: «Wann wollen Sie Ihre Truppen zurückziehen – Dienstag oder Mittwoch?» Der Ton hatte sich geändert. Auf meine direkte Frage, ob die Sowjets wissen, daß Amerika eine Vernichtung Israels nicht dulden würde, antwortete Abba Eban mit einem direkten Ja. «Aber es wird sich hoffentlich als überflüssig erweisen.» Obwohl jeder große Krieg scheinbar wegen einer Nation begann – der Erste Weltkrieg scheinbar wegen Serbien, der zweite scheinbar wegen Polen –, fürchten die Israelis nichts so sehr wie eine Weltkonflagration, die, sei es auch nur scheinbar, ihrethalben beginnen könnte.

Unsere Ansichten deckten sich nicht in allen Fragen. Es schien mir, daß Abba Eban die Erfolge der arabischen Propaganda erheblich unterschätzte – sei es, daß er die Schwäche der israelischen nicht kritisieren wollte, sei es, daß er im spröden Verzicht auf Beifall den meisten seiner Landsleute ähnelt. Auch in den Beziehungen Israels zu der Bundesrepublik Deutschland wollte er meinen Pessimismus nicht teilen. Der kühle Empfang, der ihm in Bonn gerade zuteil geworden war, hatte ihn nicht berührt. Er war über gewisse bedenkliche Erscheinungen in Deutschland informiert, aber, nicht anders als in anderen Wohnzimmern Israels, war die Atmosphäre auch im Salon des Außenministers von milder Temperatur. Es beeindruckte ihn, daß nun ein ehemaliger Emigrant auf dem Kanzlerstuhl sitzt; nichts wies darauf hin, daß Israel einen «Mann mit schlechtem Gewissen» an der Spitze der deutschen Regierung vorzöge. «Ich glaube», sagte er, «daß das Gerede von der ‹Normalisierung› der deutsch-israelischen Beziehungen keineswegs den Intentionen des Bundeskanzlers entspricht; Willy Brandt sagte mir, die Vergangenheit fordere noch für lange besondere Beziehungen zwischen Deutschland und dem jüdischen Staat.»

Das Gespräch wurde persönlicher – eine Freundin des Hauses war zu uns gestoßen. Abba Eban hatte von meinem bevorstehenden Vortrag in Jerusalem gehört, dem ich den Titel «Israel und die Krise der Intellektuellen» gegeben hatte. Er stimmte mir zu, daß der Zwang, zu dem israelischen Problem Stellung zu nehmen, eine Krise unter den Intellektuellen, auch der jüdischen, heraufbeschworen hat: Ablehnung des Antisemitismus und Furcht vor dem jüdischen Staat, Bangen um die jüdische

Existenz und Pazifismus um jeden Preis, Erinnerung an Auschwitz und Sympathien für die Palästinenser, die Erkenntnis, daß Judenfeindschaft ungehörig sei und sowjetische Hörigkeit. Abba Eban nickte: «Hätten wir den Sechs-Tage-Krieg verloren – die Intellektuellen hätten sich zweifellos auf unsere Seite gestellt. Mitleid mit den Juden ist eine Tradition, von der man sich schwer trennt.»

Frau Eban interessierte sich für unsere Eindrücke, insonderheit für unsere Begegnung mit jungen Israelis. Das war die Gelegenheit, mit meiner «Gallup-Befragung» fortzufahren: Würde im Frieden die letzte Insel, wo überbrachte Werte in Freiheit gepflegt werden, in der Flut des mörderischen Generationenkonfliktes untergehen?

«Wir sind von einem dauernden Frieden leider weit entfernt», sagte Abba Eban.

«Was in einem großen Teil der Welt heute als ‹modern› gilt», sagte Suzanne Eban, «dürfte, wenn es uns einmal vergönnt ist, in Frieden zu leben, längst überholt sein. Die Insel wird nicht verschwinden, weil sie keine Insel mehr sein wird.»

Von meinem Roman «Die Mission», dessen hebräische Ausgabe ich mitgebracht hatte, glitt die Unterhaltung zu der Frage über, wie es denn geschehen konnte, daß ich Israel nicht früher besucht hatte, und von hier war es nur ein Schritt zu dem Verhältnis zwischen den Israelis und der Diaspora. Abba Eban wandte sich ab, der offenen Gartentür zu; es war, als suchte sein Blick die zehn Millionen Juden, die den Weg nach Israel nicht gefunden haben. Bisher hatte er fast immer gelächelt, jetzt wurde er ernst.

«Ein Problem?» sagt er. «Es gibt kein Problem. Nicht mehr. Vor dem Sechs-Tage-Krieg – vielleicht. Wir konnten nie ohne die Juden der Diaspora existieren, aber wir wußten nicht, daß die Diaspora ohne uns ebenso wenig existieren kann. Die Juden der Diaspora haben immer ihre Hände nach uns ausgestreckt. Im Sechs-Tage-Krieg haben sie mit uns geweint.»

Dann ging er in sein Arbeitszimmer und brachte uns sein Buch «Dies ist mein Volk» – auf englisch und deutsch. In mein Exemplar hatte er geschrieben: «*To Hans Habe in friendship.*»

Sei gegrüßt, Rabbi!

Die verhältnismäßig geringe Bedeutung der Stilleben in der Geschichte der Malerei ist mir schon so früh aufgefallen, daß ich als Achtzehnjähriger darüber eine Betrachtung schrieb. Der Begriff «Stilleben» kam erst im achtzehnten Jahrhundert durch Houbraken auf; selbst wenn man die sprechendsten Stillleben von Dürer, Cranach, Kalf, de Heem, Manet, Matisse und Nolde mit der Landschafts- oder Porträtmalerei vergleicht, ist das Resultat dürftig. Der französische Ausdruck *nature morte* ist verräterisch, nicht weil die Natur tatsächlich «tot» ist – neben Mensch und Tier wirkt auch die Landschaft «tot» –, sondern weil der Künstler ihr Fortleben nach dem Tod, den Wechsel nach dem Ende, die Ewigkeit in der Vase nicht zu erfassen vermag. Der Mensch ist des Künstlers lebendiges Modell, die Landschaft färbt seine Leinwand, der Künstler lebt und ist mit dem Lebenden verwandt, leugnet er seinen Glauben an den Fortbestand, so kann er doch seinen Glauben an die Ewigkeit nicht leugnen, aber daß auch die geerntete Frucht, die gepflückte Blume, ja sogar das erlegte Wild lebt, übersteigt seine Phantasie; er nennt die Stille tot, er will, was er für tot hält, zum Leben erwecken – und scheitert.

Daran mußte ich denken, beim Besuch der christlichen Stätten Jerusalems. So wenig wie die Angehörigen anderer Religionen haben die Juden alle Worte ihrer Propheten befolgt, aber ein Wort Mose haben sie ernsthaft erfüllt: «*Ihr sollt euch keine Götzen machen, und Gottesbilder und Malsteine sollt ihr euch nicht aufrichten, auch keine Steine mit Bildern hinstellen in eurem Lande ...*» Vermutlich hat diese Folgsamkeit der Juden weniger mit ihrer Gläubigkeit als mit ihrem Charakter zu tun: Die Juden sind ein phantasiebegabtes Volk, Götzen und Gottesbilder und Malsteine aber sind schier unüberwindliche Hindernisse auf den Wegen der Phantasie. Die Phantasie ist eine Jungfrau, die erbleicht, wenn man sie berührt.

An einem einzigen Punkt des jüdischen Jerusalem – wir hatten kurz zuvor ergriffen an König Davids Grab gestanden – wurden wir an das christliche Attentat auf die Phantasie erinnert.

Wir erblickten die Klagemauer zuerst von oben, von einer Stufenstraße, die an ihr vorbei und neben ihr emporführt. Der «westliche Wall», Kotel Hama'aravi, der letzte Rest des heiligen Tempels, hat Plage und Krieg widerstanden, der Jagd auf die Juden und der Tyrannei ihrer Kerkermeister, dem Wetter und dem Unglauben und der Soldateska und dem Verrat, er widerstand der Zeit, dieser Mörderin, die wahllos mordet. Die Armen der Stadt sollen die Tempelmauer in Liebe errichtet haben, in störrischer Hoffnung haben sie sie bewahrt – neunzehn Meter hoch, 24 Steinlagen, winzig die Menschen an ihrem Fuß, das Leid wird klein, wenn es zum großen Leid hinaufblickt, das Leid des einzelnen hat sich in die Ritzen verkrochen, nur das Leid aller hat Bestand. Jahrhundertelang hat die geduldige Mauer dem Kummer der Juden gelauscht, ihren traurigen Geheimnissen, die Juden haben sie angeschrien oder angeflüstert, ihre grausamen Verluste haben sie ihr anvertraut, die Klage über ein verlorenes Kind oder ein geschlagenes Heer, über das Blut, das nebenan floß, in den Straßen Jerusalems, oder über das Gas, das sich in der Ferne ausbreitete, ihren ganzen Jammer über die gebrochenen Versprechen, die unerfüllten Verheißungen, die Verluste von gestern und heute und immer. Sollten sie vor diesem gigantischen Beichtstuhl aus Stein nicht auch ihre eigene Schuld beklagt haben, ihre Schwäche und Zerrissenheit und Flucht und Härte? Juden, die auszogen aus dem Heiligen Land, pflegten vor ihrer Abreise an der Mauer zu beten und in eine der Spalten einen Nagel zu stecken, um zu bekunden, daß sie festgenagelt seien an das Land des göttlichen Wortes; noch heute stecken Juden Zettelchen mit ihren Bitten zwischen die Quadersteine, Glauben und Aberglauben, und ein Wunder nur, daß die Mauer alle Klagen verschlungen hat und nicht zusammenbrach unter ihrer Last, daß sie alle Klagen aufgenommen hat und nicht, Klage über Klage häufend, in den Himmel gewachsen ist; aus Stein muß das Ohr Gottes sein, es hätte sich sonst längst geschlossen. «*Jetzt, da der Islam regiert*», schrieb ein amerikanischer Reisender, John Lloyd Stephens im Jahre 1835, «*und die Juden ihren Tempel nicht betreten dürfen, flüstern sie ihm aus der Ferne zu ...*» Am Festtag der Wochen, Shavuot, als die Mauer wieder «geöffnet» wurde, am 15. Juni 1967, strömten 200000 Juden aus ganz Israel herbei, um ihre Hände auf die Mauer des erfüllten Versprechens zu legen; nie waren es so viele, auch nicht am neunten Tag des Monats, Te'sha be-Av, dem Tag des Tempelsturzes.

Unten die kleinen Gestalten. Getrennt die Frauen von den Männern, Tücher und Schleier über den Haaren, Bänke und Stühle und Tische, die heiligen Schränke, Aron Kodesh, welche die Tora enthalten, mit blauem Samt überzogen, Rabbiner mit großen schwarzen Tellerhüten, Soldaten in Fallschirmjägerstiefeln, Männer in Hemdsärmeln, daneben die vermummten Gestalten der Orthodoxen, ein alter Mann hält seinen Kopf schon seit Minuten an die Mauer gepreßt, zwei junge Juden im Kaftan starren nach oben, Touristen stehen abseits, photographieren verstohlen, ein leises Murmeln, leise aber unaufhörlich, steigt zu uns hinauf. Zwischen den Steinen grünt das unverständliche Gras, ganze Büsche quellen aus den Steinen, bedecken sie, die Tempelmauer blüht.

Und doch keine Ergriffenheit, nicht so, wie wir sie erwartet haben. Vielleicht liegt es an dem Übereifer der Juden, die, dieses eine Mal in christlicher Hast, den Sieg des Glaubens feiern zu müssen glauben. Auf den alten Bildern ist die Klagemauer von armseligen Lehmhütten und verfallenen Häusern umgeben, steiniger Boden und Morast, Schmutz, Sumpf, Elend – «*sofort nach dem 7. Juni 1967*», rühmt der verräterische Reiseführer, « «*wurde der große Platz vor der Mauer von den Ruinen befreit.*» Israels Archäologen haben zwei weitere Steinlagen ausgegraben, zweitausend Jahre alt. Jetzt ist der Platz vor der Mauer mit Steinen ausgelegt, wie ein Marmorboden, gesäubert wie mit dem Staubsauger, wie in einem Park stehen die Bänke, die Gebetsstühle wie in einer gepflegten Synagoge, die Klagemauer ist zum Triumphbogen geworden. Jeremias klagt über Jerusalem: «*Die Wege nach Zion trauern, niemand pilgert zum Feste. / Alle ihre Tore sind verödet, ihre Priester seufzen, / ihre Jungfrauen sind verhärmt, / sie selbst hat bitteres Weh.*» Haben auch wir uns, wie Abba Eban sagte, an das Mitleid gewöhnt, erfaßt uns nur Rührung, wo wir mitleiden können? Oder ist es, weil überall in der Welt Klagemauern stehen, überall, wo es Juden gibt, steht eine Klagemauer, und überall, wo es sie gab, in Auschwitz, Bergen Belsen, Treblinka; überall, wo es einen Tempel gibt, steht eine Klagemauer, und überall, wo es sie gab und wo sie ausgebrannt sind. Allein die Klagemauer, doch gerade sie, ähnelt den heiligen Stätten der Christenheit in Jerusalem: Mahnmale des verlorenen Wettstreites mit der Phantasie; bei dem Stelldichein mit der Ewigkeit stellt sich nichts ein, der Mensch kann sich alles vorstellen, aber nicht die Auferstehung, unter seiner Hand verwelkt die Unsterblichkeit. Aus dem christlichen Jerusalem steigt kein Porträt des Porträtierten auf, es ist auch keine Landschaft. Es ist ein Stilleben, *nature morte.*

Eben deshalb wäre es unbillig bequem, den Managern der Christenheit die ganze Schuld zuzuschreiben. Das Pilgerbusiness ist eine sanktionierte Blasphemie, nicht nur, weil es ein Münzenhandel ist, sondern auch, weil der Götzenkult durch den bloßen Kult das Göttliche ins Götzliche verwandelt. Aber wenn die Phantasie des Pilgers versagt, wenn er vor der gegenständlichen Ewigkeit, der begrenzten Unendlichkeit, der aufgebahrten Unsterblichkeit erstarrt – warum sollte man dann von denen, die in den Jahrhunderten das Geschehene zu bewahren versuchten, mehr Phantasie verlangen? Blasphemie ist nur Mangel an Phantasie.

Das dunkle Grab der Maria, in dessen Tiefen ein junger christlicher Araber Kerzen verkauft – fast alle christlichen Fremdenführer sind Araber –, ist kein Grab mehr, denn es gibt keine Altäre in Gräbern, und hier gibt es vier, einen Altar der Armenier, einen der Griechisch-Orthodoxen, einen der Äthiopier, sogar einen Altar der Muselmanen. Der Felsen gar, auf dem der Mord an Christus geschah, ist in der Kreuzigungskapelle unter einem Altar versteckt: Lampen, Laternen, lebensgroße Ikonen, Reliquienschränke, Mosaike, Blumenvasen, Zierrat sonder Zahl, die glorreiche Niederlage nur noch ein armer Sieg. In der Antonia-Festung steht eine Statue, die an die Geißelung Christi erinnern soll; sie stand dort sicher nicht, als Christus gegeißelt wurde. Das Heilige Grab erblickt man, wenn man sich in eine Gruft zwängt, doch wird der schlichte Stein überragt von einem monströsen Konglomerat von übereinander geschichteten Räumen, ganzen Stockwerken, meterhohen Kerzen, Marmor und Mahagoni, miserablen Heiligenbildern, versteckten Kunstwerken, mahnenden Aufschriften, jämmerlichem Christbaumschmuck und pompöser Nichtigkeit. Via Dolorosa endlich, der Leidensweg, eine glatte Straße zwischen glatten Mauern, wie hätte hier das Volk auf ihn zuströmen, ihn verhöhnen oder ihn berühren können – die katholischen Prozessionen müssen einen Umweg über die Basarstraße machen, weil ihnen der direkte Zugang zur neunten Leidensstation von dem abessinischen Kloster verwehrt wird. So hat er es nicht gemeint.

Aber wie er es gemeint hat – das ist unvorstellbar. Blasphemisches Geschäft? Vielleicht nur, wer weiß, die Unfähigkeit der Architekten, das, was sich unter freiem Himmel zugetragen, unter ein schützendes Dach zu bringen, ohne es zu entstellen, der hilflose Versuch, den Sieg des armen Mannes zu symbolisieren, ohne aus ihm selbst einen Krösus zu machen. Hier und da wird die Phantasie wieder flügge – dort, wo man die Erinnerung dem Wetter aussetzte, dem auch der Trotzige aus Nazareth ausgesetzt war: der verfallene Herodes-Palast, an dessen Mauern die Schafe weiden, der steinige Weg zwischen steilen Wänden, der sich durch das Kidrontal zur Annakirche schlängelt, die verwitterten Treppen, die vom Zionsberg hinunterführen nach Gethsemane.

Die Sehnsucht nach Gethsemane kann auch der freie Himmel über dem Garten nicht wecken. «*Da kommt Jesus mit ihnen an ein Gut, genannt Gethsemane, und sagt zu den Jüngern: Setzet euch, bis ich dorthin gegangen bin und gebetet habe!*» Gethsemane – das hebräische Gath-Shamna: Ölpresse – war also ein Gut, oder, nach anderen Bibel-Übersetzungen, ein Gehöft; war da ein Ölgarten, so war er doch nur ein Teil des Gutes oder Gehöftes, einem Freund Christi hat es wohl gehört, freies Land am Fuße des Ölberges, ein Wald von Olivenbäumen, von dunklen Zypressen umfangen, eine Palme, ein Dattelbaum, und wenn Christus «dorthin» ging, dann muß «dort» weit genug gewesen sein, um sich den Blicken der Jünger zu entziehen. Heute nur ein Garten, eingezäunt, dem eines Pfarrhofes nicht unähnlich, und da ist sie ja auch, die Kirche, die den Garten bedrängt, eine Kirche mit zwölf kleinen Kuppeln, fein gerecht den verschiedenen Völkern gewidmet, und darin die Grotte, in der Christus gefangengenommen wurde: nun ist er gefangen in einer Kirche mit Marmorboden und leuchtenden Fresken. In dem gepflegten Blumengärtchen hätte ihn die vom Verräter geführte «*große Schar mit Schwertern und Stökken*» nicht lange gesucht – «*Sei gegrüßt, Rabbi!*» –; hier sieht es so aus, als hätte Judas gefragt: «Ist Monsignore zu Hause?» Und zu allem Überfluß zeigt der junge Araber in dem botanischen Garten auch noch einen Olivenbaum, einen bestimmten, der zu Christi Zeiten dort gestanden haben soll; er weiß es ganz genau.

Ich denke zurück an die Rührung, mit der ich zum ersten Mal von der Verhaftung Christi las, für die das Wort gilt, das der lange in Paris versteckte Jude Tristan Bernard bei seiner Verhaftung durch die Gestapo zu seiner Frau gesagt hat: «*Jusqu'à maintenant nous avons vécu dans la peur, désormais nous viverons dans l'espoir.*» Bis jetzt haben wir in der Furcht gelebt, jetzt werden wir in der Hoffnung leben.
Wie soll ich mir die Erinnerung an das Gethsemane meiner Phantasie bewahren?

Zwischenfall bei der Moschee

Der weite freie Platz, auf dem die Omar-Moschee mit der goldenen, die Aqsa-Moschee mit der silbernen Kuppel stehen – von hier ganz Jerusalem ein biblisches Panorama –, ist ein Marmorsaal des Glaubens.
Als wir ihn betraten, fiel uns nichts Ungewöhnliches auf – am Rande des runden Waschbeckens vor der Omar-Moschee saßen hagere Araber und wuschen sich die Füße. Dann entstand plötzlich, irgendwo zwischen Omar- und Aqsa-Moschee, ein kleiner Auflauf; von beiden Seiten liefen Polizisten, arabische und jüdische, welche die Moscheen bewacht hatten, auf eine Gruppe zu. Aus der Gruppe löste sich die Gestalt eines alten Juden im Kaftan – ein großer, breitschultriger Mann mit einem langen Bart; so müssen die jüdischen Kneipenwirte in Galizien ausgesehen haben –, hinter ihm ein junger Jude, im Kaftan auch er, rothaarig und schmal, als wäre er der Schatten des Alten in der Nachmittagssonne. Ein israelischer Polizist führte sie ab, ein Jude, und der schien sich in äußerst ungnädiger Stimmung zu befinden. Der arabische Polizist stand abseits – er hatte den jüdischen Kollegen herbeigerufen und war es nun zufrieden.

An diesem Tag hatte uns Beni gefahren, ein Sabra, ein kluger, munterer Junge, der sich indes – wie viele junge Israelis, einer der schwächsten Punkte des Landes, mit fremden Sprachen nur schwer behelfen kann. Beni schien auch keine besondere Lust zu verspüren, uns über den Zwischenfall aufzuklären. Er hatte nicht mit meiner professionellen Neugierde gerechnet.
Seit die Israelis Ost-Jerusalem verwalten, hüten sie die mohammedanischen Heiligtümer ängstlicher als die eigenen; seit der Brandstiftung eines australischen Christen in der Aqsa-Moschee hat sich die Vorsicht verdoppelt. Damals hatten die arabischen Führer zum «heiligen Krieg» gegen Israel aufgerufen; sogar der gemäßigte tunesische Staatschef Bourguiba hatte versucht, die Wahnsinnstat der israelischen Regierung aufzuhalsen.
Die beiden orthodoxen Juden, die jetzt an uns vorbeigeführt wurden, der Alte gewichtigen Schrittes und schweigsam, der Junge tänzelnd und gestikulierend, hatten kein Attentat geplant. Was sie getan hatten, schien uns anfangs von geringer Bedeutung: Sie hatten, mitten auf dem Platz, gebetet. Ein jüdisches Gebet auf dem Platz, von wo Mohammed auf eine Nacht in den Himmel ritt, betrachtet der Islam als Entheiligung des Ortes. Deshalb hatten die israelischen Polizisten eingegriffen.
Warum aber hatten – eine seltene Ausnahme, sagte man uns – die beiden Juden die einfache Verordnung nicht geachtet? Ihr religiöser Fanatismus ging ihnen über die Interessen des Staates. Für den Vorfall eine einleuchtende Antwort, doch gehört der Fanatismus der orthodoxen Juden zu den kompliziertesten Problemen Israels – auch ein friedliches Israel könnte es so leicht nicht lösen.
Sechsundachtzig Prozent der Bevölkerung Israels besteht aus Juden. Israel hat, ich erwähnte es schon, drei religiöse Parteien mit insgesamt 18 von 120 Abgeordneten des Parla-

ments. Obwohl sich nur die Agudat Israel mit vier und die Poalei Agudat Israel mit zwei Abgeordneten als «orthodox» bezeichnen, faßt die größte der drei Parteien, die Mafdal, die Gesetze der Tora, die religiöse Tradition des Judentums und die Verquickung von Staat und Staatsreligion ebenso wörtlich auf. Sind fünfzehn Prozent der Israelis orthodox? Nicht jeder Wähler hat eine der drei Parteien nur aus religiösen Gründen gewählt; orthodoxe Juden geben zuweilen auch einer nichtreligiösen Partei ihre Stimme. Größer als fünfzehn Prozent ist die Minorität jedenfalls nicht, und doch übt sie einen Einfluß aus, der ihrer Zahl keineswegs entspricht. Diese Absurdität ist um so absurder, als sie im Gesetz verankert ist – Israel ist ein so formalistischer Rechtsstaat, daß auch die Absurdität nur kraft der Legalität existiert.

Israel kennt eine seltsame Form der Schattenregierung. Sie besteht aus dem Oberrabbinat: ein aschkenasischer, ein sephardischer Oberrabbiner sowie die Mitglieder des Obersten Rabbinatsrates. Zwar gibt es nur 387 ernannte Rabbiner, die fast 6000 Synagogen betreuen, daneben aber 8 rabbinische Bezirksgerichte mit einem aus 64 Mitgliedern zusammengesetzten Richterkollegium – Danajim –: die beiden Oberrabbiner als Berufungsinstanz, 179 religiöse Gemeinderäte und 320 religiöse Sonderausschüsse. Auf Israels Politik hat das orthodoxe Israel so gut wie keinen Einfluß, auf das Privatleben aber einen stärkeren als Parteien und Regierung. Die Orthodoxie kann die Haltung Israels in den Vereinten Nationen nicht beeinflussen, doch kann die Regierung den Zugverkehr am Sabbat ebenso wenig durchsetzen.

Paradox ist die Macht der Orthodoxie auch, weil sie nicht nur den Ideen eines modernen Staates, sondern auch den Grundsätzen des Zionismus widerspricht. Theodor Herzl hat in seinem «Judenstaat» geschrieben: «*Werden wir also am Ende eine Theokratie haben? Nein! Der Glaube hält uns zusammen, die Wissenschaft macht uns frei. Wir werden daher theokratische Valleitäten gar nicht aufkommen lassen. Wir werden sie in unseren Tempeln festzuhalten wissen, wie wir unser Berufsheer in den Kasernen festhalten werden. Heer und Klerus sollen hoch geehrt werden, wie es ihre schönen Funktionen erfordern und verdienen. In den Staat, der sie auszeichnet, haben sie nichts dreinzureden, denn sie werden äußere und innere Schwierigkeiten heraufbeschwören.»* Es ist Israel gelungen, den politischen Einfluß der Generalität zu «kasernieren», aber es ist nicht gelungen, den Klerus in den Tempeln «festzuhalten» – und das ist wieder um so paradoxer, als die Orthodoxen keine «echten» Zionisten sind: Der jüdischen Orthodoxie gemäß kann nur der Messias die Juden ins Land rufen, der Messias ist noch nicht erschienen, der Judenstaat ist bestenfalls eine Vorschußleistung. Ziviltrauungen sind in Israel ungültig. Zwei junge Kibbuzniks, Uri Reichert und seine Braut, glaubten, ohne einen Rabbiner glücklich zu werden; als die Ehe für ungültig erklärt wurde, appellierten sie an das Oberste Gericht. «*Die Einheit der Juden – das hat sich in der Vergangenheit gezeigt – ist nur denkbar, wenn die Tradition gewahrt bleibt*», entschieden die höchsten Richter im Dezember 1967. Die Ehe wurde für ungültig erklärt, und das junge Paar mußte 250 Pfund zahlen.

Wer nicht jüdischen Glaubens ist, kann wohl nach drei Jahren die Staatsbürgerschaft erwerben – «automatisch» wird er nicht Israeli. Oswald Rufeisen wurde als Jude geboren: Nicht nur sein Vater war Jude, er hatte auch eine jüdische Mutter. Der polnische Jude Rufeisen tauchte nach der deutschen Besetzung Polens in einem Kloster unter, ließ sich taufen und trat als Bruder Daniel dem Karmeliter-Orden bei. Als er nach Israel einwanderte, pochte er auf sein Recht der Staatsbürgerschaft. Nach langwierigen Auseinandersetzungen befanden die Gerichte, daß Bruder Daniel zwar dem religiösen Gesetz, dem Halacha nach, Jude sei, aber sie verweigerten ihm die Staatsbürgerschaft – er halte ja am christlichen Glauben fest. «Wenn es nach meiner persönlichen Überzeugung ginge», sagte Richter Berinson, «würde ich diesen Antragsteller als Mitglied der jüdischen Nation anerkennen.» Als Richter blieb ihm keine Wahl. Erst drei Jahre später, 1962, wurde Bruder Daniel israelischer Staatsbürger.

Die Orthodoxie maßt sich auch Rechte an, wo sie keine besitzt; «Auserwählte» behandelt sie anders als andere Sterbliche. Der Rabbiner der erz-orthodoxen Naturei Karta, ein 72jähriger Witwer, hatte sich in die 45jährige französische Katholikin Ruth Ben-David verliebt. Obwohl, wie ihr neuer Familienname besagt, Ruth schon vorher zum jüdischen Glauben übergetreten war, verweigerten die orthodoxen Rabbiner ihrem Kollegen den Segen – was ein anderer Rabbiner tun darf, darf ein orthodoxer Rabbiner noch lange nicht.

Ebenso radikal wollten die Orthodoxen mit einem Mitglied des Obersten Gerichtshofes verfahren, das übrigens das vortreffliche Buch «Reflections on the Trial and Death of Jesus» geschrieben hat. Der Rechtsgelehrte wollte eine geschiedene Frau heiraten, eine Jüdin – kein Ehehindernis, wäre der Abkomme einer angesehenen Lübecker Rabbinerfamilie nicht von «priesterlichem Stamm» gewesen. Eine geschiedene Frau zu heiraten, sagten die Rabbiner, das schicke sich nicht für einen religiösen Aristokraten. Wie der liebende Greis gewann der liebende Richter seinen Prozeß.

Es dämmert. Nach orthodoxer Auffassung ist nur Jude, dessen Mutter jüdisch ist. Das brachte einen Sabra, den Korvettenkapitän Benjamin Shalit, in Konflikt mit dem Gesetz. Er hatte eine protestantische Schottin, Ann Gedes, in Edinburgh geheiratet und lebte mit ihr zehn Jahre in Jerusalem. Niemand belästigte sie. Als jedoch der verdiente Offizier und Psychologe, ein überzeugter Atheist, seine beiden Kinder als Israelis eintragen wollte, protestierte die «Schattenregierung»: Zwar habe die Frau Shalits die israelische Staatsbürgerschaft erworben, aber da sie Christin geblieben sei, könnten ihre Kinder nicht als Israelis gelten. Endlich entschied der Oberste Gerichtshof im Januar 1970 mit neun Stimmen gegen eine

Stimme, daß die Kinder Shalits als Bürger Israels anzuerkennen seien.

Es dämmert nur sachte. Während sich viele fromme Jeschiwastudenten freiwillig zum Militärdienst melden, sind orthodoxe Mädchen noch immer vom Dienst in der Armee befreit. Zwischen Sonnenuntergang am Freitag bis Samstagabend ist den Orthodoxen keine Zerstreuung gestattet; sie dürfen nicht Auto fahren, nicht reisen, keinen Sport treiben, nicht Licht machen, nicht kochen, kein Geld anfassen. Die Majorität der Israelis beachtet diese Gesetze nicht. Israels Autostraßen sind am Wochenende überfüllt, es wird Fußball gespielt, das Fernsehen sendet, mit besonderer Genehmigung darf sogar getanzt werden, aber in Bnej Brak, einer «orthodoxen» Stadt, werden Autofahrer am Freitag mit Steinen beworfen – was, sollte man glauben, auch ein verbotenes Amüsement ist –, und in Mea Schaarim wollte man sogar eine Hebamme daran hindern, mit dem Auto zur Entbindung zu fahren. Ein für den Sabbat geplantes Autorennen in Ashkelon wurde zum Skandal. Rabbi Menachem Porusch, der den Widerstand mit Drohungen organisiert hatte – Porusch versus Porsche – erzielte einen bezeichnend halben Sieg. Die Orthodoxen brachten 200000 israelische Pfund, rund 58000 Dollar auf, um die Verluste auszugleichen; das Rennen wurde auf Sonntag verschoben. Indes ist der Verlust ungleich größer, da kein internationaler Arrangeur ein zweites Rennen am Sonntag, einem jüdischen Wochen- und Arbeitstag, veranstalten wird. Nicht minder sonderbare Blüten trieb die Intoleranz, als eine 15-Agora-Briefmarke eingezogen werden mußte: Sie stellte die Synagoge von Tunis dar; die Orthodoxen betrachteten es als Blasphemie, daß man diesen Marken einen Stempel aufdrücke oder sie mit der Zunge befeuchte.

Nach dem Zwischenfall vor der Omar-Moschee haben wir uns immer wieder gefragt, wieso die Engstirnigkeit einer

Minderheit das Leben in einem demokratischen Staat entscheidend zu beeinflussen vermag.

Der politische Opportunismus, mit dem sich alle Parteien um die orthodoxen Wähler bemühen, würde die Duldung der Unduldsamkeit am einfachsten erklären. In Wahrheit spielt er eine untergeordnete Rolle.

Der Zionismus beruht auf der jüdischen Tradition, jüdische Tradition fast vollständig auf Religion. Herzl, beileibe kein orthodoxer Jude, schrieb: «*Wir erkennen unsere historische Zusammengehörigkeit nur am Glauben unserer Väter, weil wir ja längst die Sprachen verschiedener Nationen unverlöschbar in uns aufgenommen haben.*»

Drei große Faktoren schmieden Menschengruppen zusammen: Rasse, Volk, Religion. Der unvermeidliche Bankrott des Kommunismus ist nicht zuletzt eine Folge der marxistischen Vorstellung, daß noch eine vierte Kraft, die Ideologie, eine ebenso einigende Wirkung üben könne. Da die Juden keine Rasse sind, gibt es keine Rassensolidarität unter den Juden. Die Juden sind ein Volk. Dieses Volk wurde aber zerstreut unter die Völker – «*und nur eine geringe Zahl von euch wird übrigbleiben unter den Nationen, dahin der Herr euch führen wird*».

Unter den drei großen Bindegliedern – Rasse, Religion, Volk – ist «Volk» das schwächste: Anders als eine Rasse und eine Religion kann ein Volk ohne Land nicht existieren. Will man nicht an Wunder glauben, läßt sich der Fortbestand des Judentums nur so erklären, daß das religiöse Judentum jahrhundertelang die Brücke über das Vakuum der «Landlosigkeit» schlug. Über die Brücke der Religion kehrte das jüdische Volk nach Erez Israel zurück.

Nun sind die Juden das geworden, was ein Volk früher oder später werden muß: eine Nation. Nach zwei Jahrtausenden der verstreuten Existenz genügen jedoch zwanzig Jahre einer nationalen Existenz keineswegs, um die Brücke, über die man zur Nation gelangte, vergessen zu lassen. Die ständige Gefahr, in der sie leben, zwingt die Juden, zuweilen auch nach rückwärts zu blicken. Religion ist ihre lebendige Erinnerung. Sie wollen die Brücke, die sie in das unsichere Land führte, nicht hinter sich aufbrennen. Der jüdische Konservatismus ist ein Blick nach der rettenden Brücke.

Rechtens dürfen die Orthodoxen also sagen, daß die Religion, nichts anderes, die Juden der Diaspora vor dem Untergang durch Verfolgung oder Verrat bewahrte. Die Pioniere des Zionismus, die Mayflower-Israelis, kamen aus Europa – zwischen 1919 und 1948 waren es über 83 Prozent der Einwanderer –, und unter diesen waren die Ostjuden die überwiegende Mehrheit. Je unbarmherziger die Verfolgung, desto größer der Glaube an die Barmherzigkeit Gottes. Zwischen der Jahrhundertwende und 1930, als im Osten Europas Pogrome auf der Tagesordnung standen, in Deutschland aber der Liberalismus voreilige Triumphe feierte, kamen auf hundert deutsche Juden, die sich taufen ließen, nur drei polnische. Auch die nordamerikanischen, südamerikanischen und australischen Juden, die nach Israel fanden, stammten zu 85 Prozent aus religiösen Familien; von diesen wieder waren über 90 Prozent osteuropäischer Herkunft. Nicht die Rothschilds und Kafkas, die Warburgs und Mahlers, die Rathenaus und Modiglianis, die Dreyfus' und Einsteins retteten das Judentum vor der totalen Zerstörung: Es waren die verhöhnten und verpönten, die verprügelten und verjagten «Pajes-Juden» des Ostens. Die Orthodoxie ist jene sichtbare Spitze des Eisberges, die über die Oberfläche des Meeres hinausragt: Der Eisberg der Tradition ist sechsmal größer.

Die Angst vor dem Verlust der Identität, eine der stärksten unter vielen Ängsten, sollte, mehr als zwanzig Jahre nach der Staatsgründung, allmählich weichen, und mit ihr kleinliche Bigotterie, störrische Rückständigkeit, blindes Vorurteil. Was hat den natürlichen Prozeß aufgehalten?

Israels Identität ist so lange in Frage gestellt, als seine Existenz in Frage gestellt ist. Daß nach einer Niederlage Israels

ein Zusammenleben mit den Palästinensern auf dem Boden des heutigen Israel möglich wäre, ist schon deshalb palästinensische Propaganda, weil höchstens eine Handvoll Juden eine solche Niederlage überleben würde. Die Überlebenden, sollte es solche geben, würden von wohltätigen Organisationen des Auslands aufgenommen werden: Wohltätigkeit ist der Katzenjammer ungetaner Taten. Das hieße eine neue Diaspora, die ihr Heil wieder nur in der jüdischen Religion suchen und finden könnte. Liegt aber Israels Identität immer noch im Schatten der Zweifel, dann ist die Frage: «Wer ist Jude?», entscheidend. Nur die Orthodoxen beantworten sie eindeutig. Die Artikulierten, nicht die Gerechten, üben auf ein Volk immer den größten Einfluß aus.
Man fürchtet auch, daß zugleich mit einer größeren Toleranz die Verbindung mit dem Judentum in der Diaspora gelockert würde. Golda Meir, keine Freundin der Orthodoxen, hat, als der Fall des Korvettenkapitäns Shalit zur Diskussion stand, die Mischehe mißbilligt: Eine Duldung der Mischehen in Israel würde zu einer beschleunigten Assimilation in der Diaspora führen. Ben Gurion, ebenfalls kein Orthodoxer, erklärte, daß Mischehen in Israel zwar durchaus «ungefährlich» seien, in der Diaspora aber neun von zehn Kindern aus Mischehen für das Judentum verloren sind. Richtig oder nicht: Falsch ist es jedenfalls, daß Israel unbedingt mit zehn Millionen ausländischen Juden, dem «Weltjudentum», rechnen kann. Die Zahl der Juden, die nie einen Tempel besuchen und dann doch nach Israel auswandern, ist gering. Der Tempel verbindet die Juden der Diaspora mit Israel. Deshalb werden in der Sowjetunion nicht alle Juden verfolgt, sondern jene, die beten.
Es heißt, zum dritten, daß der Sechs-Tage-Krieg den Israelis ihre Tradition zum Bewußtsein gebracht und damit die Orthodoxie gestärkt hat: Im Sechs-Tage-Krieg habe sich der schweigende Gott von Auschwitz wieder in Zebaoth verwan-

delt, den Gott der Heerscharen. Da Gott die Juden nicht verlassen hat, wollen auch sie Ihn nicht verlassen. Im Jahre 1966 wurden in Israel 61 neue Synagogen gebaut, vornehmlich mit staatlicher Hilfe; im Jahre 1968 entstanden 431, ohne staatliche Hilfe. Vor dem Sechs-Tage-Krieg gab es drei religiöse Zeitschriften, heute gibt es vierzehn. Bei einer Umfrage erklärten 81 Prozent der Israelis, mit größeren und kleineren Einschränkungen an den religiösen Grundgesetzen festhalten zu wollen. Ich habe in den Universitäten und in Armeelagern mehr junge Juden mit der Jarmulka gesehen als in den Straßen der Städte.

Die vierte Erklärung für die Beständigkeit des orthodoxen Anachronismus hörten wir selten – sie überzeugt mich am meisten.

Die physische Existenz Israels ist seit 1948 unentwegt in Gefahr – seit etwa fünf Jahren auch ihre moralische. Ungefähr um diese Zeit hat sich im Westen der nihilistische Intellektualismus, der destruktive Jugendkult, der antihumanistische Skeptizismus, die sexuelle Zügellosigkeit, hat sich die mißverstandene Freiheit mit allen ihren Kreaturen und Karikaturen breitgemacht: Resultat eines nicht immer unbegründeten, oft verständlichen Unbehagens, aber auch Anfang eines von Moskau und Peking geschürten revolutionären Unwillens. Nur wenige verstehen, daß die «Kultur-Revolution» tatsächlich als eine «Kultur»-Revolution geplant ist, welche die Massen erst mobilisiert, nachdem sie deren sittliche Prinzipien vernichtet hat. Man hat «Mein Kampf» nicht rechtzeitig gelesen – «Sein Kampf» verrät nicht weniger von den Absichten der neuen Herrenklasse. Die ethischen Fundamente der westlichen Welt sollen «reifgeschossen» werden; die Festung würde dann von selbst fallen. Da der östliche Kleinstaat Israel zum westlichen Kulturkreis gehört, wird er mit den gleichen Waffen bombardiert wie der Westen. Nur wenn die israelische Intelligenz, die israelische Jugend überzeugt werden kann, daß die Welt nicht mehr «heil» ist, daß man sich schämen muß, für ganz zu halten, was in Scherben liegt, sich schämen muß zu flicken, was zerrissen ist, sich schämen muß der eigenen Zurechnungsfähigkeit in einem Irrenhaus, sich schämen muß, Wörter wie Vater, Vaterland, Treue, Familie, Gesetz, Redlichkeit und Selbstbeherrschung, die eigentlich an die Wände der Aborte gehören, nicht für obszön zu halten – nur wenn auch die israelische Intelligenz, die Jugend des Landes dieser suggestiven Infektion anheimfällt, ist der Weg frei für die Panzer Moskaus, auf denen, neben wenigen Arabern, der kommunistische Imperialismus reitet.

Mit der ihnen eigenen Logik errichten die Juden gegen eine moralische Angriffsfront eine moralische Verteidigungslinie. Bei ihrem Bau können sie auf ihre westlichen Verbündeten nicht rechnen: Amerika kann Phantoms liefern, eine Moral nicht mehr. Die Juden, allein, wie so oft in ihrer Geschichte, mobilisieren ihre älteste und bewährteste Waffe: die Religion. In acht Kibbuzim, also in den Hochburgen des israelischen Sozialismus, werden neue Synagogen errichtet. Bis etwa 1967 stand die Tradition im Dienste der Religion. Jetzt steht die Religion im Dienste der Tradition. Die Israelis sprechen von Jehova und meinen Sittlichkeit.

Gerade hier werden jedoch die Symptome einer schmerzlichen Verwirrung sichtbar. Festhalten an einer gewissen Tradition ist das sicherste Mittel, den moralischen Anarchismus zu bekämpfen. Eine Tradition, von der man nichts aufgibt, wird zur Groteske. Der Intoleranz kann man nicht anders als mit Härte begegnen. Wenn Härte jedoch Intoleranz erzeugt, wird die Abwehr unglaubwürdig. Gegen den Extremismus ist beinahe jedes Mittel recht – mit Ausnahme des Extremismus. Extremismus ist immer ein Akt der Verzweiflung.

Ein deutscher Freund, der in der Anti-Hitlerschen-Widerstandsbewegung eine tapfere Rolle gespielt und viele Juden gerettet hat, erzählte mir, daß es den versteckten, verzweifelten

Berliner Juden gelungen war, in den Kellertiefen der Hauptstadt Mazoth, das jüdische Osterbrot zu backen. Mazoth-Bakken kann ein Akt des Widerstandes sein – zu seiner Zeit, an seinem Ort. Die Orthodoxie hat in der Geschichte Israels eine Rolle gespielt, der man die Achtung nie wird versagen können. Wer sie heute noch für eine Wunderwaffe hält, handelt wie die Franzosen 1939 handelten, als sie ihre Rekruten lehrten, moderne Schützengräben zu bauen, weil das die Deutschen im Ersten Weltkrieg besser verstanden hatten. Unterdessen gab es keine Schützengräben mehr. Frankreich hätte den Ersten Weltkrieg noch einmal gewonnen – und verlor, zumindest auf den Schlachtfeldern, den Zweiten. Die Waffen der Orthodoxie sind verrostet. Die neue Moral Israels braucht neue Waffen.
Der alte Mann und sein Schatten vor der Omar-Moschee gehörten zu dem Israel, das wir verstehen lernten. Zu dem Israel, das wir lieben lernten, gehörten sie nicht.

Tauben und Falken

Angie Brooks, die Präsidentin der UN-Vollversammlung, hatte die Knesset verlassen: Die Ehrengarde zog gerade ab. Es hätte weder in Washington noch in London feierlicher zugehen können.
Die Knesset, Israels Parlament, 1966 eröffnet, auf dem Hügel Givat Ram gelegen, im Herzen des Regierungsviertels Hakirya, was man mit «City» übersetzen könnte – im Reiseführer-Deutsch würde es heißen, daß die Knesset Jerusalem «beherrscht» –, das Parlament also ist wahrscheinlich das seltsamste Gebäude Israels und für den jungen Staat wohl das bezeichnendste. Es ist, von außen und innen, das Parlament einer Großmacht. In nichts anderem, doch darin erinnert es an das Bundeshaus in Bern: kleines Land, große Demokratie,

das muß demonstriert werden. Während sich die israelischen Ministerien durch äußerste Schlichtheit auszeichnen, ist nicht nur der Plenarsaal imposant, imposant sind auch die Beratungszimmer und die Büros der Minister und Abgeordneten. Will Israel zeigen, daß es nicht von Ministerien, daß es von der Volksvertretung regiert wird? Es ist nicht alles. Der Geist Theodor Herzls schwebt über dem Haus, dieses Juden aus dem österreich-ungarischen Kaiser- und Königreich, der die Repräsentation für keine bloße Äußerlichkeit hielt. Kaum hat man den Sitzungssaal betreten – eine Budget-Debatte ist im Gange –, amüsiert man sich über den ersten Widerspruch: Der Vorsitzende des Parlaments trägt ein Hemd mit dem offenen Schiller-Kragen, den man eigentlich nur noch in Israel findet. Daß nicht alle Abgeordneten ihre Krawatten abgelegt haben, führt Hava Bitan, die uns begleitet, auf den Besuch Angie Brooks zurück: «Gleich werden sie.» Die Knesset sitzt äußerlich die Tradition nach, aber die Arbeit darf das nicht stören. Die Marmorhallen gleichen denen der Vereinten Nationen in New York: Was den Geschmack betrifft, wirkt das Innere des New Yorker Glaspalastes neben der Knesset provinziell. Die Fußböden sind mit Mosaiken von Chagall ausgelegt: Der Meister aus Witebsk hat jeden Stein selber ausgesucht, natürlich israelische Steine. Die mächtigen biblischen Gobelins sind gleichfalls von Chagall: Er hat sich um jeden Webfaden gekümmert. Vielleicht ist ein Volk, dessen Geschichtsbuch das Alte Testament ist, wirklich eine Großmacht.

Damit ist der Merkwürdigkeiten noch lange kein Ende. Die Knesset ist, meines Wissens, das einzige Parlament der Welt, das die Begriffe «links» und «rechts» – links von wem und rechts von was? – abgeschafft hat: Die Abgeordneten nehmen nach der Größe ihrer Partei Platz, beginnend von der linken Seite des Saales – «Links und rechts», sagt mir ein Abgeordneter, «das sind Bezeichnungen, die sich für Straßentafeln eignen.» Jeder der Parlamentarier vertritt ungefähr 11 000 Wähler, 82 Prozent der Wahlberechtigten gingen zu den Urnen, 120 Abgeordnete gehören 12 Parteien an, die Große Koalition besteht, seit dem Ausscheiden des Herut-Liberalen Blocks, aus den Vertretern von fünf Parteien. Die Vereinigte Arbeiterpartei verfügt über 56 Sitze, der Herut-Liberale Block über 26, die drei religiösen Parteien nehmen 18 ein, die Arabische Liste vier, die linksextremistischen Parteien – ein Kommunist – sechs. Männer mit wallenden weißen Bärten, Nathan der Weise als Member of Parliament, junge Leute mit langen Haaren, die in Carneby-Street nicht auffallen würden, Araber, die sich eleganter tragen, ein paar Parlamentarier beugen sich, mit dem Judenkäppchen auf dem Kopf, über die Budget-Protokolle, als läsen sie im Talmud. Obwohl rund ein Drittel der Abgeordneten einmal im Kibbuz arbeitete, fällt mir die Abwesenheit bäurischer Gesichter auf. Nicht unbedingt Intellektuellenköpfe, Intelligenzköpfe auf jeden Fall: am ehesten eine Gewerkschaftler-Aristokratie. Mit wenigen Ausnahmen scheinen die Fünfzigjährigen zu dominieren. Die Jugend dieses Landes wählt nicht die Jugend dieses Landes. Wenn Agnon-Leser bessere Soldaten sind, dann sind Talmud-Leser bessere Parlamentarier. Die Diskussion – es soll um wichtige finanzielle Probleme gehen – ist leise; ich würde sie auf der Galerie, auch wenn ich das Iwrith beherrschte, kaum verstehen. Am nächsten Tag lese ich in der «Jerusalemer Post», daß die Debatte «sehr heftig» gewesen sei. Neben den Schweizern sind die Israelis wahrscheinlich das einzige Volk, das zuerst denkt und dann handelt. Noch mehr Merkwürdigkeiten. Parlamentarier haben in manchen Ländern ihre Kirchen, aber ein Gotteshaus im Parlament gibt es nur in der Knesset. «An gewissen Tagen», sagt uns ein Abgeordneter, «ist der Tempel zwischen zwei Sitzungen immer voll.» Eine milde Hand liegt über der Knesset.

arabischen Aggression waren – sie haben die Kriege von 1948, 1956 und 1967 heraufbeschworen. Der arabische Aufmarschplan von 1967 zeigt, daß die Araber Israel in der knapp zwanzig Kilometer breiten Mitte, nördlich von Tel Aviv, etwa bei Natanja, in zwei Teile schneiden wollten. Die arabischen Erben der türkischen, britischen und französischen Kolonisation verfügen noch heute über ein Gebiet, das hundertzwanzigmal größer ist als der Judenstaat nach 1967; allein die vier Nachbarstaaten Israels haben eine Bevölkerung von rund 38 Millionen, zwölfmal soviel wie Israel. Es gibt keine israelische Regierung, die vierundzwanzig Stunden überleben würde, wenn sie sich anschickte, durch unverantwortliche Konzessionen die Existenz des Landes aufs Spiel zu setzen. «Man erzählt sich bei uns», sagte mir ein Abgeordneter, «die Geschichte vom lieben Gott, der, über die Lage im Nahen Osten beunruhigt, seinen Sendboten auf die Erde schickt. Zurückgekehrt, berichtet der göttliche Korrespondent von schweren Kämpfen und bitterem Elend in Amman, von Sandsäcken, Verdunkelung und Bunkern in Kairo, von Zensur und Panzeraufgebot und Polizeipatrouillen in Damaskus. ‹Und was hast du in Tel Aviv gesehen?› fragt der Herr. ‹In Tel Aviv tanzen sie auf den Straßen.› ‹Diese Juden!› ruft der liebe Gott stirnrunzelnd aus. ‹Sie verlassen sich schon wieder auf mich!› – Wir haben», fügte der Abgeordnete hinzu, «das Konto der Wunder überzogen.»

Das würde wohl die Frage beantworten, warum die israelischen «Tauben» nur in den Zylindern internationaler Zauberer existieren – selbst Uri Avneri, der Führer der linksextremistischen «Neue Kraft»-Partei und Herausgeber der einzigen pornographischen Zeitschrift des Landes, wäre für U Thant ein «Falke»: Ost-Jerusalem will auch er behalten. Gibt es, anderseits, «schwarze Falken», oder liegt über der Knesset der unheimliche Schatten der Einigkeit? Wenn die Juden einig wären, wären sie keine Juden.

Wie keine Taube so weiß ist, daß sie wegflöge von den Golanhöhen, so gibt es keinen schwarzen Falken, der über die Grenzen von 1967 hinausfliegen wollte. «Die arabisch-sowjetische Propaganda behauptet», sagte mir ein Abgeordneter, der zu den «schwarzen Falken» zählt, «daß wir uns ausbreiten müssen, weil wir zehn Millionen Juden aufnehmen wollen. Sie werden in Israel wenig orthodoxe Zionisten finden: Wir sind Israelis von heute, nicht Zionisten von gestern. Damit zehn Millionen Juden nach Israel drängen, müßte erst ein neuer Hitler kommen, diesmal als Beherrscher der Welt – und dann gäbe es kein Israel. Überdies ist es eine primitive Vorstellung, daß ein moderner Staat in die Breite baut. Wir bauen, wie eine moderne Stadt, in die Höhe. Was wir brauchen, sind Menschen, nicht Platz. Allein in der Bauindustrie fehlen uns momentan 10000 Arbeiter; wir haben seit 1948 rund 700000 Wohnungen gebaut. Eine Expansion würde unsere Probleme ins Unermeßliche steigern.»

Kein «schwarzer Falke» ist so kühn, daß er sich nach kriegerischen Eroberungen sehnte. In einem neuen Krieg, selbst wenn die Sowjets nur indirekt eingriffen, würde die Zahl der Opfer viel größer sein als im Sechs-Tage-Krieg. Und wenn jüdische Mütter auch nicht lamentieren, wie es James Reston in einem Bericht aus Kairo den Lesern der New York Times glauben machen wollte: Es ist zu viel. Abgeschossene israelische Flieger werden in arabischen Ländern keineswegs nach den Vorschriften der Genfer Konvention behandelt: Der 23jährige Leutnant Moshe Goldwasser wurde – Israel hat es dem Internationalen Roten Kreuz bewiesen – von den Ägyptern gefoltert. Die Palästinenser führen ihren Krieg gegen Frauen, Kinder, Greise. In dem offiziellen Lesebuch der ägyptischen Schulen für die dritte Klasse der Mittelschulen heißt es auf Seite 163: «*Verwandelt jedes jüdische Haus in eine Klagemauer.*» Nur mit einer Moral, die an die der Engländer im Zweiten Weltkrieg erinnert, kann das ständige Gefühl der Unsicherheit überwunden werden. Es ist zu viel. Israel verwendet mehr als ein Viertel seines Sozialprodukts für seine Sicherheit – zweieinhalbmal mehr als Amerika. Bei einem Budget von 13,6 Milliarden Pfund gibt Israel fünfeinhalb Milliarden für seine Verteidigung aus, etwa 40 Prozent des Staatshaushaltes. Die quantitative Steigerung des Kriegspotentials der arabischen Länder beträgt seit 1967 rund 120 Prozent. Es ist zu viel. Und wenn auch das proarabische «Nachrichten»-Magazin der deutschen Bundesrepublik die finanzielle Hilfe der Diaspora als Israels Geheimwaffe darstellt, so balancieren Israels Finanzen doch auf einem Seil über dem Abgrund. Bei einem Einkommen von monatlich über etwa 1 200 Dollar bezahlen die Israelis, neben anderen Abgaben, 62,5 Prozent an Einkommenssteuer. Die Wertzuwachssteuer beträgt durchschnittlich 30 Prozent. Ein würdiger Lebensstandard ist kaum aufrechtzuerhalten, die Wirtschaft befindet sich in einer permanenten Krise, Kunst und Wissenschaft vermögen ihre Potenzialität nicht auszunützen. Es ist zu viel.

«Schwarze Falken» also, die für Krieg und Expansion einträten, würden noch weniger Stimmen erhalten als Kommunisten oder andere Linksradikale. Dennoch hat der Herut-Liberale Block, auch Gahal genannt, des früheren Minister Begin, der als die Partei der «schwarzen Falken» gilt, 26 von den 120 Sitzen des Parlaments errungen: die zweitgrößte Partei des Landes. Mit zwei Führerpersönlichkeiten allein ist das kaum zu erklären: Menahem Begin, der 1913 geborene ehemalige Warschauer Rechtsanwalt und Irgun-Widerstandskämpfer, ein Redner von überzeugender Kraft und großer Redlichkeit, sowie Brigadegeneral Ezer Weizmann, der Neffe des großen Präsidenten und als Luftwaffenkommandeur einer der Architekten des Sieges von 1967, mit seinem Organisationstalent, seiner Beliebtheit bei den Soldaten und seiner rüden Ausdrucksweise ein israelischer Rommel. Wenn die Juden Araber wären, säße Begin im Sessel Golda Meirs und Weizmann im

Kommandoturm Dayans. Aber nicht nur die Uniformen der israelischen Armee ähneln denen der britischen: Die Israelis sind die Engländer des Nahen Ostens. Der jüdische Emotionalismus ist, wie der jüdische «Minderwertigkeitskomplex», ein Charakteristikum der Diaspora. Juden, die nicht mehr beherrscht werden, haben gelernt, sich zu beherrschen. Sie fühlen wie «schwarze», sie denken und handeln wie «weiße Falken». Wie der Westen Tauben aus dem Zylinder zaubert, so sieht er den Unterschied zwischen «weißen» und «schwarzen Falken» unter einem Vergrößerungsglas. Die «schwarzen» wie die «weißen Falken» halten die Rückgabe aller eroberten Gebiete – die «schwarzen Falken» sprechen von «heimgekehrten Gebieten» –, für ein «München» im Nahen Osten. Die «weißen Falken» glauben indes, Israel müsse sich dem Zwang beugen und könne das, ohne die Existenz des Landes zu gefährden, bis zu einem gewissen Grade auch tun. Die «schwarzen Falken» bestreiten, daß ein solcher Zwang besteht; bestünde er, müsse sich ihm Israel, will es seine Existenz verteidigen, unbedingt widersetzen. Begin hat gesagt: «*Es gibt keinen abgekürzten Weg zum Frieden mit Leuten, die unsere Vernichtung als Staat und Volk im Auge haben*» – Kompromisse würden «*zu einem neuen Krieg, unter schlechteren Bedingungen als sie 1967 existierten, führen*». Dayan hat gesagt: «*Wir sind stark genug, um kein Diktat unserer Freunde und Feinde zu akzeptieren, aber nicht stark genug, um auf unsere Alliierten zu verzichten.*»

Beide Argumentationen haben ihre Stärken und Schwächen. Begin und seine Anhänger haben keine Alternative anzubieten. Das durch den Vietnamkrieg, das Negerproblem, wirtschaftliche Schwierigkeiten, die intellektuelle Fünfte Kolonne im Inneren und die Ostpolitik der deutschen und französischen Regierungen geschwächte Amerika, das zwar für sich, aber nicht für seine NATO-Verbündeten auf das Öl der arabischen Länder verzichten kann, wird Israel – wenn überhaupt –, nur im äußersten Notfall zu Hilfe eilen. Es ist sicher wahr, was die meisten Israelis sagen, daß nämlich Israel allein kämpfen würde, bis zum letzten Mann, aber bis zum letzten Mann zu kämpfen ist keine Alternative, nicht einmal eine jüdische. Eine eventuelle bewaffnete Konfrontation der Vereinigten Staaten und der Sowjetunion im Nahen Osten ist ebenfalls keine Alternative: Die Schuld an einem Dritten Weltkrieg würde die Welt unter allen Umständen Israel in die Schuhe schieben – nach zweitausend Jahren eine neue Kreuzigungs-Legende. Begin und seine Anhänger behaupten, Israel würde einen neuen, von den Arabern provozierten Krieg gewinnen – was vermutlich zutrifft –, aber für die Ansicht, die Sowjetunion werde, den Dritten Weltkrieg fürchtend, mit Frontsoldaten und Piloten auf keinen Fall eingreifen, gibt es keinen überzeugenden Beweis.

Auf der anderen Seite ist auch Dayans vielzitiertes Wort nicht ohne Widersprüche. Der General lehnt einen Diktatfrieden der «Freunde» Israels ab, glaubt aber ohne Israels «Alliierte» nicht auskommen zu können – er hat ein und derselben Person zwei Namen gegeben: Die Vereinigten Staaten sind Israels einziger bedeutender Freund, identisch mit Israels einzigem bedeutendem Alliierten. Wenn Dayan zwischen Diktatfrieden und amerikanischen Ratschlägen unterscheidet, dann kann es sich nur um geographische Detailfragen handeln. Eine Grenzregelung mit den arabischen Staaten würde das palästinensische Problem nicht lösen, da die Palästinenser nicht ihre Rechte in Israel, sondern auf Israel geltend machen. Der Vater der arabischen Guerillas, Ahmed Shukairy, hat zweifellos für die Palästinenser gesprochen, wenn er 1970 einem deutschen Reporter erklärte: «*Für Verhandlungen gibt es nur eine Chance: Wenn die Israelis einwilligen, ihren Staat zu liquidieren, werden wir gern über die Liquidation reden.*» Weder Moskau noch Peking haben ein Interesse an einem dauerhaften Frieden im Nahen Osten – als gute Marxisten sind sie überzeugt, daß die Zeit für sie arbeitet.

Die «schwarzen» wie die «weißen Falken» möchten verhindern, daß Amerika den tragischen Chamberlain-Irrtum von

1938 begehe. Die «schwarzen Falken» indes glauben, daß die Zeit für Israel arbeitet; die «weißen» sind davon nicht überzeugt. Die «schwarzen Falken» widersetzen sich einem nahöstlichen München, ohne daß sie eine Alternative für heute besäßen; die «weißen» beugen sich ihm – widerwillig und um die relativ besten Bedingungen bemüht –, ohne daß sie eine Alternative für morgen anzubieten hätten.
Auf dem Weg in unser Hotel sagte ich zu Licci: «Edouard Herriot, damals der größte Staatsmann Frankreichs, hat mir einmal nach einer Völkerbundtagung gesagt: ‹*À Genève on n'enterre pas, on embaume.*› Er irrte sich nur in der Ortsbestimmung. Die Probleme werden nicht nur in Genf, sie werden überall in der Weltpolitik, statt begraben zu werden, ‹einbalsamiert›. In der Politik siegen nur scheinbar die Totengräber. Es siegen fast immer die Maskenbildner.»
«Warten wir ab», sagte Licci. «Wir waren noch nicht in den besetzten Gebieten.»

Frühstück auf der Terrasse

Es gab in meiner Jugend in Wien einen jüdischen Ringkämpfer namens Stern; an seinen Vornamen erinnere ich mich nicht mehr, wir nannten ihn nur den Ringer Stern. Er war blond, einsneunzig hoch, sicher über hundert Kilo schwer, seine beiden Hände bedeckten den Marmortisch, an dem wir im Café Europe bis zu den Morgenstunden zu sitzen pflegten. Als Ringkämpfer hatte Stern wenig Glück, denn man liebte es, die Sieger auszuhandeln, und mit Stern war kein Geschäft zu machen: Er legte seine Gegner einfach auf die Schultern. Er las am liebsten Rilke und war der harmloseste Mensch von der Welt. Von dem bißchen Geld, das er verdiente – vornehmlich durch Kartenspiel; Bridgemeister war er nebenbei –, fütterte er Kinder und Vögel. Es war beinahe unmöglich, ihn zu provozieren. Beinahe. Wenn man ihn einen «Saujuden» nannte, was damals nicht selten geschah, bekam er einen roten Kopf. In solchen Fällen richtete er sich zu seiner ganzen Größe auf und rief: «Wer noch will mich einen ‹Saujuden› nennen?» Meistens fand sich niemand, der dazu Lust hatte. Den einen aber, der es getan hatte, ließ Stern laufen. Er wollte nicht wegen Totschlags ins Kittchen. Einmal, in besagtem Café, nahmen sechs SA-Leute – es war vor dem Anschluß, die SA war vorübergehend erlaubt – ihren Mut zusammen. «Die Rettung», wie man in Wien die Ambulanz nennt, brachte sie ins Krankenhaus. Sie waren nicht tot, aber ganz lebendig waren sie auch nicht. Der Ringer Stern war ein früher Israeli.

Teddy Kollek, der Bürgermeister von Jerusalem, erinnerte mich an den Ringer Stern, nicht nur weil er aus Wien stammt und von ähnlicher Statur ist. Der beinah Sechzigjährige – man gäbe ihm kaum fünfzig – geht ohne Begleitung durch das nächtliche Jerusalem, auch durch die Altstadt, vor seinem Haus wacht kein Polizist, und er frühstückt auf dem Balkon des Bürgermeisteramtes, wo er eine ideale Zielscheibe abgibt; das tat er auch, als man von den Dächern des jordanischen Jerusalem auf ihn hätte schießen können. Das Bürgermeisteramt liegt an der ehemaligen Grenze der geteilten Stadt. Ich weiß nicht, ob Teddy Kollek die Menschen für gut hält, jedenfalls hält er sie für praktisch. Er nimmt wohl an, die Menschen seien gut genug, um praktisch, und praktisch genug, um gut zu sein.

Wir frühstückten mit ihm um acht Uhr früh auf der Terrasse des Bürgermeisteramtes, das seinem Büro im zweiten Stock vorgebaut ist. Er hatte schon zwei Stunden Arbeit hinter sich. Vor Mitternacht verläßt er selten sein Amt.

Teddy Kollek meint, wer Niederlagen nicht zur Kenntnis nimmt, sei noch kein Optimist. Ein Optimist muß Siege zur Kenntnis nehmen. Den Befehl der Vereinten Nationen, die besetzten Gebiete unberührt zu lassen, hat der Bürgermeister von Jerusalem vollkommen ignoriert. Er spricht vom Aufbau

Jerusalems – die Begriffe Ost- und West-Jerusalem kommen in seinem Vokabular nicht vor – wie irgendein europäischer, japanischer oder amerikanischer Bürgermeister vom Aufbau seiner Stadt.

Ich glaube, in dem athletischen Brustkorb dieses Wiener Juden, der zu den Gründern des Kibbuz Ein Gew gehörte und im Zweiten Weltkrieg von Istanbul aus die Verbindung mit der Untergrundbewegung in Europa aufrechterhielt, wohnen nicht zwei, wohnen drei Seelen. Der Baumeister, der Idealist und der Politiker. Der Baumeister und der Idealist vertragen sich gut, sie bilden eine Allianz und unterdrücken den Politiker.

Außerhalb Israels wird vornehmlich von dem Politiker Kollek gesprochen. Die New York Times verkennt die Lage, wenn sie schreibt: «*Es wäre politisch nützlich, wenn ihm die israelische Regierung Halt geböte, in Jerusalem ‹ Tatsachen zu kreieren ›, auf diesem empfindlichsten aller umstrittenen Gebiete ...* » Wenn die Regierung nicht mit Teddy Kollek übereinstimmte, hätte sie ihm für den Wohnungsbau nicht rund 28 Millionen Dollar zur Verfügung gestellt. Israel weiß, daß Jerusalem ein «empfindliches» Gebiet ist, ein «umstrittenes» ist es keineswegs. Für Jerusalem ist jeder Israeli bereit zu sterben, vielleicht mit Ausnahme der winzigen kommunistischen Minderheit – vielleicht, denn auch das ist nicht sicher. Die Feinde Israels behaupten, die Vereinigung der beiden Teile Jerusalems sei ein Symptom des allgemeinen israelischen Fanatismus. In Wirklichkeit ist Jerusalem Beginn und Ende des jüdischen Fanatismus: Was Jerusalem betrifft, ist der jüdische Fanatismus eine Realität wie der fanatische Anspruch der Palästinenser auf ganz Israel. Teddy Kollek «kreiert» keine Tatsachen. Jerusalem ist eine Tatsache.

Der Politiker Teddy Kollek steht in Israel nicht zur Diskussion, da Aufbau und Ausbau Jerusalems keine symbolische oder symptomatische Geste ist: Israel hat den östlichen Teil dieser Stadt nicht provisorisch besetzt, sondern eindeutig annektiert. Um so umstrittener sind der Baumeister und der Idealist Kollek.

Was hat der Baumeister getan, was meint der Idealist?
Im östlichen Teil der Stadt sind neue Siedlungen entstanden wie bei Stuttgart, Zug oder Houston. Teddy Kollek hat das pestilenzialische Kanalisationssystem der Altstadt in Ordnung gebracht. Die Elektrifizierung von Stadtteilen, wo nach Sonnenuntergang nur Kerzen oder Öllämpchen brannten, ist so gut wie vollendet. Wo sich früher der Unrat zu Bergen häufte wie bei einem Generalstreik in London, Paris oder New York, da funktioniert jetzt die Müllabfuhr wie in Zürich, Oslo oder Stockholm. Die Zahl der neuen Wohnungen geht in die Tausende. Fünftausend neue Hotelzimmer im alten Jerusalem erscheinen Teddy Kollek nicht zu viel. Das Jerusalem Hilton mit 416 Zimmern wird eine ernste Konkurrenz für das renovierte King-David-Hotel der Neustadt sein. In spätestens zehn Jahren rechnet Teddy Kollek, Bürgermeister einer Stadt von rund 265000 Einwohnern, mit einer halben Million Bürger.
Die Stimmen des Baumeisters und des Idealisten klingen harmonisch, wenn Teddy Kollek andere Errungenschaften anführt. Die Straßentafeln Ost-Jerusalems sind jetzt mit Namen in hebräischen Buchstaben versehen, die Straßentafeln West-Jerusalems mit Namen in arabischer Schrift. Das ist eine Annexion anderer Art, als sie Tschechen, Rumänen, Polen, Russen und Italiener übten, welche die Minderheitssprache unterdrückten. Der Autobusverkehr zwischen West- und Ost-Jerusalem ist so rege, wie er zwischen Ost- und West-Berlin wäre, wenn Walter Ulbricht nicht fürchtete, daß die Autobusse in Richtung Kurfürstendamm voll und die Autobusse in Richtung Unter den Linden leer wären. Es gibt in West-Jerusalem so viele arabische Autobusfahrer wie jüdische im Osten. Wenn Isawija, ein Vorort Jerusalems im jordanischen Gebiet der Vorkriegszeit, von der Elektrifizierung profitiert, kann Teddy Kollek in seinem weitmaschigen Elektrifizierungsprojekt kein Vergehen erblicken. «Die Araber von Isawija», sagt er, «mußten früher spätestens um acht Uhr abends zu Bett. Jetzt kommen sie

manchmal um zwei Uhr früh aus der Altstadt nach Hause. Selbstverständlich beginnen die Araber jede Verhandlung mit der Bemerkung, daß sie uns als Besatzungsmacht ablehnen. Dann spreche ich über Schulen und Müllabfuhr, Straßenbau und Kanalisation. Selbst wenn wir den Fortschritt den Arabern vorenthalten wollten – wir wollen das Gegenteil –: Wie sollten wir das anstellen?» Er erzählt stolz, daß dreimal soviel Araber für ihn gestimmt haben wie für den letzten Bürgermeister des arabischen Stadtteils.

Hier wird der optimistische Idealist sichtbar: Optimismus ist ein Scheck, den man auf eine Bank zieht, bei der man kein Konto hat.

Hamdi Kana'n, der frühere Bürgermeister von Nablos, sagte der International Herald Tribune: «*Wenn Sie sich Ramat Eshkol ansehen*» – eine Siedlung in Ost-Jerusalem, die 2 500 Wohnungen umfaßt –, «*dann können Sie nicht annehmen, daß die Israelis je Frieden schließen wollen. Sie haben in drei Jahren im besetzten Teil der Stadt mehr gebaut als wir in hundert. Meinen Sie, die Juden würden das wieder aufgeben?*» Wahrscheinlich würde ihm Teddy Kollek darauf antworten: «Sie haben ganz recht, wir werden Ost-Jerusalem nie wieder aufgeben. Unter anderem auch deshalb nicht, weil wir versuchen, in drei Jahren die Unterlassungen von hundert nachzuholen.»

Ich glaube nicht, daß Hamdi Kana'n das verstehen würde. Die Israelis haben im Osten Jerusalems rund 1 600 Hektar konfisziert, davon 90 Prozent arabischen Bodens, kein Fußbreit ohne Entschädigung. Wie sollten die wohlhabenden Araber, die in erster Linie darunter leiden müssen, begreifen, daß der private Bodenbesitz im sozialistischen Israel weit unter zehn Prozent liegt: Der Staat enteignet nicht weniger, aber auch nicht mehr arabischen als jüdischen Boden. Es wäre von den Arabern auch zu viel verlangt, wenn man sie um Verständnis dafür bäte, daß vorerst auf acht Juden, die in Ost-Jerusalem neue Wohnungen beziehen, nur zwei Araber kommen. In ganz Israel werden

Wohnungen nicht vermietet, sondern verkauft: Zwei mittellose Araber erhalten Wohnungen, wo Juden zahlen müßten; es muß aber auch Käufer geben, mehr als zwanzig Prozent der Wohnungen kann der Staat nicht verschenken. Überdies beruht der israelische Wohnungsbau im allgemeinen auf dem übrigens umstrittenen Prinzip, zuerst aufzubauen und dann abzureißen. Es ist mit den Juden nicht anders als mit den Arabern: Sie müssen so lange unter zuweilen unwürdigen Verhältnissen leben, bis bessere Unterkünfte geschaffen sind. Wenn hundert Araber in verfallenen Hütten hausen – wie das im «jordanischen» Jerusalem der Fall ist –, müssen alle hundert Araber warten, bis ein Komplex entsteht, in dem hundert arabische Familien untergebracht werden können. Man könnte sie einzeln auch dann nicht aus ihrem Elend befreien, wenn der Gedanke des Gettos nicht ein Trauma des Juden Kollek wäre: Da er keine arabischen Gettos bauen will, bedarf es nicht nur hundert, sondern vier- oder fünfhundert Wohnungen, bevor man daran gehen kann, hundert arabische Elendsquartiere zu liquidieren. Daß, anderseits, in Jerusalem mehr arabische als jüdische Schulen gebaut werden, tun arabische Führer wie Hamdi Kana'n mit dem Verdacht ab, es handle sich um einen Schritt jüdischer Indoktrination.

Indes stößt der Idealismus Teddy Kolleks auf Hindernisse, die viel tiefer im Boden des Nahen Ostens wurzeln.

Die Araber sehen in den Israelis neue Kolonisatoren. Ihre Vorstellungen von der Kolonisation sind vage. Die Voraussetzung für die Kolonisation ist die Herrschaft eines fremden, meistens überseeischen Staates, in jedem Fall die Unterdrückung und die Ausbeutung einer Majorität durch eine mächtige ausländische Minderheit. Der Kolonialherr gewährt dem Kolonialland so viel Freiheit und Entwicklungsmöglichkeit, wie ihm behagt: Seine Repräsentanten bilden in der Kolonie ihrerseits eine «Kolonie», leben aber nicht mit den «Eingeborenen». Nichts von alledem trifft für Israel zu. Weder ist Israel im Nahen Osten eine fremde Macht, noch befinden sich die Araber auf dem Gebiet Israels in der Mehrheit, noch kann sich Israel entwickeln, ohne die Araber an seiner Entwicklung teilhaben zu lassen. Mit Ausnahme der Armee, wo ein gewisses Mißtrauen gegenüber den Arabern herrscht, sind die Chancen der Araber die gleichen wie jedes Israeli: Wenn sie in manchen Berufen nur schwer an die Spitze gelangen, so gilt das ebenso für die ungebildeten jüdischen Einwanderer aus Afrika und Asien.

Daß die Araber das nicht akzeptieren, ist kein Wunder. Nicht einmal alle Politologen wollen es wahrhaben, daß die Ent-Kolonisierung von einer ideologischen Kolonisierung eingeholt, ja überholt wurde. Die Befreiung von der Fremdherrschaft wird fast überall mit einem Wechsel erkauft, den die bisher unterdrückten, ausgebeuteten und unterentwickelten Völker einem ideologischen Patronatsherren – meistens ist es die Sowjetunion – ausstellen. Nun liegt es aber im Wesen des Wechsels, daß er nicht am Ausstellungstag kassiert wird, Wechsel auf die Zukunft ist ein Pleonasmus, jeder Wechsel ist ein Wechsel auf die Zukunft. Auch der sowjetische Kolonialherr kassiert nicht gleich. Als echter Kolonisator ist er zudem unsichtbar, jedenfalls für den Primitiven: Primivität heißt, nur das Sichtbare zu erkennen. In der richtigen Spekulation, daß sich der Anti-Kolonialismus, der anti-nationalistische Schlagworte auf seine Fahne geschrieben hat, in Wahrheit vom Nationalismus nährt, verschwinden die Sowjets vorerst unter einer Tarnkappe.

Israel ist – anders als alte oder neue Kolonialmächte – sichtbar bis zur Aufdringlichkeit: Deshalb, nicht zuletzt, ist die Verständigung zwischen Juden und Arabern so schwierig. Wird mit Hilfe amerikanischer Entwicklungshilfe ein Wohnhaus in Kampala gebaut, so sehen die Bewohner von Uganda nicht, daß die Glaspaläste auf New Yorks Park Avenue viel prächtiger sind. Die Wolkenkratzer von Ost-Jerusalem sind für die Araber der Altstadt auch dann eine Beleidigung, wenn sie selbst in die-

sen Neubauten wohnen werden. *Invidious vincinity,* der Neid der Nähe. Lieber verzichtet man auch in Europa auf eine hübsche Dreizimmerwohnung und lebt in einer elenden Hütte, als daß man neben einem sauberen Appartementshaus eine Villa mit Schwimmbad duldete. Die Amme des kranken Kindes ist der Neid; er erhält den kranken Kommunismus am Leben. Warum sollte man von den Arabern Jerusalems bessere Einsicht verlangen? Für die Ost-Berliner ist West-Berlin eine Hoffnung, für die Araber Ost-Jerusalems ist West-Jerusalem eine Herausforderung. Israel, das, indem es sich selbst entwickelt, Entwicklungshilfe gewährt, paßt in kein Lexikon der Politik. Der Idealist Teddy Kollek, der hofft, Elektrizität aus dem Westen werde von den Arabern lebhaft begrüßt werden, will nicht wissen, daß für die Araber noch immer das Wort *Ex oriente lux* gilt: Kommt das Licht nicht aus dem Osten, ist es kein Licht.
Warum sollte der Nationalismus primitiver Völker – wie es die arabischen Völker, kraft ihrer Vergangenheit, nicht mangels besserer Fähigkeiten, nun einmal sind –, warum sollte ein solcher Nationalismus klüger sein als der Nationalismus hochentwickelter Völker? Selbstbestimmung schließt das Recht ein, in Schmutz und Elend zu leben, keine Schulen zu besuchen, an heilbaren Krankheiten zu sterben, die eigenen Frauen zu prügeln, in der Dunkelheit Haschisch zu rauchen, Lumpen zu sammeln und zu betteln, Kinder im Straßengraben zur Welt zu bringen, den Tag zu verdösen, Selbstbestimmung schließt sogar das Recht ein, drei Kreuze unter Wechsel zu setzen, sich also unsichtbaren Herren auszuliefern oder sich von sichtbaren Feudalherren des eigenen Volkes in den Kot treten zu lassen. An genau der gleichen Stelle, wo Teddy Kollek jetzt die Siedlung Ramat Eshkol baute, wollte kurz vor dem Sechs-Tage-Krieg König Hussein mit dem Bau seines Sommerpalastes beginnen. Solange die Araber Ost-Jerusalems lieber Pyramiden für die Zwangsherren bauen als Appartementhäuser für sich selbst, ist die Parallele zwischen Jerusalem und Berlin von

willkürlicher Geometrie. Wenige Monate, nachdem wir Teddy Kollek auf Wiedersehen gesagt hatten, demonstrierten 25000 Araber Ost-Jerusalems – es war nach dem Tod Nassers – gegen die Israelis. Daß man sie gewähren ließ und sich kein einziger Zwischenfall ereignete, war das Werk des Idealisten, der von seiner Terrasse gelassen auf Jerusalem hinabblickt.

Hat es der Politiker Teddy Kollek leicht mit den Israelis, hat es der Idealist Kollek schwer mit den Arabern, so hat es der Baumeister Kollek schwer mit Juden und Arabern. Unter allen genialen Künstlern, geborenen Narren, sind die genialen Architekten die närrischsten. Der architektonischen Besessenheit Teddy Kolleks versuchen die Israelis Zügel anzulegen. Der Architekt ist der Feind des Historikers. Der stürmische Aufbau Jerusalems drohte einen Moment lang – entgegen den Plänen Kolleks – das biblische Bild Jerusalems zu zerstören. Für das Pittoreske von Elendsquartieren hat der Baumeister nichts übrig – mit den Bürgermeistern von Neapel oder Palermo befindet er sich damit in guter Gesellschaft. Wenn man dagegen von der Omar-Moschee den Ölberg im Schatten der Wolkenkratzer sehen müßte, würde zumindest die geographische Wahl des sozialen Wohnungsbaues zweifelhaft werden. Teddy Kolleks Besessenheit liefert den Arabern gute Argumente aus schlechten Gründen.

Dem Optimismus Teddy Kolleks scheint das alles nichts anzuhaben. Er meint, zusammen mit den internationalen Architekten, die man nach Jerusalem eingeladen hat, wird sich die rechte Lösung finden. Und die Araber? Die Araber Ost-Jerusalems seien nicht anders als die «alten» West-Jerusalems, mit denen man seit Jahrzehnten ausgezeichnet auskomme. «Mit der Zeit werden sie begreifen. Mit der Zeit werden wir es schaffen.»

Wir stehen an der Brüstung des Balkons. Es ist heiß: man beginnt vom Chamsin, dem israelischen Wüstenwind, zu sprechen. Die Dächer der Häuser, die noch vor drei Jahren zum «anderen» Jerusalem gehörten, drängen sich an das schlichte

Magistratsgebäude heran. Die Mauer ist nur noch ein Gespenst. Der Bürgermeister beugt sich über die Brüstung, um einer davoneilenden Sekretärin etwas zuzurufen. Ich lese in seinen Augen die ganze Liebe, die er für Jerusalem empfindet. Und die ganze Entschlossenheit, mit der er das vereinte Jerusalem verteidigt. Als er sich aufrichtet, denke ich nicht mehr an den Ringer Stern. Ich denke an den Marschall Pétain, der auf dem Feldherrnhügel von Verdun, von wo er die herannahende deutsche Übermacht sehen konnte, das historische Wort sprach: «*Ils ne passeront pas!*»

Teddy Kollek begleitet uns hinunter, auf die Straße, zu unserem Wagen. Der Türsteher sagt etwas, was ich nicht verstehe, ich verstehe nur, daß er den Bürgermeister «Teddy» nennt. Ein paar Araberkinder unterhalten sich mit unserem Fahrer. Teddy Kollek spricht mit ihnen arabisch.

Ich frage: «Werden Sie uns einmal besuchen?»

Er lächelt: «Zu viel zu tun.»

Mit schweren Schritten kehrt er in das Gebäude zurück. Ibsens Baumeister Solness spricht von «*Luftschlössern auf festen Grundmauern*». Und Hilda blickt ihm nach: «*Es ist ja das Unmögliche, was er jetzt tut.*» Und Ragnar, neben ihr: «*Das ist der Wind in den Baumwipfeln.*»

Rendez-vous mit der Zukunft

Die Probe aufs Exempel an einem einzigen Tag; es hatte sich so ergeben. Am Morgen sprachen wir mit Professoren, mit dem Vizepräsidenten der Hebrew University von Jerusalem, am Abend diskutierte ich mit Studenten.

Jetzt habe ich diese Sätze niedergeschrieben; ich komme nicht weiter. Ich starre hinaus auf das Weiß des verschneiten Gartens: Wird sich die Fasan-Familie zeigen, die hinten, im Bambuswald, ihr Winterquartier bezogen hat? Solche Pausen treten immer ein, wenn der Schriftsteller eine *liaison dangereuse* mit dem Leser eingeht. Ein Buch ist ein Brief ohne Adresse; setzt man die Adresse auf das Kuvert, gerät man in Verlegenheit. Ich will von der israelischen Jugend sprechen. Wird mir der Leser glauben? Die jungen Leser insbesondere: Was werden sie denken? Werden sie sagen, daß ich die Jugend Israels verherrliche? Werden sie verächtlich von Musterschülern sprechen? Ich greife nach der Mappe, auf der «Israelische Jugend» steht: Hunderte von Berichten und Artikeln. Es ist fast keiner darunter, dem ich zustimme. Nicht, als ob alle bösartig wären, im Gegenteil. Es ist, als wollten die meisten Reporter die israelische Jugend an ihr Herz drücken. Nur ist die Jugend, die sie an ihr Herz drücken, nicht die Jugend Israels. Man erlaubt es ihr, die Uniform der Rebellion anzulegen. Man drückt sie ans Herz, man erdrückt sie. Man hat die Juden nie akzeptiert, die Jugend Israels will man akzeptieren; wer jung ist, darf sogar Jude sein. Man schickt der Jugend Israels eine Mitgliedskarte ins Haus. Aber die jungen Israelis unterschreiben nicht, sie treten nicht bei. Vor meiner Tür, auf der Terrasse, streut Licci Vogelfutter auf den eisigblauen Stein. Wenn ich Licci ansehe, fällt mir das Einfache ein. Wie wäre es, einfach die Wahrheit zu sagen? Ich habe keine Angst, die Jugend Israels zu verherrlichen. Ich habe eher Angst, daß ich ihr schade. Es kann doch sein, daß just das, was mir an dieser Jugend herrlich erscheint, die Jugend Israels in die Isolation führt, in der ihre Eltern gelebt haben. Was ist das für ein Volk, das, im Guten wie im Schlechten, immer anders ist!

Das Seltsamste an diesem Tag, an allen anderen Tagen, die ich auf Universitäten verbrachte, in Haifa und in Tel Aviv und in Rehovot und im Negev, war dies: Es gelang mir nicht, zwischen Lehrern und Lernenden einen ernsthaften Widerspruch zu entdecken. Ich wollte sie bei einer Unwahrheit ertappen, bei einer subjektiven zumindest – es ginge doch nicht mit rechten Dingen zu, im Jahre 1970 des Herrn oder der Zeitrechnung, wenn Junge und Ältere die großen Probleme aus dem gleichen Gesichtswinkel betrachteten. Ich stellte Fallen, ich war *tricky*, wie die Amerikaner sagen. Ich fragte nicht nur: Was denken Sie? – ich fragte die Älteren: Was glauben Sie, daß die Jungen von Ihnen halten? ich fragte die Jungen: Was glauben Sie, daß die Älteren von Ihnen halten? Es war nicht immer schmeichelhaft, was der eine vom anderen dachte, aber jeder wußte, was der andere von ihm denkt. Im Zeitalter der verwirrten Abstraktion die konkrete Klarheit.

Es hat seine Gründe. Der Grundstein der Universität auf dem Scopusberg – die größte Hochschule des Landes, eine der bedeutendsten Hochschulen der Welt – wurde 1918 gesetzt. Im Jahre 1925 wurde die Universität eröffnet, 1948 ging sie in die Emigration. Zwanzig Jahre verwehrte Jordanien Lehrern und Studenten den Zugang zu der Lehranstalt. Im westlichen Teil Jerusalems mußte eine andere Hochschule errichtet werden, mit einer Filiale in Rehovot. Der Makrokosmos des jüdischen Schicksals – Heimkehr und Flucht, Flucht und Heimkehr – spiegelte sich im Mikrokosmos der Universität. Es sind erst zwei

Jahre her, daß der Grundstein für die neue Hebrew University gelegt wurde. Heute wirkt sie mächtiger als die Universität von Harvard. Amerikas berühmteste Universität hat fünfzehntausend Studenten, Israels sechzehntausend. Auf sieben Studenten kommt in Jerusalem ein Professor, im Weizmann-Institut kommt ein Professor auf einen Studenten. Im Sechs-Tage-Krieg schloß die Universität ihre Tore. Lehrer und Schüler waren beschäftigt: Sie verteidigten ihr Land. Sie wollten nicht, daß ihre Hochschule wieder ins Exil gehe. Es geschah nicht selten, daß ein Professor, Leutnant der Reserve, unter dem Kommando eines seiner Studenten stand, eines Hauptmanns oder Majors. Zwischen solchen Steinen kann das Unkraut des Generationenhasses nicht wuchern.

Der Vizepräsident der Universität von Jerusalem, Bernard Cherick, ist ein irischer Jude; er hat die traurigen Augen der Juden und den Humor der Iren. Weil ihm Licci gegenüber saß, sprachen wir von den Ähnlichkeiten zwischen den Iren und den Ungarn, sie können beide «trotzdem» lachen, die Iren wurden von den Engländern unterdrückt, die Ungarn von den Österreichern, da entwickelt man Humor. Wie Hauptmann Boros nicht gefürchtet hatte, seine jüdische Identität zu verlieren, weil er von ungarischen Juden stammt, verbarg Cherick nicht den Einfluß Irlands auf seine Persönlichkeit. Wenn die Juden der Diaspora so wenig bigott dächten wie die Israelis, wäre man um einen kleinen Schritt weiter.

Cherick sprach mehrmals von *blessing in disguise*, dem verkleideten Segen. Vom achtzehnten bis zum einundzwanzigsten Lebensjahr dienen die jungen Israelis in der Armee. Studenten unter einundzwanzig findet man selten. Die Diskussion, ob man mit achtzehn wählen darf, käme ihnen absurd vor. Wenn sie zum ersten Mal den Campus betreten, haben sie die Wahl zwischen Leben und Tod hinter sich. Das Durchschnittsalter der Professoren an der Hebrew University ist vierzig, es gibt viele dreißigjährige Professoren: Reife Männer unterrichten reife

Männer. Obwohl staatsbürgerliche Pflichten den Lehrgang verzögern – jedes Jahr etwa sechzig Tage Militärdienst –, verlieren die Studenten Israels keine Zeit. Ein Einundzwanzigjähriger, der nicht genau wüßte, was er studieren will und warum, ist eine Ausnahme: «Ewige Studenten» gibt es keine. «Wir hatten vor kurzem ein schweres Problem», sagte Cherick. «Zwei Examen im Jahr, wie überall, aber oft verlor ein Student ein Semester, weil er kurz vor dem Examen eingezogen wurde. Die Studenten protestierten. Sie verlangten drei Examen im Jahr. Wir mußten nachgeben.» So sehen die Studentenproteste in Israel aus.

Wir blickten über die milden Hänge des Scopusberges hinunter – unter den Fenstern wuchs ein neues Gebäude empor, Studentenheime, das Hämmern der Zimmerleute klopfte zu uns empor, die Musik Israels.

«Es leben fast keine israelischen Studenten auf dem Campus», sagte Cherick. Etwa 2000 Ausländer studieren in Jerusalem, meistens Amerikaner, daneben 250 Araber und Drusen, die Zahl der Araber wächst von Jahr zu Jahr. Man hat im Sprachunterricht ein neues System entwickelt: Nach drei, spätestens fünf Monaten ist fast jeder Ausländer imstande, den Vorlesungen in Iwrith zu folgen. Mit dem Lehrplan ist es komplizierter. Die Kenntnisse eines israelischen Abiturienten sind nicht geringer, sind manchmal größer als die eines deutschen oder amerikanischen Studenten im dritten oder vierten Hochschulsemester. Nur die Franzosen sind etwas weiter. Man gibt ihnen Nachhilfestunden, unauffällig und kostenlos. «Wir kriegen sie hin.» Ein junger Mathematikprofessor der Technischen Hochschule von Haifa, belgischer Abstammung, einer der interessantesten Männer, die wir kennenlernten, hat gefunden, daß in gewissen Fächern Hochschulbildung nicht unbedingt erst auf der Hochschule beginnen muß. Nach dem Mittagessen mit dem Rektor und Professoren der Technischen Hochschule – 5700 Studenten, an die tausend Professoren, daneben 12000 Mittel-

schüler, die auf das höhere Studium vorbereitet werden –, nach unserem Mittagsgespräch warteten vor der Tür zwei Dutzend Vierzehnjährige auf den jungen Professor mit den graumelierten Haaren. Er unterrichtet sie in der Wissenschaft des Computers. Israel hat Tausende Computer-Experten von sechzehn Jahren. Am Fenster stehend fragte ich Cherick: «Gibt es keinen Platz für die Israelis auf dem Campus?»
«Platz genug. Die Studenten wollen zu Hause wohnen.»
«Sie meinen: allein?»
«Nein, zu Hause. Bei den Eltern.»
Tricky wie ich bin, dachte ich: Das werde ich überprüfen.
«Es ist, unter anderem, eine soziale Frage», sagte der Vizepräsident. «Wir sind ein armes Land. Rund neunzig Prozent der Studenten muß sich den Lebensunterhalt verdienen. Das ist schwer, wenn man auf dem Campus wohnt.»
Schwierigkeiten mit den Ausländern?
«Warum nur mit den Ausländern?» lachte Cherick. «Bei den Sitzungen mit den Vertretern der Studentenschaft geht es oft hitzig zu. Es gibt kein großes Problem, das der Lehrkörper nicht mit den Studenten bespricht. Die Ansichten gehen oft weit auseinander.»
«Also Mitbestimmung?»
«Abstimmung der Meinungen wäre richtiger. Es wird so gut wie nichts über die Köpfe der Studenten hinweg beschlossen, aber die letzte Entscheidung liegt bei den Professoren. Das Vertrauen ist gegenseitig. Ich wüßte keinen Fall, in dem wir uns am Ende nicht geeinigt hätten.»
Exotische Einigkeit: Vielleicht geht es doch nicht mit rechten Dingen zu. Eine Kindheitserinnerung kommt mir zu Hilfe.
Ich habe ein unglückliches Geburtstagsdatum. Es fällt mit dem Semesterschluß zusammen: So war es wenigstens, als ich in Wien das Gymnasium besuchte. In diesem Jahr war mein Semesterzeugnis noch schlechter als sonst ausgefallen. Da aber meine Eltern ein Geburtstagsfest planten – Jause, wie man in

Österreich sagt –, zog ich es vor, mein Zeugnis vorerst unter der Matratze zu verstecken; Geschenk, Kuchen und Party wären sonst ausgeblieben. Beim Geburtstagsfest spielten wir Pfänderspiele. Mir fiel die geistreiche Aufgabe zu, meinem Mitschüler Wilhelm Gorlitzer – so heißen nur Mitschüler – eine Ohrfeige zu versetzen. Zum Spaß natürlich. Ich tat es aber nicht zum Spaß: Ich «langte» ihm eine, er verlor einen Zahn. Heute weiß ich, warum mir die Hand so fatal ausgeglitten war. Weil mein Zeugnis unter der Matratze lag. Mein Unbehagen ohrfeigte am falschen Objekt.

Die rebellischen Studenten der Welt ohrfeigen Gorlitzer, weil sie ihr «ungenügend» unter den Matratzen verbergen. Sie verbrennen Bibliotheken und meinen die Gesellschaft. Die Studenten Israels sind nicht durchgefallen. Sie glauben auch nicht, daß die Gesellschaft durchgefallen ist, zumindest nicht die israelische. Wenn ihnen etwas nicht paßt, sagen sie es, aber sie sagen, was ihnen nicht paßt. Es gibt Bilder, die ihnen nicht gefallen: Sie nehmen sie aus dem Rahmen, sie zerschlagen nicht die Rahmen. Sie wollen lernen, nicht belehren. Sie formen an der unförmigen Gesellschaft: Kleinholz läßt sich verbrennen, aber nicht formen. Sie sind gegen Verwicklung, für Entwicklung. Da sie die bestehende Gesellschaft nicht für verloren halten, sind sie für die Weltrevolution verloren.

Bernard Cherick kam noch einmal auf die ausländischen Studenten zu sprechen. Die meisten, sagte er, sind schon nach kurzer Zeit von den israelischen kaum zu unterscheiden. «Sie werden in den Hörsälen nur wenige Hippies finden. Die Hippies, denen Sie auf den Straßen begegnen, sind keine Studenten. Studenten, die in der Armee gedient haben und dem Feind gegenüberstanden, blicken verächtlich auf sie hinunter. Man demonstriert Intellektualität im Seminar, nicht auf der Straße. Hippies in Israel sind nicht die Deklassierten der alten, sondern der neuen Gesellschaft. Ihr Protest läuft leer, weil er sich gegen Gleichaltrige richten müßte. Ausländische Studenten – vornehmlich amerikanische und deutsche –, die in den Campus Rauschgift zu bringen versuchen, werden von den Studenten ausgestoßen. Da bedarf es nicht der Mitbestimmung, sie tun es ganz von selbst, Selbstbestimmung.»

Eine Assistentin – sie stammt aus Deutschland, ihre beiden Söhne sind Sabras, stehen jetzt beide am Suezkanal – führte uns durch die Universität. Das Auditorium Maximum von schlichter Feierlichkeit, blühende Parkanlagen, Schwimmbäder, in der überfüllten Bibliothek ist es mäuschenstill, in einem Lehrsaal der juristischen Fakultät findet gerade ein «Prozeß» statt, in einer Sporthalle Florettfechter, ein riesiges Amphitheater, hier könnte man Sophokles spielen, im Deborah-Taylor-Gebäude ein moderner Computer, die Mensa blitzsauber, im Theatersaal wird ein Musical geprobt, in einem Lehrsaal liest ein Student drei Dutzend Professoren in weißen Ärztekitteln seine Doktorarbeit vor. Ein Student in Fliegeruniform, ein junger Negerpriester, Mädchen in Miniröcken, Mädchen in Hosen, Studenten mit dem Käppchen, Studenten und Studentinnen liegen im Gras, lesen Zeitungen, diskutierende Gruppen, Gespräch, nicht Geschrei, schnelle Schritte und lange Pausen – und es fällt uns auf, daß die Altersunterschiede fortgezaubert sind: Ein weißhaariger Professor sitzt neben Studenten auf einer Treppe, beim Zeitungsstand auf dem Weizmannplatz bespricht ein Professor mit zwei Studentinnen die neuesten Nachrichten, um einen malenden Studenten hat sich eine Gruppe gebildet, zwei ältere Herren blicken über die Schultern der Neugierigen. Die Assistentin warnt uns, recht still zu sein, wenn wir jetzt einen der Lehrsäle betreten – der Saal ist so groß, daß sich die Studenten darin fast verlieren, ein Professor in Hemdsärmeln, er kann nicht über dreißig sein, zeichnet mathematische Formeln auf die schwarze Tafel; obwohl wir uns an die Weisung der Assistentin halten, wenden sich einige Studenten um, machen «Psss!», wollen nicht gestört werden. Eine milde Hand liegt über dem Campus.

Haben wir ein Potemkinsches Dorf gesehen?
Am Abend versammeln sich Studenten der Hebrew University im B'nei Brith Hillel-Haus: Wir haben sie auf der Universität ausgewählt, wahllos, nur der Präsident der Studentenschaft ist nicht zufällig hier, nur daß alle englisch sprechen, ist Bedingung. Zehn Jungen, drei Mädchen. Eines der Mädchen bringt Tee, ein Junge reicht kleine Bäckereien herum. Meine Frau weiß nicht, wohin sie sich setzen soll: Drei Studenten bringen ihr gleichzeitig eine Sitzgelegenheit. Die Jungen arrangieren den Halbkreis so, daß die Mädchen die besten Plätze bekommen. «*Es gibt kein äußeres Zeichen der Höflichkeit, das nicht einen tiefen, sittlichen Grund hätte*», schreibt ein altmodischer Schriftsteller in seinen «Wahlverwandtschaften». Vielleicht war die Enotria kein Schiff, sondern ein fliegender Teppich.
Die Studenten ähneln sich nicht: Das ist das Sonderbare an ihnen. Juden, alle, aber ihre Eltern kamen aus Polen oder Kanada, aus Österreich oder Rußland. Das ist es nicht. Es sind Studenten, nicht Studenten-Darsteller. Einer hat längere Haare, der andere kürzere, einer hat einen Bart, der andere keinen, einer trägt eine Hornbrille, der andere eine ungefaßte, die Mädchen sind alle gepflegt, aber auf verschiedene Art, Lippenstift oder ungeschminkt. Der Jusstudent hat einen formellen blauen Anzug mit weißem Hemd angelegt, der Romanist hat Blue jeans an, ein dritter fragt, ob er sein Jackett ablegen darf. Jeder von ihnen arbeitet außerhalb der Universität, der eine in einer Apotheke, der andere fährt Lastwagen bei Nacht. Sie bilden keine Kaste. Wenn sie Uniformen tragen müssen, sind es die Uniformen der Armee. Sind sie nicht Soldaten, brauchen sie keine Uniform.
Ich denke: Am besten prüfe ich gleich, ob mich der witzige Ire überlistet hat.
Obwohl alle Studenten über einundzwanzig sind – der Präsident, ein kratzbürstiger Junge, manchmal lächelt er verschmitzt, dürfte vierundzwanzig sein –, wohnen sie, mit zwei

Ausnahmen, bei ihren Eltern. «Solange wie möglich», sagt der Jusstudent, ein hochgewachsener dunkler Junge mit einem angenehmen Bariton. Ob es keine Schwierigkeiten gäbe? Warum sollte es – Juden antworten gern mit einer Frage – Schwierigkeiten geben? Die Eltern wollen die Freiheit der Jungen nicht eindämmen. «Ich weiß schon, was Sie meinen», sagt der Student der Kunstgeschichte. «Preußische Disziplin, und sowas. Kein Wunder, wenn die Jugend drüben rebelliert, obwohl ich glaube, daß diese Rebellion ziemlich primitiv ist. So als ob man alle Neger für minderwertig hielte, weil man mit einem einzigen Neger eine schlechte Erfahrung gemacht hat. Warum sollten wir rebellieren? Rebellion ist kein Selbstzweck.» – «Unsere Eltern haben für uns gekämpft», sagt der Romanist, «– wir können ihnen schließlich eine Freude bereiten.»
Daß er es aufrichtig meint, habe ich schon bei meiner Tageslektüre erfahren. Inserate wie: «*Wir gratulieren mit großer Liebe Rella und Sanyi Friedmann, früher Kolozsvár, jetzt Natanja, zu ihrem 25. Hochzeitstag, und wir wünschen noch viele gesunde glückliche Jahre bis hundertzwanzig – ihre Kinder Sosi und Beni, sowie ihr Enkelkind Chajele*» – solche Anzeigen, ich zitiere aus der Zeitung Uj Kelet, erscheinen täglich in den israelischen Blättern, sie sind häufiger als anderswo die Todesanzeigen. Sentimentalität? Sentimentalität am fünfundzwanzigsten Hochzeitstag der Eltern sollte erlaubt sein. Wozu ein Herz, wenn man es nicht auf der Hand trägt?
Licci und ich waren in einem Nachtlokal gewesen, da ging es hoch her, fast nur ältere Leute. «Während Sie an der Front sind», sage ich, «amüsieren sich ihre Eltern. Nehmen Sie es ihnen nicht übel?» Der Studentenpräsident, ziemlich wortkarg, zuckt mit den Achseln. «Wir stehen ja an der Front, damit das Leben weitergeht. Warum sollen sich unsere Eltern nicht amüsieren?»
Licci und ich wechseln einen Blick. Wohin hat uns der fliegende Teppich entführt? Ist es ein Traum?

Wir sprechen vom Verhältnis zu den Professoren. «Die ältesten unter ihnen, besonders die, die aus Westeuropa kamen, haben manchmal sonderbare Vorstellungen», sagt der Nationalökonom. «Man muß Geduld mit ihnen haben», sagt der Jurist. Meine Fragen seien «europäisch», kritisiert die kleine rundliche Studentin der Psychologie und rückt ihre rundliche Brille zurecht. Es sei auf Israels «ewigen Krieg» zurückzuführen, daß das Studium mit einundzwanzig begönne, aber das sei ein Glück im Unglück. «Die israelischen Studenten sind nicht intelligenter als andere, das ist ein Vorurteil. Wir sind nur reifer. Das Hochschulstudium ist eine ernste Sache.» Professoren wüßten mehr, deshalb seien sie Professoren, sagt der Student der Rechte. Man müsse von ihrem Wissen profitieren, «zu blöd», es nicht zu tun. Etwa Zweidrittel des Lehrkörpers der Hebrew University sei aus der Hebrew University hervorgegangen. «Sie waren Studenten, viele von uns werden Professoren sein», sagt der Romanist. Der Studentenpräsident schüttelt den Kopf. Es gäbe allerlei Probleme, selbstverständlich. Da wollen die Professoren bessere Parkplätze haben, man habe mit Streik gedroht. «Du wirst doch noch fünfzehn Minuten laufen können», sagt der Student der Rechte. «Ich habe kein Auto», erwidert der Studentenpräsident. Eine Diskussion entspinnt sich, als wären wir nicht anwesend. Zu meiner Linken sitzt der Student der Kunstgeschichte: Er ist mir aufgefallen, er sieht wie ein Freiheitsheld aus, auf den idealisierten Gemälden der Französischen Revolution, Rouget de Lisle verliest die Marseillaise. Er sagt: «Der Generationenkonflikt wächst mir zum Hals heraus.»

Ich frage: «Diskutieren Sie mit ausländischen Studenten?»

Der Soziologe meldet sich zu Wort, er sitzt neben dem Romanisten, bisher hat er nichts gesagt: Man kann sich in Israel mit dreizehn Studenten unterhalten, ohne daß zwölf schweigen und den einzigen Soziologen reden lassen. «Die meisten jungen Ausländer», sagt er, «sind über Israel erstaunlich schlecht unterrichtet. Das wäre nicht schlimm, aber wir wundern uns, daß sie sich auch nicht informieren wollen. Sie kommen mit einem Koffer voll Klischees an und reisen mit den gleichen Klischees wieder ab. Zurück bleibt ein Haufen pornographischer Schriften.»

Pornographie, denke ich, das ist ein heißes Eisen. Wie steht es mit Rauschgift und Pornographie, den beiden neuen Fakultäten auf den hohen Schulen Europas und Amerikas?

«Die meisten von uns», sagt die kleine Psychologin, «haben den ausländischen Studenten den Gefallen getan und ein Rauschgift ausprobiert. Ich kenne niemand, der es ein zweites Mal versucht hätte.»

Leise sagt ein anderes Mädchen: «Wir sind Israelis. Wir fliehen nicht. Auch nicht vor uns selbst.»

Die einzige pornographische Zeitschrift des Landes werde, sagt der Jurist, von den Studenten abgelehnt. Alle lachen, als ich von der europäischen «Porno-Welle» spreche. Es ist, als ob ich Menschenfresser-Witze erzählte. Es muß eben «Unterentwikkelte» geben. «Das ist etwas für die Allerprimitivsten», sagt prompt die kleine Psychologin. «Natürlich versucht man auch bei uns, mit derlei Dingen ein Geschäft zu machen. Araber und junge jüdische Einwanderer aus Afrika kaufen das Zeug oder sehen sich pornographische Filme an.»

Wieder bremst der Studentenpräsident. Er erzählt, daß es in einer Klasse für Malerei einen «Skandal» gegeben habe. Alle kennen den Vorfall. Ein Modell zog sich nackt aus. «Na hören Sie», sage ich – so viel Tugend erscheint mir unglaubwürdig –, «wie wollen Sie den menschlichen Körper darstellen, wenn Sie die Modelle verhüllen?» – «Das ist es nicht», sagt er. «Natürlich brauchen wir Nacktmodelle. Aber das Modell kann sich doch in der Garderobe ausziehen und dann in einem Mantel in den Hörsaal kommen. Das Mädchen zog sich im Hörsaal aus, Stück für Stück, wie beim Strip-tease.» – «Und da gab es einen Skandal?» – «Selbstverständlich.»

Licci und ich wechseln einen Blick. Ist es ein Traum?
Rouget de Lisle, zu meiner Linken, betrachtet mich mit einem Anflug von Mißbilligung. «Warum sprechen Sie von Nacktheit?» sagt er. «Körperliche Pornographie ist ganz ungefährlich. Warum sprechen Sie nicht von seelischer Pornographie?»
«Was verstehen Sie darunter?»
«Vorige Woche, zum Beispiel, ich habe Albees ‹Wer hat Angst vor Virginia Woolf› gesehen. Das ist seelische Pornographie.»
Du lieber Himmel, denke ich, die werden noch einen Linksintellektuellen aus mir machen! Ich muß Albee zu Hilfe eilen.
«Ich weiß, ich weiß», sagt der Kunsthistoriker. «Natürlich gibt es das, was Albee darstellt. Das Stück wird ja bei uns auch gespielt, die Zensur hat es nicht verboten. Ich weiß nur nicht, warum ich etwas so Abscheuliches sehen muß. Kunst ist Schönheit. Das Ethische und das Ästhetische sind kongruente Größen.»
Wieder wird so diskutiert, als wären wir nicht anwesend. Die Meinungen stoßen aufeinander, aber niemand wirft meinem Marseillaise-Dichter vor, daß er naiv sei oder ein Reaktionär oder ein Heuchler. Indessen habe ich bei dem Wort Zensur aufgehorcht.
«Ja, es gibt eine Zensur», sagt der Studentenpräsident.
Ich provoziere: «Wie steht es mit der Meinungsfreiheit?»
Die politische Meinungsfreiheit ist absolut, belehrt mich der Jusstudent. «Aber ein Land im Krieg muß auf gewissen Gebieten – vornehmlich handelt es sich um Filme – eine Zensur üben.»
«Sind Sie sicher, daß die Regierung ihre Rechte nicht mißbraucht?» frage ich.
«Wir haben sie gewählt», sagt die Studentin der Medizin.
«So einfach ist das nicht», wirft der Studentenpräsident ein. «Im Jahre 1969 wurden, zum Beispiel, 69 Filme verboten. Zehn waren, wenn ich mich recht erinnere, arabische Propaganda. Zehn oder zwölf, meist deutsche, waren pure Pornographie. Die übrigen stellten Grausamkeiten aller Art dar.»

«Sie sind aber genau informiert», sage ich.
Man lacht. «Natürlich ist er genau informiert», sagt der Nationalökonom. «Er sitzt ja in der Zensurkommission.»
«Die Regierung beschließt also nicht eigenmächtig?»
«Die Regierung hat genug mit dem Krieg zu tun», sagt der Soziologe.
Ich erkundige mich nach der Zensur in den besetzten Gebieten.
«Die Araber dürfen arabische Filme sehen», sagt der Experte. «Im vorigen Jahr wurden 141 arabische Filme zugelassen, hauptsächlich ägyptische. Von 32 westlichen Filmen wurden vier zensuriert. Sie waren zu blutrünstig. Im übrigen richtet sich die Zensur in den besetzten Gebieten vornehmlich nach den jordanischen Bestimmungen.»
Der Kunsthistoriker – er ist Leutnant der Luftwaffe – sagt nachdenklich: «Gewalt ist eine Sache für Länder, die im Frieden leben.»
Ich stelle die schon stereotype Frage, ob sich die israelische Jugend ändern wird, wenn friedliche Zustände eintreten. Wir stimmen ab. Zehn sagen ja: Sie wird für die Propaganda der intellektuellen Linken anfällig werden. Drei sagen: «Wir sind immun.»
Die Teekanne, der Teller mit den trockenen Bäckereien geht rundum. Der Jurist tuschelt mit ein paar anderen Studenten.
«Darf ich Sie etwas fragen?» wendet er sich an mich. Und als ich bejahe: «Warum fragen Sie nicht etwas Schwieriges?»
Was nennen die israelischen Studenten schwierig?
«Zum Beispiel unser Verhältnis zu den Arabern», sagt der Jurist.
Alle dreizehn sagen ihre persönliche Meinung. Sie überlegen, suchen nach Worten, verbessern sich, die jungen Gesichter werden alt. Man sieht jetzt, daß sie Juden sind, alle Juden sind alt. Während die jungen Israelis einen Wall bauen müssen gegen arabische Angriffe, bauen sie zugleich einen Wall gegen den eigenen Haß. Licci und ich haben es am ersten Abend in Haifa

erfahren, jetzt erfahren wir das gleiche in Jerusalem: Die jungen Juden haben keine Zeit für den Generationenkonflikt, sie sind beschäftigt, ihr Seelenheil zu wahren. Der Gott der Rache des Alten Testaments, das ist nicht mehr ihr Gott, das ist nicht der Gott der Israelis. Jesaja: «*Horch es ruft: In der Wüste bahnet den Weg des Herrn; machet in der Steppe eine gerade Straße unserm Gott!*» Unter der geraden Straße verstehen die jungen Israelis den Weg zwischen notwendiger Verteidigung und überflüssigem Haß. Keiner von den dreizehn Zeugen hält die Araber für böse oder minderwertig oder blutrünstig. Keiner zweifelt, daß es möglich wäre, mit den Arabern in Frieden zu leben. Einige kritisieren, daß eine relativ geringe Zahl von Arabern die Universitäten besuchen kann. Ein niedrigeres Bildungsniveau, notwendige Sicherheitsmaßnahmen: gewiß – aber auch Vorurteile der älteren Professoren. «Wenn wir alle Araber haßten, wären wir Nazis», sagt die Studentin der Medizin.

Licci und ich wechseln einen Blick. Ist es ein Traum?

Schwierige Fragen. Israelischer Militarismus, israelischer Imperialismus, zum Beispiel. Jetzt werden die Gesichter wieder jünger, die Stimmen lauter, diesmal sprechen drei oder vier Studenten durcheinander. Der Vorwurf des Imperialismus, des Militarismus, der herübertönt über das Mittelmeer, kränkt sie, erzürnt sie doppelt, weil er meistens von jungen Leuten erhoben wird. Der Romanist hebt die schmale, beinahe durchsichtig feine Hand, sagt ruhig: «Männer in Uniform haben unsere Eltern und Großeltern gemordet. Und weil die Jugend Europas ein schlechtes Gewissen hat, das sie im übrigen gar nicht zu haben braucht, überträgt sie den Haß gegen die Uniform unserer Mörder auf die Uniformen, die wir tragen.» Der Romanist ist Hauptmann in einem Panzerbataillon. Die Psychologiestudentin, mit der runden Brille, sagt: «Militarismus im Krieg – was für ein Unsinn! Keiner von uns ist gern Soldat, nicht wahr?» Zustimmung. «Unsere Generale geben militärische Befehle – sonst nichts.» Und als ich von Heldenvereh-

rung spreche, sagt der Jurist: «Wir trauern um unsere Helden – ist das verboten?» Der Studentenpräsident lächelt verschmitzt: «Doch, wir ehren unsere Helden. Unserem Generalstabschef im Sechs-Tage-Krieg, Yitzhak Rabin, haben wir zum Beispiel als Tapferkeitsauszeichnung einen Doktorhut aufgesetzt. Dann schickten wir ihn als Botschafter nach Washington.» Beim Empfang der Doktorwürde sagte Yitzhak Rabin: «*Diese Armee kam aus dem Volke und kehrt zum Volke zurück – zu einem Volk, das sich in Zeiten der Krise zu großen Höhen erhebt und kraft seiner Sittlichkeit und seiner geistigen Stärke alle seine Feinde besiegt.*» Der Soziologe sagt: «Wie man es macht, ist es falsch. Sprechen wir mit Stolz von unserer Armee, die wir ja selbst sind – unser Berufsheer ist verschwindend klein –, nennt man uns Militaristen. Sagen wir, daß wir den Frieden wollen, ernten wir den Applaus von den Feinden unseres Landes.» Wieder der Jurist: «Im Sechs-Tage-Krieg nannte uns niemand Imperialisten. Dann setzte die sowjetische Propaganda ein. Wir sollen einen Angriffskrieg geführt haben. Ich erinnere mich nicht, daß es seit Pearl Harbor eine formelle Kriegserklärung gab, und die kam zu spät. Kriegserklärungen sind nicht mehr Mode. Die Reden der arabischen Führer waren die Kriegserklärung. Und die Sperrung der Straße von Akaba. Das ist jetzt alles vergessen.» Die Medizinstudentin: «Man sagt, Nasser hätte es nicht so gemeint. Es würde die Araber aber nicht freuen, wenn wir sagten, daß wir sie nicht ernst nehmen. Wann sollen wir sie ernst nehmen, wann nicht? Hätten wir warten sollen, bis sie uns alle töten?» Ich erwähne eine Schallplatte, die mir Freunde aus Israel geschickt hatten, mit Kriegsgesängen. «Hätten Sie nicht gesungen, wenn Sie auf dem Weg zur Klagemauer gewesen wären?» sagt Rouget de Lisle. «Sollen sie uns Militaristen nennen, wir kämpfen um unsere Existenz.»
Schwierige Fragen. Die israelische Jugend nimmt nicht teil an der studentischen Rebellion. Die Namen Marcuse, Adorno, Mitscherlich, Habermas fallen. Alle kennen die Namen, einige

haben ihre Werke gelesen. Man überläßt dem Soziologen das Wort. «Der überholte Marxismus rettet sich in die Psychoanalyse, nach dem amerikanischen Business-Grundsatz: *If you can't lick them, join them.* Wenn ich dieses tiefgründige Geschwätz lese – es wird übrigens auf der Universität diskutiert –, wird mir übel. Horkheimer ist der einzige – neben Adorno, vor seinem Tod –, der erkannt hat, daß sich Philosophie nicht ungestraft in Soziologie verwandeln kann und philosophische Theorie nicht in revolutionäre Praxis. Die Jugend Europas mag uns für Verräter halten: Ein Land, das seine Gesellschaftsform gefunden hat, kann nicht, des puren Radaus wegen, so handeln wie ein Land, das seine Gesellschaftsform sucht. Wir haben ein Rendez-vous mit der Zukunft. Oder mit unserem Schicksal, frei nach Lincoln.»

Eine Scheuerfrau steckt ihren Kopf durch die Tür, nicht das erste Mal. Es geht auf Mitternacht. Man lacht, versucht, sie zu beschwichtigen, streckt am Ende vor ihrem Besen die Waffen. Über schmale, dunkle Treppen steigen wir hinunter; die Jungen helfen meiner Frau und den Mädchen. Schalom, Schalom – wir sehen ihnen nach: Ein Student hat seinen Arm um die Schulter eines Mädchens gelegt, drei Jungen stehen noch diskutierend an der Ecke, keiner hat einen Wagen, sie gehen alle zu Fuß, der schlanke Jurist, der Studentenpräsident und Rouget de Lisle. Lachende Stimmen, noch lange.

Ich ziehe die Vorhänge zu; der Abend liegt über den weißen Palmen. Ich kehre an meinen Schreibtisch zurück, nehme die Mappe «Israelische Jugend» zur Hand. Wenige Monate sind seit dem Abend im B'nei Brith Hillel-Haus vergangen. Man hat in Israel inzwischen «Hair» aufgeführt, das Musical der Apokalypse, «Die Königin der Badewanne», das erste israelische Pop-Musical «Kfoc», in dem die Darsteller nackt herumhüpfen – «‹Kfoc› heißt ‹Spring›!» –, Schamhaar-Operette mit Sozialkritik, die Nackten und die Roten. Fast die gesamte Presse hat sie verurteilt, der Besuch war schwach, der Applaus schütter: Gespielt wurden sie immerhin. Rouget de Lisle wüßte nicht, warum. Im Fernsehen tritt Mike Brandt mit seiner Band auf, der israelische Beatle, er wurde in einem Flüchtlingslager auf Zypern geboren, für die Schule reichte es nicht, er wurde Schlosserlehrling, jetzt singt er Protest-Songs, seine Schallplatten sind populär. Aus Europa heimgekehrte israelische Studenten – sie kehren heim, fahren wieder ab, kehren wieder heim – haben die «Ben Gurion Basis-Gruppe» gegründet, auf ihren Flugblättern steht: «*Wenn jemand gegen die Grundsätze des Humanismus verstößt, sei es Hitler oder Moshe Dayan, dann ist es die Pflicht jedes Menschen, dagegen aufzutreten.*» Es sind nicht mehr als ein Paar Dutzend, aber es kann kein Zufall sein, daß die Zeitung Jedioth Chadashoth auf fünf Spalten vor ihnen warnt. Dan Orfy, einer der besten Journalisten Israels, warnt auf drei Spalten vor dem Trojanischen Pferd, in dessen Innerem sich die Agitatoren der Neuen Linken Israels, der Sciach, verbergen, es gibt wilde Streiks an den Hochschulen, die Prüfungsfragen seien zu schwer, einen der bedeutendsten Architekten des Landes, Professor Alfred Mansfeld, haben streikende Studenten «abgeschossen», linksradikale Studenten werden in Amerika zu Apparatschiks ausgebildet, der Student Uri Davis fordert im staatlichen Rundfunk und Fernsehen zur Militärdienstverweigerung auf. Im Ausland besitzt die verschwindende Minderheit einen beträchtlichen Rückhalt. In dem Musical «Die Königin der Badewanne» wird das Lied gesungen: «*Unsere Jungens kehren alle mit einem Bein vom Suezkanal zurück / Aber das macht nichts, Hauptsache, der Staat bleibt heil.*» Wird, nach einer Meinungsumfrage, das Musical von der Mehrheit abgelehnt, schreibt das Hamburger Sprachrohr der Araber: «*Die meisten Israelis empfinden die Lage ihres Landes offenbar so bedrohlich, daß sie Selbstironie nicht mehr verkraften.*» Zwar gelte in Israel nach wie vor der Grundsatz Ejn Brera – Wir haben keine Wahl –, schreibt die unabhängige Neue Zürcher Zeitung, aber sie berichtet auch von «*Un-*

ruhe unter der Jugend Israels». Es mögen immer dieselben hundertfünfzig sein – denn nach Associated Press waren es nicht mehr –, aber hundertfünfzig junge Israelis ziehen vor die Residenz Golda Meirs, um gegen die Ansiedlung jüdischer Familien in Hebron zu demonstrieren. Israel ist keine Insel. Wir wissen nicht, ob es einen Krebsvirus gibt. Eine Art des Krebses ist ansteckend.

War es ein Traum: die sittliche Höflichkeit, von der Goethe sprach, der Patriotismus ohne Nationalismus, Mädchen, die noch erröten können, die Furcht vor dem Haß im Herzen, die ausgestreckte Hand, die, wenn es sein muß, zur Faust wird, der Ekel vor dem Schmutzigen, der Respekt vor dem Können, die Disziplin in Freiheit, das Bekenntnis zur Überlieferung, der Glaube an die Wahrheit, der Glaube an den Glauben, die Liebe zu den Eltern?

Enttäuscht mich nicht, meine Freunde! Ich bin nicht mehr jung, und ich würde mich sehr alt fühlen, wenn ich die Jugend nicht lieben könnte: euch danke ich, daß ich die Jugend wieder liebe. Ich hasse den Krieg: Ich will nicht glauben, daß die schöne Göttin der Tugend der siamesische Zwilling Mars' ist, des häßlichen Kriegsgottes, und daß sie sterben muß, wenn er stirbt. Der große Freiheitsheld Ungarns, Lajos Kossuth, hat gesagt: «*Wir haben nicht gesiegt, aber gekämpft; wir haben die Tyrannei nicht gebrochen, aber ihren Lauf aufgehalten; wir haben unser Land nicht gerettet, aber verteidigt; und wenn einst unsere Geschichte geschrieben werden wird, werden wir sagen können, daß wir widerstanden haben.*» Widersteht allen, auch jenen in euren eigenen Reihen, die euch zuflüstern, daß der Gesunde krank ist, weil man in einer kranken Welt krank sein muß, um dazuzugehören; daß ihr euch anschmiegen und anschließen und anschmeicheln müßt einer Jugend, die mit euch nichts gemeinsam hat als ein Geburtsdatum; daß ihr die Schulbank mit der Barrikade vertauschen müßt; daß ihr ausgestoßen werdet aus der Gemeinschaft der

Jugend, wenn ihr nicht Haschisch schnupft und euch im Veitstanz windet, wenn ihr nicht eure Körper entblößt und die Bücher verbrennt, wenn ihr nicht, mit dem Palmwedel des Friedens in der Hand, die Alten hinauftragt auf den Berg Taygetos, um sie auszusetzen wie die kranken Kinder, den Raubvögeln zum Fraß und den Würmern zur Freude. Schämt euch nicht! Schämt euch nicht eurer Unschuld und eurer Kindlichkeit und eurer Gefühle und eurer Treue und eures Stolzes und eurer Schlichtheit und eures Pathos und eures Glaubens und eurer Väter! Auf dem Schiff, das mich von Erez Israel entführte, dachte ich an euch, an das Mädchen mit der Brille und den Jungen mit der bleichen Hand und an den Dichter der Marseillaise. Und ich schrieb: «*Ihr wollt es kompliziert, es ist so einfach: / daß man keinen Gott anbetet als den einen – Ihn / (nicht Mao, Nasser oder Ho Tschi-minh); / daß man kein Bildnis schafft, nicht Götzen ehrt / (die Tafeln, die ihr tragt, sind umgekehrt); / daß man nicht eitel nennt des Herrn Namen / (ihr schafft euch Bildnisse in leerem Rahmen); / daß man zu ruhn vermag am siebten Tag / (ein komfortables Grab ist auch ein Grab); / daß man die Eltern ehrt und Ehre erblich / (auch wenn er greisenhaft, wenn sie gebrechlich); / daß man nicht töte, morde, schlachte / (und wenn Profit lockt und die Blutlust lacht); / daß man nicht ehebricht und nicht betrügt / (auch wenn Gesetz wird, daß man lügt); / daß man nicht stiehlt, was ein andrer erwarb / (und steht im ‹Kapital› auch, daß man's darf); / daß man nicht falschen Eid spricht vor Gericht / (auch wenn der Meineid Mode ist); / daß man nicht neidvoll äugt des Nächsten Weib / (böse Absicht ist kein Zeitvertreib).*» Es darf kein Traum gewesen sein. Bitte, enttäuscht mich nicht!

Versuchung in der Wüste

Wer Symbole finden will, braucht hier nicht lange zu suchen. Von Sedom waren wir gekommen – Sodom und Gomorrha, die «verdorbenen» Städte. Qumran, wo die heiligen Schriftenrollen gefunden wurden, am Toten Meer. Eine der biblischen Handschriften heißt: «Krieg der Söhne des Lichts gegen die Söhne der Finsternis». Jetzt ging es nach Jericho.

Wir hatten nicht die Hauptstraße gewählt, wir fuhren durch Wüstenland, durch wüstes Land, durch das besetzte Gebiet, das besetzte oder das heimgekehrte. Wüste: Man denkt an endlose Flächen. Hier ist die Wüste ein Bergland, der Sand wie Elefantenhaut, gegerbter Sand, ein Elefantenrücken neben dem anderen. Schluchten in der Wüste, Flußbetten ohne Wasser, hier floß nie Wasser, hier fließt nur der Wind. Minutenlang kein Wagen, dann ein Lastwagen mit der Nummer der besetzten Gebiete, gleichgültig blicken die Araber unserem Wagen nach, mit leeren, heißen Wüstenaugen. Steine ragen aus dem Sand, die arabischen Dörfer sind keine Oasen, auch sie nur Steine in der Wüste. Die Jordanier haben das Land geschont: vor Kultur und Zivilisation. Beni fährt langsam, der Motor könnte zu kochen beginnen. Der Chamsin wirbelt den Sand auf.

Westlich von Jericho das Kloster der Versuchung. «*Dann wurde Jesus vom Geist in die Wüste geführt, um vom Teufel versucht zu werden. Und als er vierzig Tage und vierzig Nächte gefastet hatte, hungerte ihn nachher. Da trat der Versucher zu ihm und sagte: Bist du Gottes Sohn, so gebiete, daß diese Steine Brot werden. Er aber antwortete und sprach: Es steht geschrieben: ‹Nicht vom Brot allein wird der Mensch leben, sondern von jedem Wort, das aus dem Munde Gottes hervorgeht.›* » Nicht durch das Flachland hatte sich der Teufel genähert, hinter einem Felsen trat er hervor, aus einer Schlucht stieg er auf, aus der Hölle. Höllisches Land, Guerillaland.

Und Jericho. Römische Geschichte, biblische Geschichte. Markus Antonius hat die Stadt seiner Kleopatra geschenkt; undankbar und geschäftstüchtig wie sie war, verpachtete sie Jericho an Herodes den Großen. «*Jericho aber schloß und blieb verschlossen vor Israel. Niemand ging hinaus und niemand hinein.*» Sechs Tage belagerten die Juden die Stadt, dann war der Sechs-Tage-Krieg vorüber. Am siebenten Tag «*stießen die Priester in die Posaunen; da sprach Josua zum Volk: Erhebet das Feldgeschrei; denn der Herr gibt euch die Stadt.*» Die Posaunen ertönten, die Mauer fiel. Am Morgen des 6. Juni 1967 war es anders. Obwohl, wie Oberst Uri Ben-Ari später versicherte, «genug Posaunen zur Verfügung standen», zog er es vor, Jericho mit einem Panzerbataillon zu nehmen. Sodom und Gomorrha, die Versuchung in der Wüste, die Trompeten von Jericho.

Jericho ist keine Steinfestung, keine Lehmoase, ein Krankenkassen-Badeort in arabischer Fassung. Das subtropische Klima hat das Städtchen begünstigt, die Fruchtbarkeit der Ebene: Gemüsegarten und Bananenpflanzungen, die Orangen duften, Dattelbäume am Straßenrand. Jericho profitierte von seinem Klima, es profitierte auch von den Palästinensern, die Jordanien hier angesiedelt hatte. Dennoch nichts von der Feindseligkeit Ost-Jerusalems. Einige Geschäfte sind trotz der Mittagshitze geöffnet, vor den Cafés sitzen Araber, sie spielen Karten, blicken nicht auf. Nur hier und da ein Jeep mit israelischen Soldaten.

Außerhalb der Stadt wieder die Öde. Im sandigen Bergland brütet das verlassene Flüchtlingslager in der Sonne. Zerrissener Stacheldraht, verbogene Sterne, umgeworfene Pfosten, kein Grün im ganzen grenzenlosen Lager, auch nichts, was an Grün erinnerte, hier blühte kein Baum, keine Blume, durchlöcherte Pfannen, der Sand ist schwarz von Schmutz, zwischen den Lehmhütten kaum ein freies Plätzchen, sie sind aneinander gedrängt, als wäre die Wüste nicht groß genug, ein Tischbein ragt aus dem Sand wie die Schiene einer Panzerfalle, verbeultes Wellblech, ein schwarzer Kochtopf, kein Fensterglas, es gab nur wenige Fenster, Löcher im Lehm, die Dächer schief wie Hüte von Betrunkenen, kein Sterbenslaut, und wenn das ein Friedhof sein soll, dann sind Friedhöfe muntere Orte: In Friedhöfen schlafen die Toten, die einmal gelebt haben, und hier scheint niemand gelebt zu haben, hier lebten Tote.

Da ist es also, das Flüchtlingsproblem, das Vertriebenenproblem, das Problem der Palästinenser. Wie sieht es aus, aus der Nähe, auf den Sandfelsen von Jericho?

Es ist das schwerste Problem des Nahen Ostens, und wir werden uns entscheiden müssen. Nicht zwischen Palästinensern und Juden. Die Frage ist, ob die Flüchtlingsfrage ein geschichtliches Problem ist oder ein menschliches. Ein quantitatives oder ein qualitatives. Juden und Palästinenser sprechen von Geschichte und Quantität. Sie sollten von Qualität und Menschlichkeit sprechen. Weil aber beide einig sind in Uneinigkeit, will ich mit Geschichte beginnen und mit Quantität.

Die Geschichte nimmt nach dem Ersten Weltkrieg ihren Anfang, mit der Ansiedlung der Juden im palästinensischen Mandatsgebiet. Damals lebten 562000 Araber in den Gebieten, die den Juden versprochen waren. Die Juden wollten mit den Arabern leben. So sehr wollten sie es, daß die Zahl der Araber zwischen 1922 und 1947 auf 1200000 anstieg. Die Bevölkerung Ägyptens vermehrte sich um 25 Prozent, die Bevölkerung Jordaniens blieb unverändert; die Araber strömten nach Palästina. Enteignung? Artikel sechs des Völkerbundmandats verpflichtete die Engländer, jüdische Siedlungen zu fördern, aber die Juden mußten jedes Stück Land von den Arabern teuer erwerben. Der Preis des zum größten Teil wertlosen Landes stieg auf das Fünffache: Bodenspekulation, Goldrausch.

Das ist der Beginn der Geschichte. Sie hat eine menschliche und qualitative Seite.

Die ersten Palästinenser, die Palästina «zurückerobern» wollten, waren die Großgrundbesitzer, die Palästina verkauft hatten. In ihrer Phantasie wurde das karge Land, das sie verlassen hatten, zum Garten Eden. Wer einmal Emigrant war, kann es verstehen. Keine Utopie ist so utopisch wie die Utopie der Vergangenheit. Für den darbenden Landarbeiter, der dem Großgrundbesitzer gefolgt war, wurde die Lehmhütte seines Vaters zum Palast. Wir pflegten in der Emigration über unsere Kameraden zu spotten: «Jeder Dackel tut, als wäre er ein Bernhardiner gewesen.» Es gab unter den Palästinensern nur noch Bernhardiner.

Zurück zur Historie und ihrer Statistik!

Die wichtigste und am meisten umstrittene Frage ist heute, wie viele Palästinenser es vor 1948 im späteren Israel gegeben hat. Beide Parteien haben ihre eigene Buchhaltung. Wie immer man es dreht und deutelt: Die von dem in den zwanziger Jahren noch objektiven Völkerbund angegebene Zahl 562 000 ist unbestritten. Die restlichen 638 000 Araber waren nur zum geringen Teil Palästinenser; sie waren in die jüdischen Gebiete gekommen wie die Goldgräber um die Jahrhundertwende ins kanadische Klondike. Indes spielte es keine wesentliche Rolle, wenn man alle Araber, die vor 1948 in Palästina lebten, als Palästinenser ansähe. Als nämlich nach dem gewonnenen Unabhängigkeitskrieg die Grenzen Israels festgelegt wurden, lebten 750 000 Araber an den Westufern des Jordans und im Gazastreifen. Subtrahiert man die Zahl 750 000 von 1 200 000, ergibt es vierhundertfünfzigtausend. Von diesen waren 157 000 in Israel geblieben, die übrigen waren vor allem nach Syrien und

dem Libanon geflohen. Das sind die Zahlen, von denen die Israelis heute ausgehen.
Ich kann mich mit papiernen Tatsachen nicht zufriedengeben. Der den Juden keineswegs wohlgesinnte Kolonialminister Seiner britischen Majestät erklärte am 24. November 1938 im Parlament: «*Wenn kein einziger Jude nach 1918 nach Palästina gekommen wäre, wäre dort die arabische Bevölkerung noch immer rund 600000, wie es das unverändert während der ganzen türkischen Herrschaft gewesen ist ... Die Araber können sagen, was sie wollen: Sie haben in großem Maße von der Balfour-Deklaration profitiert.*» Der Minister hatte sich mit englischer Zurückhaltung ausgedrückt. Es mag eine veraltete Zeugenschaft sein, wenn Mark Twain nach einem Besuch vom «*verwüsteten Zustand*» des Heiligen Landes spricht, aber genau die gleichen Worte gebraucht der Hohe Kommissar für Palästina im Jahre 1923 – über das Gebiet von Eschdraelon schrieb er: «*Das Land war unbewohnbar. Es gab kein Haus und keinen Baum.*» Eschdraelon gehört heute zu den fruchtbarsten Gebieten Israels. Es ist die Qualitätsfrage: nicht zum ersten, nicht zum letzten Mal. Was einer aus dem macht, was ihm anvertraut wurde, läßt sich nicht aus der Welt schaffen. In meiner Kindheit las man auf den Toiletten der Bahnhöfe: «Verlassen Sie diesen Ort so wie Sie ihn vorzufinden wünschen.» Das wäre natürlich auch eine Lösung des palästinensischen Problems. Verließen aber die Juden den Ort so, wie sie ihn vorgefunden haben, bin ich nicht gewiß, ob es die Palästinenser nicht vorzögen, wieder das verlassene Lager von Jericho zu beziehen. Soll es nur wichtig sein, wie viele Palästinenser das Land verlassen haben? Nicht eher: Wie sah es aus, was sie verließen? Quantität und Qualität.
Ich kehre zurück zur Geschichte.
Wenn Engländer und Amerikaner nichts von geschichtlichen Lehren wissen wollen, gebrauchen sie den Pleonasmus *past history* – als ob nicht alle Geschichte «vergangen» wäre. Die zwanziger Jahre sind «vergangene Geschichte» – das Jahr 1948

kann es nicht sein. In diesem Jahr wurde Israel geboren. Waren die Araber, die vor den neuen Herren flohen, Palästinenser? Palästina ist eine späte Erfindung, jedenfalls Palästina als Nation. In der Deklaration des Syrischen Kongresses vom Jahre 1919 heißt es: «*Wir verlangen, daß der südliche Teil von Syrien, als Palästina bekannt ... vom syrischen Land nicht getrennt werde.*» Im gleichen Jahr protestierte der Arabische Kongreß in Jerusalem gegen den Begriff Palästina: «*Die arabischen Länder sind ein vollständiges und unteilbares Ganzes, eine Teilung welcher Art auch immer ... wird von den arabischen Nationen nicht anerkannt werden.*» Am 31. Mai 1956 erklärte der Führer der palästinensischen Guerillas, Ahmed Shukairy, der Vorläufer Arafats: «*Jedermann weiß, daß Palästina nichts ist als Süd-Syrien.*» Alte Geschichten? In der Resolution des Höchsten Fedajim-Rates vom 6. Mai 1970 heißt es: «*... das Volk Palästinas ist Teil der arabischen Nation und das Land Palästina Teil des arabischen Landes.*» Wollte man «Palästina» den Palästinensern «zurückgeben», müßte man es erst schaffen.

Da ist aber das menschliche Problem – das palästinensische wie das jüdische.

Lokalpatriotismus ist keine minderere Emotion als Patriotismus: Manch einer verzichtet lieber auf sein Vaterland als auf sein Geburtsdorf. Die Schlesier sind Deutsche, aber sie sind auch Schlesier. Ein Krieg hat Folgen, gute für den einen, böse für den anderen, böse für beide, es läßt sich nicht leugnen; es geschieht, daß sich seine Opfer zwischen Patriotismus und Lokalpatriotismus entscheiden müssen. Die Schlesier waren Schlesier, aber so sehr waren sie Schlesier nicht, daß sie in Schlesien unter polnischer Herrschaft leben wollten. Die Palästinenser sind vor die Wahl gestellt, auf palästinensischem Boden unter jüdischer Herrschaft oder in Arabien, ihrer großen Heimat, zu leben. Da sie keines von beidem wollen, ist der Krieg gegen Israel die logische Konsequenz ihres Verhaltens.

Die Juden, ihrerseits, können auf Israel nicht verzichten. Für sie ist Israel nicht bloß eine Provinz wie Schlesien für Polen, wie

Palästina für die Araber. Sie haben keine andere Heimat. Leistungen mögen quantitative Größen sein, das Leid ist ein qualitatives, also menschliches Maß. Zweitausend Jahre des Leides sollten genügen. Die Ungarn haben in ihre alte Nationalhymne das Wort aufgenommen: «*Dieses Volk hat für seine Vergangenheit und seine Zukunft schon gebüßt.*» Zwar steht in der Charta der Vereinten Nationen nichts von menschlichem Elend, aber ich beneide keinen, der das palästinensische Problem lösen wollte, ohne an das jüdische Leid zu denken. Anderseits ist das erlittene Leid keine Rechtfertigung für das Leid, das man anderen zufügt. Also ein Kompromiß? Es wäre möglich. Da jedoch die Araber die Heimatdörfer der Palästinenser als integralen Teil der arabischen Welt betrachten, ist für Israel, und umfaßte es nur den Garten Golda Meirs, auf ihrer Landkarte kein Platz. Wer das Recht der Palästinenser auf «Palästina» befürwortet, hat sich für die Tilgung Israels von der Landkarte entschieden. Er mag das nicht wollen: Die Araber lassen ihm keine Wahl. Die palästinensische Frage ist eine Gewissensfrage. Jeder muß sie für sich selbst entscheiden: Selbst in der kommunistischen Welt bleibt Gewissen Privatbesitz.

Ein moralisches Zwischenspiel. Nun wieder: Geschichte und Zahlen.

Im Jahre 1948 fand im Nahen Osten eine Völkerwanderung statt. Die arabische Welt dokumentierte durch Taten, daß die Palästinenser Araber waren – nicht, wie sie selbst behauptet hatten, bloß Süd-Syrier. Syrien nahm 78300 Flüchtlinge auf – Jordanien 248000, der Libanon 90000, Ägypten 118000. Es ist richtig, daß nur 157000 Araber in Israel blieben. Ebenso richtig ist es, daß sich der Trek nicht in einer einzigen Richtung bewegte. Gleichzeitig mit der Flucht der Araber aus Israel begann der Exodus der Juden aus den arabischen Ländern – 235000 flohen aus Marokko, 124000 aus dem Irak, 46000 aus Jemen, 43000 aus Tunesien, 37000 aus Ägypten, 32000 aus Libyen, 12000 aus Algerien, über 8000 aus Syrien und dem Libanon.

Ein unfreiwilliger Bevölkerungsaustausch hatte stattgefunden – nach Kriegen findet er immer statt: einmal am grünen Tisch, einmal über grüne Felder –: hier 562000 Palästinenser, dort 537000 Juden. Der Gedanke, diese Juden nun wieder in den arabischen Ländern anzusiedeln, wäre absurd, nur eben nicht absurder als die Rückführung der Palästinenser nach Israel.
Vergleiche, dennoch. Die Palästinenser mußten nicht fliehen, die Juden mußten es tun. Mannigfache Beweise: der einfachste wohl das gelungene Experiment des Zusammenlebens von Juden und Arabern in Israel, die Verfolgungen der zurückgebliebenen Juden in den arabischen Ländern. Mord, Totschlag, Brandstiftung, Entrechtung und Enteignung. Hunderttausende von Arabern, die Israel in dieser Zeit der Völkerwanderung verließen, waren keine Palästinenser, Hunderttausende hatten nur wenige Jahre, wenige Monate gar auf palästinensischem Boden gelebt; die meisten waren arme Landarbeiter, Analphabeten. Die meisten jüdischen Familien waren seit altersher in den arabischen Ländern ansässig gewesen. Sie ließen beträchtliche Besitzungen und Vermögenswerte zurück. Kein Jude wurde entschädigt.
Schon bin ich wieder bei der Qualität. Qualität, mehr als Quantität, ist der Prüfung der Zeit unterworfen. Das Gewicht einer minderwertigen Uhr ist nach zwanzig Jahren unverändert – ob sie noch geht, ist fraglich.
Die aus den arabischen Ländern vertriebenen Juden haben den Test der Zeit bestanden. Sie benahmen sich nicht viel anders als die nach dem Zweiten Weltkrieg aus Polen oder aus der Tschechoslowakei vertriebenen Deutschen. Es fiel ihnen nicht leicht, aber sie gliederten sich ein. Allmählich verstummte die Stimme einer radikalen Minderheit.
Sind die Palästinenser minderwertig, weil sie auf dem Prüfstand der Zeit versagten? Das wäre Rassismus. Sie waren widrigen Einflüssen unterworfen. Wenn Menschen fliehen müssen, von irgendwo, irgendwohin, erweist sich nicht nur ihre eigene Qua-

lität, sondern auch die menschliche Substanz jener, die sie aufnehmen. Exil heißt Examen des Gastgebers. Die deutsche Bundesrepublik und die DDR sperrten ihre Flüchtlinge aus dem Osten nicht in Lager. Die beiden deutschen Staaten gingen davon aus, daß Deutschland den Krieg verloren hatte. Derlei wird seit Jahrtausenden immer anerkannt – wenn es sich nicht um jüdische Sieger handelt. Deutschland hat Deutsche als Deutsche aufgenommen, es hat ihre Bitterkeit gedämpft, nicht geschürt, ihr Heimweh gemildert, nicht angefacht. Um die jüdischen Flüchtlinge kümmert sich bis heute niemand – Juden zu vertreiben ist ein Gewohnheitsrecht, schließlich sind sie geübte Flüchtlinge. Die Palästinenser, weniger geübte Emigranten, wurden zwar von der UNO versorgt, aber, statt einem «Lastenausgleich», bürdeten ihnen die arabischen Staaten die unerträgliche Last eines ewigen Flüchtlingsdaseins auf; sie werden ihnen, wer weiß, die Last des Dritten Weltkrieges aufbürden. In den dreiundzwanzig Jahren, in denen die Juden Israel in das blühendste Land des Nahen Ostens verwandelten, konnten die Palästinenser nichts, aber auch gar nichts leisten, sie haben auf keinem Gebiet zu der Entwicklung des Nahen Ostens beigetragen, sie haben sich selber nicht entwickelt. Wer kein Terrorist wurde, der blieb ein Bettler. Das Jahr 1971 ist nicht das Jahr 1948, vom Examen der Zeit sind auch Flüchtlinge nicht befreit.

Flüchtlinge: Hier wieder Tatsachen. Der Frage, ob die Palästinenser überhaupt Flüchtlinge sind, kann ich nicht mehr ausweichen.

Kein Land anerkennt als Emigranten, wer seine Heimat nicht verlassen mußte: Man spricht von Asylrecht nur dort, wo ein Zwang besteht. Wer ein Land verläßt, um in ein anderes zu ziehen, ist Auswanderer und Einwanderer, kein Flüchtling.

Die Mehrheit der Araber verließ das spätere Israel aus drei Gründen.

Wie die Hitlersche Propaganda den Deutschen im Zweiten Weltkrieg weiszumachen versuchte, daß der Feind sie niedermetzeln würde, so hatte die arabische Propaganda das Bild der Juden als Söhne des Dschingis-Khan an die Wand gemalt. Der Generalsekretär der Arabischen Liga verkündete am 15. Mai 1948: «*Das wird ein Krieg von ungeheurer Zerstörung und Schlächterei sein, wie der der Mongolen und der Kreuzfahrer.*» Je größer die Primitivität, desto größer die Empfänglichkeit für Propaganda. Was bei den Deutschen nur zum Teil verfing, das wirkte bei den Arabern wie ein Erdbeben – sie flohen in Panik.

Angst war nicht das einzige Motiv der Flucht. Die Führer der arabischen Welt versprachen den Palästinensern baldige Rückkehr und blutigen Profit; die Daheimgebliebenen dagegen sollten als Verräter behandelt werden. In seiner letzten Rundfunkansprache vor dem Ende des Sechs-Tage-Krieges erklärte Hussein von Jordanien – der nämliche, der sein Königreich aus der Hand eines britischen Juden, des Hohen Kommissars Sir Herbert Samuel, empfangen hatte, und dessen Doppelspiel die Israelis bis heute nicht ganz durchschauen –: «*Töte den Juden, wo immer du ihn findest. Töte ihn mit deiner Hand, deinen Nägeln und deinen Zähnen.*»

Das dritte Motiv der Flucht ist das wichtigste. Die Palästinenser glaubten, was ihnen ihre Führer sagten, sie glaubten an die Einheit der arabischen Nation. Es war für sie schmerzlich, ihr Heim aufzugeben; daß sie die Heimat aufgeben, dachten sie nicht. Sie waren, wenigstens was ihr Ziel betraf, Flüchtlinge so wenig wie die aus den arabischen Staaten vertriebenen Juden. Sie kehrten heim.

Läßt sich die Frage menschlicher Qualitäten übersehen? Auch hier nicht.

Daß sie mit friedliebenden Arabern leben wollten, hatten die Juden just im Krieg bewiesen. Am 2. Oktober 1948 berichtete der Londoner Economist, ein Blatt der mit den Juden im Kampf stehenden Engländer: «*Die jüdischen Behörden veröffentlichten einen Appell an die Araber, in Haifa zu bleiben; sie versprachen ihnen Unverletztheit und Sicherheit, aber von den 62000 Arabern Haifas blieben nicht mehr als vier- oder fünftausend zurück.»* In fast allen Städten Israels war es dasselbe. Wenn die Juden die Palästinenser hätten vertreiben wollen, wäre deren Zahl von 1948 bis 1966 nicht von 157000 auf 313000 gestiegen. Die Araber in Israel blieben unversehrt. Zwischen 1948 und 1967 gab es kein einziges Araber-Lager in Israel. In Lagern zu darben war den Palästinensern in ihrer arabischen Heimat vorbehalten.

Ohne physische Bedrohung zu existieren, ist noch nicht das letzte Glück. Mit europäischen Augen gesehen: Die Palästinenser wollten nicht unter fremder Herrschaft leben. Äußerst zweifelhaft indes, daß die Palästinenser so politisch dachten. Achtzig Prozent von ihnen waren Analphabeten; achtzig Prozent aller Palästinenser von über 45 Jahren in den Lagern sind es noch immer. Sie hatten weder gegen die Türken noch gegen die Engländer rebelliert. Jene aber, die von der Flucht Freiheit erhofften, wurden bitter enttäuscht. Die Israelis unterscheiden zwischen gebildeten und ungebildeten Arabern, zwischen lernbegierigen und primitiven, fähigen und unfähigen, den arabischen Staaten war das gleichgültig. Sie behandelten die Palästinenser als Bürger zweiter Ordnung. Die Bitterkeit der Palästinenser kommt nicht von ungefähr: In Israel verloren sie ihre Heime, die arabischen Brüder beraubten sie ihrer Heimat.

Was geschah nach dem palästinensischen Exodus, was steht im Hauptbuch?

Die arabischen Führer weigerten sich, die Palästinenser zu integrieren – teils, weil sie aus der Errichtung von Flüchtlingslagern materiellen Nutzen zu ziehen hofften, teils, weil sie damit rechneten, daß die Erbitterung der Heimatlosen ins Unermeßliche wachsen würde, teils, weil sich solche Lager, wohlweislich an Israels Grenzen gebaut, zu Übungslagern des Krieges, ihre Insassen zur Avantgarde der Rache vorzüglich eigneten.

Die Vereinten Nationen setzten auf die arabische Karte, sie verurteilten die Flüchtlinge zu ewigem Exil. Mit der absurdesten Entscheidung, die sie je gefällt hat, gelang der UNO ein wahrer

Homunkulus-Akt: Sie erzeugte den «Palästinenser» in der Retorte. Sie beschloß kurzerhand, daß Palästinenser war, wer «*mindestens zwei Jahre*» in Palästina gelebt hatte. Ein Araber, der zwei Jahre dort gewohnt hatte, wo die Juden – sieht man von ihrem historischen Anspruch auf Erez Israel ab – seit Jahrzehnten lebten, war zum Palästinenser ernannt worden, eine rückwirkende Staatsbürgerschaft, die neueste Neuheit in der Geschichte. In ihrem Eifer, den Ölscheichs zu gefallen, verriet die UNO nicht nur den von ihr geschaffenen Staat Israel, sie verriet auch die Palästinenser. Sie wählte Araber zu Palästinensern *honoris causa,* demütigte sie aber zugleich: Nur jene Palästinenser nahm sie unter ihre Fittiche, die in den Flüchtlingslagern blieben. Der nachträglichen Ehrenbürgerschaft wurden nur Sträflinge teilhaftig. Der Mensch wurde ein Appendix seiner Lebensmittelkarte.

So törichte oder bösartige Qualifikationen mußten quantitative Folgen haben. Es setzte jenes alchimistische Kunststück ein, mit dem aus dem Homunkulus der Retorte der palästinensische Golem gezaubert wurde.

Die Vereinten Nationen haben nach dem Unabhängigkeitskrieg 539000 Flüchtlinge anerkannt. Die UNRWA – die wohltätige Gouvernante der Vereinten Nationen – gab 1966 die Zahl der Flüchtlinge bereits mit 1318000 an. Die UNO hatte einen jährlichen Bevölkerungszuwachs von zweieinhalb Prozent ins Kalkül gezogen. Das hätte genau 638360 Flüchtlinge ergeben müssen. Es könnte indes sein, daß sich die Palästinenser so schnell vermehrt haben wie die Araber in Israel – mit rund vier Prozent pro Jahr die höchste Rate der Welt. Das wären 937000 Flüchtlinge gewesen, immer noch 380000 weniger als die UNRWA im Jahr vor dem Sechs-Tage-Krieg verbuchte.

Die papierne Bevölkerungsexplosion hatte einfache Gründe.

Die Gelder der UNRWA werden fast ausschließlich von Arabern verwaltet – über 12000 Angestellte, die davon leben, daß die Flüchtlinge nicht weniger werden. Vor jenen Zeiten, die man einst schwarzgerändert in den Annalen der Vereinten Nationen verzeichnen wird, vor den Zeiten U Thants, gab die UNRWA unumwunden zu, daß sie sabotiert wird. Im Bericht über das Geschäftsjahr 1954/55 heißt es, es sei «*in Jordanien seit mehreren Jahren ... unmöglich geworden, die Zahl der bona fide Rationen und somit die Zahl der Rationen, die eliminiert werden können ... festzustellen.*» Im gleichen Jahre wurden die internationalen Kontrolleure – es gibt etwa 150, von denen viele das UN-Gebäude nie verlassen haben – in Syrien einfach vor die Tür gesetzt. Im darauffolgenden Jahr vollzog sich in den Flüchtlingslagern ein biblisches Wunder: Es starb überhaupt niemand. Die im Sechs-Tage-Krieg aufgefundenen UNRWA-Registrierkarten in Hebron und Jericho zeigten, daß dort seit 1948 kein Flüchtling verblichen ist. Zugleich nahm die Bevölkerung in einem Lager des Gazastreifens jedes Jahr um 15 Prozent zu – palästinensische Frauen mußten wohl jedes Jahr Vierlinge zur Welt gebracht haben. Die arabischen Staaten haben nicht nur ein politisches, sie haben auch ein materielles Interesse an der Aufrechterhaltung der Lager: Jordanien allein erhält von der UN aufgrund der angegebenen Insassenzahl jährlich etwa zehn Millionen Dollar. Zu dem großen Konzept gesellt sich das kleine Geschäft. Der Flüchtling, der, obwohl er außerhalb des Lagers Arbeit gefunden hat, im Lager registriert bleibt, verdient doppelt; er verdient vielleicht noch mehr, wenn er seine Karte verkauft. Es waren Araber, nicht Juden, die uns in Jericho von dem schwunghaften Schwarzmarkt mit Registrierkarten und Rationen berichteten.

Haben die arabischen Staaten viel mehr Palästinenser integriert, als sie zugeben wollen und die UNRWA ermitteln kann, so haben doch auch viele Palästinenser das unwürdige Lagerleben freiwillig gewählt. Bewohner von Jericho, keineswegs israelische Kollaborateure, erzählten uns nicht ohne Bitterkeit von der Ablehnung ihrer Anträge, den Flüchtlingen Arbeit zu geben. In Ländern, in denen das durchschnittliche Einkommen eines Flüchtlings außerhalb des Lagers 200 Dollar im Jahr beträgt, ein wahres Paradies des «Sozialismus» – in Israel verdient ein ungelernter arabischer Taglöhner in der gleichen Zeit rund 1 600 Dollar –, ist es niemand übelzunehmen, daß er den Tag lieber mit Kartenspiel und Opiumpfeife verbringt. «Die Lagerinsassen», sagte uns ein arabischer Kaufmann in Jericho, «sind im Sechs-Tage-Krieg nicht aus Angst vor den Israelis davongelaufen, sondern weil sie fürchteten, die Israelis würden das Lager auflösen, sie aber würden um ihre Rationen kommen.» Es bedurfte für die Israelis dann auch keiner großen Überredung, die etwa 150 000 Flüchtlinge in den Lagern des Gazastreifens festzuhalten.

Das quantitative Resultat dieser Irrtümer, Manipulationen und Fälschungen, die Unsicherheit über die Zahl der Flüchtlinge erschweren die Friedensverhandlungen, machen sie schier unmöglich. Jeder kann die Zahlen angeben, die ihm behagen. Die Araber sprechen von zwei bis drei Millionen. Die Israelis sprechen von 250 000 bis 350 000. Die Araber, mit stolzer Verachtung der Realitäten, gehen davon aus, daß es im Jahr 1948 rund 1 200 000 Palästinenser im späteren Israel gegeben habe, von diesen seien 1 043 000 vertrieben worden. Mit unübertrefflicher Zahlenakrobatik zählen sie die Insassen vom Lager Jericho und anderen Flüchtlingslagern doppelt: Zweimal vertrieben gibt zwei Flüchtlinge. Die Israelis hinwiederum stellen sich auf den ursprünglichen Standpunkt der UN, daß Flüchtling nur der sei, der in einem Lager lebe, von den 539 000 Flüchtlingen des Jahres 1948 seien aber Hunderttausende von den arabischen Ländern absorbiert worden, so daß der Zuwachs durch Geburten die Abwanderung aus dem Lager nicht ausgleiche; im übrigen könne man statt der UNRWA-Berichte ebensogut Tausendundeine Nacht lesen. Die Wahrheit liegt nicht in der Mitte: Daß die Wahrheit überhaupt je in der Mitte liegt, ist ein Aberglaube. Wenn man annimmt, daß sich die ursprünglich 539 000 Flüchtlinge um drei Prozent pro Jahr vermehrt haben,

dann müßte es heute rund 784000 palästinensische Flüchtlinge geben. Da mindestens eine Viertelmillion von den arabischen Ländern integriert wurde, dürfte eine halbe Million Flüchtlinge der Wahrheit am nächsten kommen. Mit Sicherheit läßt es sich nicht sagen.
Recht und Unrecht können nicht arithmetisch errechnet werden, auch wenn kleine Diskrepanzen selbstverständlich sind. Es kommt, nochmals, auf die Qualität des Problems an.
Die Palästinenser haben Israel nicht unter Zwang verlassen. Israel hat die Palästinenser, die im Land blieben, nicht verfolgt, es hat sie weder unterdrückt noch gedemütigt. Daß sie sich nicht so schnell entwickelten wie die europäischen Juden und deshalb auch nur wenige so prominente Positionen einnehmen, ist kein Resultat der Diskrimination; gegenüber den asiatischen und afrikanischen Juden sind sie keineswegs benachteiligt; mit dem durchschnittlichen Araber anderer Länder verglichen, bilden sie eine Elite des arabischen Volkes. Das ist von größter Bedeutung, da es das Charakteristikum des Exilierten ist, daß seinesgleichen in der Heimat mißhandelt wird. An der Flüchtlingsmisere ändert das nichts: Wer sich im Lager von Jericho umgesehen hat, braucht seine Phantasie nicht zu bemühen. Aber Jericho lag nicht auf israelischem Boden. Die Ungeheuerlichkeit, die den Kindern der Panik zugefügt wurde, wurde ihnen von den arabischen Staaten zugefügt. Hundertzwanzig Millionen Araber verweigerten ein paar Hunderttausend Arabern eine menschenwürdige Existenz. Die arabischen Staaten haben alle Vorschläge Israels zur Lösung des Problems abgelehnt: zuletzt das von Abba Eban in der UN-Vollversammlung vorgebrachte Projekt, das ursprüngliche Gebiet des britischen Völkerbundmandats, welches sowohl Palästina westlich des Jordans wie Transjordanien umfaßte, zwischen Israel und einem arabischen Staat zu teilen. In diesem Araberstaat würde sich dann eo ipso die große Mehrheit der Araber befinden, die sich je im britischen Palästina aufhielten. Die Nationen der

Welt sind mitschuldig geworden: Mit weniger Mitteln als die Vereinten Nationen für den Bau von Konzentrationslagern verwendeten, hätten sie die Integration der Palästinenser in den arabischen Ländern vollenden können. Der Weg zur Hölle ist mit arabischem Öl geglättet.

Der Begriff Palästinenser ist heute mit dem Begriff Terrorist, Guerilla, Partisan oder, wenn man will, Widerstandskämpfer identisch. Deshalb aber – das erkannten wir auf den Höhen von Jericho, wo jetzt ein verlassenes Flüchtlingslager die Geschichte der Flüchtlinge erzählt – verliert das quantitative Problem seine Bedeutung; hier wird es vollends zu einer qualitativen Frage der Sittlichkeit.

Neben Nahrung und Unterkunft erhielten die Palästinenser von den arabischen Regierungen etwas, was dem versuchten und verführten, dem angefochtenen Menschen fast so lieb ist wie das tägliche Brot. Der Mensch will nicht nur leben, er will auch töten. Arabische Lastwagen bringen keine Lebensmittel, sie bringen Waffen in die Lager der Palästinenser. Die meisten Araber in den Diensten der UNRWA gehören einer der Terrororganisationen an – träten sie ihnen nicht bei, wären ihre Tage gezählt. Bleiben die Kinder der Palästinenser zu rund dreißig Prozent Analphabeten, so sieht sie doch jeder Fernsehzuschauer in Europa oder Amerika täglich beim eifrigen Handstand oder bei der noch weit amüsanteren Waffenübung. Nie, kein einziges Mal, haben die Vereinten Nationen dagegen protestiert, daß unter ihrer Ägide eine Armee ausgebildet wird: Die Friedensorganisation finanziert Übungslager des Krieges. Ich stelle mir vor, was geschehen wäre, wenn die Schweizer in den Lagern, in denen sie im Zweiten Weltkrieg deutsche Emigranten internierten, Waffenübungen geduldet hätten. Allerdings ging es damals gegen Hitler, nicht gegen die Juden.

Die Flüchtlinge haben sich den Guerillas, Terroristen und Attentätern gebeugt. Von der arabischen Welt, der Sowjetunion, Maos China und U Thants Vereinten Nationen unterstützt, lassen sich Palästinenser heute von keinen anderen Gefühlen als denen der Rache oder des Mitleids mit sich selbst, dem von den Angelsachsen mit Recht so verachteten *self-pity* leiten. Sie schonen nicht Frauen, Kinder und Greise. Es war die Stimme der Palästinenser, mit der ein Guerillaführer am 14. Januar 1969 zu dem Korrespondenten der Daily Mail sprach: «*Nur zwei Juden ermordet heute Nacht. Ein mageres Ergebnis. Aber immerhin, zwei jüdische Familien werden trauern.*»

Zwischen den Zielen der arabischen Staaten und der Fedajim gibt es so wenig Unterschiede wie zwischen den Gesten des Puppenspielers und den Bewegungen seiner Marionetten. Am 20. Januar 1969 erklärte Nasser: «*Brüder, es ist mir eine Freude, meine Dankbarkeit und Bewunderung für die vier großen Widerstandsbewegungen – El Fatah, die Volksfront, die Befreiungs-Organisation und die Arabische Sinai-Organisation – zum Ausdruck zu bringen ... Die VAR leistet diesen Organisationen jeden möglichen Beistand, und zwar bedingungslos und unausgesetzt.*» Der Heuchler auf Jordaniens Königstuhl, der den kommunistischen Einfluß der Palästinenser fürchtet, aber im Ziel der «*Ausrottung der Israelis*» mit ihnen übereinstimmt, sagte 1969 der Sunday Times: «*Die Fedajim stellen den kämpfenden Teil der palästinensischen Nation dar.*» Im gleichen Jahr betonte der Ministerpräsident des «neutralen» Libanon, Al-Yafi: «*Wir unterstützen die Tätigkeit der Fedajim, sie ist legal.*» Die Arabische Befreiungsfront wurde im Irak geschaffen. In Kuweit und Saudi-Arabien wird fünf Prozent von den Gehältern der dort lebenden Palästinenser an die El Fatah abgeführt; auf alle Theater- und Kinokarten steht ein zweiprozentiger Zuschlag zugunsten der Terroristen. Die beste militärische Ausbildung erhalten die Palästinenser in Algerien; der Sudan und Libyen finanzieren sämtliche Guerilla-Organisationen; die Waffenlieferungen Syriens reichen weit über die Landesgrenzen.

Man fürchtet seine Kinder: Das gehört zum gefährlichen Geschäft des Elterntums. Daß die arabischen Nationen die Terroristen fürchten, ändert nichts an der elterlichen Liebe. Es gibt keine arabische Nation, die nicht verantwortlich wäre für jede Bombe, die auf einem Markt in Haifa explodiert, für jedes Kind, das in einem Kibbuz an den Golanhöhen getötet, für jede Mutter, die bei einem Ausflug am Jordan überfallen, für jeden Schulbus, der in Be'er Shev'a in die Luft gesprengt, für jedes Flugzeug, das im Ausland entführt und für jedes Menschenleben, das dabei ausgelöscht wird. Die Juden hatten selbst ihre Guerillas. Nach Hitlers Genozid kämpften sie in den Organisationen Haganah, Irgum und Lechi gegen die britischen Kolonialherren. Aber sie wurden von keinem einzigen Land unterstützt und – mit der einzigen schändlichen Ausnahme des Massakers von Dein Jassin, mitten im Krieg von «Irregulären» begangen und von den Juden geahndet – richteten sich alle Angriffe ihrer Stoßtrupps, des Palmach, der zur Haganah gehörte, gegen militärische Installationen. Das aber ist das Neue und wahrhaftig Unerhörte. Es gibt österreichische Terroristen in Südtirol. Wenn Österreich ihrer habhaft werden kann, werden sie abgeurteilt. In Ägypten werden die Flugzeugentführer und gegen unschuldige Geiseln ausgetauschte Mörder mit allen Ehren eingeholt: Verneigt sich Leila Chaled am Grab Nassers, stiehlt sie dem toten Präsidenten beinahe die Schau.

Die UNRWA zählt indessen weiterhin unentwegt die Flüchtlinge nach Lebensmittelrationen, die Welt bedient sich weiterhin unentwegt der Sprache der Quantitäten. Hier, will es mir scheinen, liegt die Ursache allen Übels. Mitleid mit Flüchtlingen ist ein humanes Gefühl, Mitleid mit Terroristen eine Ironie. Hilfe für Flüchtlinge ist eine Friedensaufgabe, Hilfe für Terroristen eine Kriegserklärung. Gerade weil es zehnmal mehr Flüchtlinge als Terroristen geben mag, müßte der Flüchtlingsstatus neu formuliert werden. Nicht der Verlust der Lebensmittelkarte, sondern die Mitgliedskarte einer Terrorgruppe sollte entscheiden, wer Flüchtling, wer Terrorist ist.

Es gibt aber noch andere Möglichkeiten der Unterscheidung. Auch die Juden, die wie kein anderes Volk unter der Kollektivschuldlüge gelitten haben, müssen zu unterscheiden lernen. Es ist geradezu grotesk, daß diese Unterscheidung, obwohl sie in den Beschlüssen der UNO festgelegt ist, von niemand beachtet wird. Beschluß Nummer 194/111 der Vollversammlung besagt, daß es der Friedensorganisation obliegt, jene Flüchtlinge zu ermitteln, die «*in Frieden mit ihren Nachbaren*» – gemeint sind die Israelis – «*leben wollen*», oder genauer: «*Flüchtlinge, die in ihre Heimat zurückkehren und in Frieden mit ihren Nachbaren leben wollen, soll dies gestattet werden.*» Die arabischen Machthaber verhinderten die Zählung der Friedfertigen und damit eine allmähliche, für Israelis wie für Palästinenser annehmbare Lösung des Konflikts. Ein Palästinenser, der seine Friedfertigkeit bekundete, würde heute getötet werden, wie jener 27jährige Druse Hassein Sharif Abu-Hamad ermordet wurde, dessen Kopf die Terroristen von seinem Leib trennten und davontrugen. Es bliebe von ihm nichts anderes übrig als eine – Lebensmittelkarte.

Die Terroristen wollen keinen Frieden. Was der libanesische Premierminister am 29. April 1966 verkündete, ist noch heute ihre tägliche Ration: «*Der Tag der Verwirklichung der arabischen Hoffnung auf Rückkehr der Flüchtlinge nach Palästina bedeutet die Liquidation Israels.*» Für die Palästinenser gilt die Palästinensische Konvention, die in ihrer endgültigen Fassung am 17. Juli 1968 in Kairo festgelegt wurde. In Artikel 18 der Konvention – Al-mitthaq al-watani al-falastini, so der arabische Name – heißt es: «... *die Existenz Israels ist als illegal zu betrachten. Die Verteidigung Israels ist deshalb genauso illegal wie eine Aggression, der Kampf gegen Israel ist legal.*» Artikel 21 besagt: «*Das arabisch palästinensische Volk lehnt jede Lösung ab, welche die totale Befreiung Palästinas mit welchem anderen Vorschlag auch immer ersetzen will* ...» Artikel 6 schließlich enthüllt die Lügenhaftigkeit, mit der Arafat und Habbasch im Ausland von einem Zusammenleben mit den Juden im «befreiten» Palästina sprechen – «*Nur jene Juden werden als Palästinenser anerkannt werden, die vor der zionistischen Inva-*

sion» – als Invasionsdatum wird das Jahr 1917 angegeben – «*ständig in Palästina gewohnt haben.*» Mit einem anderen Wort: Die Palästinenser wollen die Geschichte auslöschen. Mit einem zweiten Wort: Wer sich ihre Sache zu der eigenen macht, will Israel auslöschen.

Das ist die moralische Frage, die man nicht ewig, wie Herriot sagte, «einbalsamieren» kann. Das Leid der Palästinenser, das neunzehn Jahre keinem Staatsmann und keinem Straßendemonstranten ein Träne entlockte, wurde im Sechs-Tage-Krieg nicht durch einen neuen Bazillus, sondern durch die Entzündung eines alten Bazillus virulent. Die Sowjetunion und ihre Satelliten, Freunde und Imitatoren in Ost und West, wissen, daß der Zionismus nicht vor, sondern hinter dem israelischen Ziel liegt. Sie wissen, daß der Hitlersche Massenmord das Judentum bis an die Wurzeln der Existenz vernichtet hat und daß es ohne seine letzte Wurzel, Israel, endgültig vernichtet wäre. Der allgemein akzeptierte Gemeinplatz, daß sich das Rad der Geschichte nicht zurückdrehen läßt, ist mit einer Einschränkung gültig: Es läßt sich nicht ohne Gewalt zurückdrehen. Weder die Israelis noch die Palästinenser sind die gleichen wie vor einem Vierteljahrhundert. Selbst in einer Welt, die ihre Sittlichkeit hinter sich läßt, wie die Flüchtlinge verbrannte Kochtöpfe hinter sich gelassen haben, in einer Welt, deren moralische Werte versinken, wie das zersplitterte Tischbein im Sand von Jericho versinkt, kann das Prinzip der Bewährung nicht gleichgültig sein. Bei dem großen Examen, bei dem fast alle Professoren den Arabern leichte, den Juden Fangfragen stellten, haben die jungen Palästinenser, nämlich die Juden, die Prüfung *summa cum laude* bestanden, die alten Palästinenser und ihre Erzieher haben versagt.

Die letzte Prüfung steht Israel freilich noch bevor.

Gäbe es nur einen einzigen Palästinenser, es gäbe immer noch ein Palästinenser-Problem. Menschliches Leid verjährt nicht: Wenn alle Palästinenser von 1948 tot wären, so litten immer

noch ihre Kinder und Kindeskinder unter dem Leid der Väter. Menschliches Leid wird nicht geringer, weil man es selber verschuldet hat: Und warum sollte eine palästinensische Frau nicht heimkehren, weil der Mann einer anderen Frau auszieht zum Mord, und warum sollte ein Palästinenser nicht neben seinem arabischen Bruder in den Tälern von Hazor'im ernten, weil ein anderer Palästinenser auf dem Flughafen von Zerka Geiseln bewacht, und warum sollte ein palästinensisches Kind, dem ein Gewehr in die Hand gedrückt wird, nicht wieder mit einem Esel spielen dürfen? Unter allen unmenschlichen Lügen ist die Lüge von der Kollektivschuld die unmenschlichste.
Nichts unter dem Zwang der großen Mächte und der kleinen Terroristen, alles unter dem Zwang der Liebe und des Mitleids! – das allein entspricht der jüdischen Tradition. Recht zu haben, entbindet nicht der Pflicht, Gutes zu tun. Je mehr Palästinenser, die in Israel friedlich leben wollen, Israel aufnimmt, desto schwerer wird es einer feindlichen Welt fallen, den Vernichtungskrieg gegen das Land der Juden zu predigen. «*Es steht geschrieben: ‹Nicht von Brot allein wird der Mensch leben, sondern von jedem Wort, das aus dem Munde Gottes hervorgeht.›*» Jesus Christus pflegte nicht zu zitieren. Hier zitierte er das fünfte Buch Mose.

Operation Negev

Sie sahen nicht wie Hippies aus, aber ihre Kleidung war fröhlich, bunt, unkonventionell. Ein endloser Zug, Tausende, junge Menschen. «Der Dreitagemarsch», sagte Zeira. Jedes Jahr marschieren 15000 bis 20000 Israelis drei Tage lang durch das Land. In diesem Jahr fielen nur 32 aus, von über siebzehntausend. Ein Volk von Händlern und Intellektuellen? «Denkste», sagen die Berliner.
Wir waren auf dem Weg nach Be'er Shev'a; man kann den Namen auch einfacher Beersheba schreiben. Diesmal nahmen wir die Hauptstraße nach dem Süden, fuhren nicht durch das besetzte Land. Wir fuhren durch den Negev; es ist der südliche Teil Israels, fast die Hälfte des Landes vor dem Sechs-Tage-Krieg nennt man so, 4716 Quadratkilometer, von den Hügeln von Hebron etwa bis Eilath, die Verbindung zwischen dem Mittelmeer und dem Roten Meer: Küstenland, Hügel und das Arava-Tal, auf dem Hochplateau die Hauptstadt Beersheba. Fünfundvierzig Kilometer westlich von Beersheba liegt die Stadt Gaza. Was man den Gazastreifen nennt, ist näher.
Je weiter man sich vom Norden entfernt, desto einsamer wird es, wir fahren in Richtung der Wüste von Zion, Israel entwikkelte sich von Norden nach Süden. Immer noch weite Flächen bebauten Landes, schwarzbraune Erde, grüne Felder, Hunderte von Wassersprinklern. Das kommt davon, daß die Juden die Bibel lesen. Die Juden hatten der britischen Mandatsmacht biblische Geschichten erzählt, aber die Engländer lasen lieber die Times. In der Bibel steht geschrieben, daß die Patriarchen mit ihren Herden durch den Negev gezogen waren. Das Vieh

will trinken. Und weil König David den Negev für wichtig genug hielt, um hier eine Volkszählung abzuhalten, mußte das Gebiet bewohnbar gewesen sein. Der Mensch will essen. Abraham machte im alten Beersheba halt, am Brunnen schloß er einen Bund mit Abimelech. Be'er Shev'a heißt Brunnen des Schwures. Also gab es einen Brunnen in Beersheba. Die Israelis haben den Brunnen ausgegraben. «*Abraham aber pflanzte in Beersheba eine Tamariske und rief daselbst den Namen des Herrn an, des ewigen Gottes.*» König Salomon hatte in Timna Kupfer gefunden. Der Mensch lebt nicht vom Brot und Wasser allein, er will auch reich werden. Die Engländer lasen die Times; sie ließen die Wüste Wüste sein. Was die Araber lasen, ist nicht bekannt; jedenfalls begnügten auch sie sich damit, den Negev als Verbindungsstraße nach dem Norden zu benützen. Am 22. Oktober 1948 nahmen die Israelis Beersheba. Immerhin hatten, neben König David, auch die Ägypter die Bevölkerung gezählt. Dreitausend Menschen darbten in der Wüstenstadt. Heute ist Beersheba die fünftgrößte Stadt Israels. In einem alten Prospekt – drei Jahre alt – steht: 60 000 Einwohner. Heute sind es fünfundsiebzigtausend.

Im übrigen brauchten die Israelis lange – fünf Jahre –, ehe sie sich an die Fruchtbarmachung des Negev heranmachten. Sie fanden Wasser; so steht es ja in ihrem Geologischen Jahrbuch, dem Alten Testament. Aber erst 1946 konnte die «Operation Negev» beginnen. Das notwendige Wasser wurde durch eine 140 Kilometer lange Pipeline aus dem Norden gebracht. Es war keine ideale Pipeline, sozusagen *second hand.* Es war nämlich die Leitung, welche die Engländer im Zweiten Weltkrieg in London verwendet hatten, um in die brennenden Stadtteile Wasser zu pumpen. Die Israelis kamen mit Gebrauchtwaren aus. In einer einzigen Nacht bauten sie elf Dörfer.

Der Norden Beershebas ist immer noch öde. Rund hundert Kilometer südöstlich von Tel Aviv schwarzes Asien. Kamele am Horizont, unmittelbar an der Straße die schwarzen Zelte der Beduinen. Hier und da ein Wohnwagen neben den Zelten, eine Blechhütte, aber sie sehen nicht so aus, als ob jemand darin wohnte, schwarzer Rauch steigt aus ihnen auf, vielleicht wird hier gekocht. Schwarze Zelte, schwarzer Rauch, auch der Boden ist schwarz. Schwarz sind die Beduinenkinder, die neben den Eseln stehen; man kann die Esel schwer von der Erde unterscheiden; die Esel rühren sich nicht, unbeweglich, Spielzeugesel aus grauschwarzem Holz. Wir kommen näher: Die Beine der Esel sind an den Knöcheln zusammengebunden, mit grauschwarzen Stricken, eine satanische Erfindung, sie können nicht davonlaufen, sie können nur hüpfen, Esel machen Bocksprünge, die Kinder laufen ihnen nicht nach, auch die Kinder sind unbeweglich. Dem Professor Grzimek ist ein Ausflug ins Beduinenland zu empfehlen. Nicht nur Leoparden sind schutzbedürftig.

Zehn Minuten später sind wir im Desert Inn. Die Zimmer elegant möbliert, Blick auf den Swimming-pool, wollen Sie reiten, Pferde oder Kamele nach Wunsch, persischer und jemenitischer Schmuck in den Schaukästen, Beduinen-Handarbeit, Tennisplatz, die Bar heißt «Zelt des Scheichs», in der Saison spielt die Tanzkapelle, die Kellner sehen wie Stewards aus. Nach dem Export von Zitrusfrüchten ist die Touristik die wichtigste Devisenquelle Israels; im Kriegsjahr 1967 brachten 300000 Touristen 25 Millionen Dollar ins Land, 1968 gaben 432000 Reisende 95 Millionen Dollar aus, 1975 sollen es 850000 Touristen werden. Achtzehntausend Israelis arbeiten für den Fremdenverkehr. Ungefähr 50 Prozent der Fremden sind Christen, etwa 45 Prozent Juden. Israel hat in den letzten zehn Jahren fast 25 Millionen Dollar in den Fremdenverkehr investiert; 300 Hotels, daneben Hospize und Jugendherbergen; in zehn Jahren wurden fast 70 neue Hotels gebaut, 49 vergrößert.

Der Bürgermeister ist gerade in Tel Aviv, beim Minister, seine schöne Frau empfängt uns zum Tee, dann sind wir der Obhut

Dita Nazors anvertraut; sie spielt eine führende Rolle in der Stadtverwaltung. Gestern traf ein Brief von ihr in Ascona ein: In vierundzwanzig Stunden haben wir eine Freundin gewonnen.

Wir lieben Dita Nazor, weil wir Israel lieben: Dita Nazor ist Israel. Sie stammt aus Brünn, Brno, von wo alle Wiener stammen, die nicht zufällig, wie Licci, in Preßburg, Bratislava, geboren wurden, oder, wie ich, in Budapest. Jung kam sie nach Israel, sie studierte; es ist ein Zufall, doch sehr schmeichelhaft, daß sie eine Arbeit über mein erstes Buch geschrieben hat. Wahrscheinlich war ihr das Leben in dem übrigen Israel nicht hart genug, darum ging sie nach Beersheba. Obwohl Dita Nazor immer noch eine junge Frau ist, war Beersheba damals nicht viel mehr als ein Dorf. Sie hat die Neustadt wachsen gesehen, Stein für Stein, Haus für Haus. Sie zeigt das Bürgermeisteramt, ein schlichtes Gebäude, wie mir einst der alte William Randolph Hearst, Amerikas Zeitungskönig, San Simeon zeigte, das Märchenschloß Kaliforniens. Später, als wir hinausfahren in eine Beduinensiedlung, müssen wir durch die Industriegegend – Beersheba ist eine der größten Industriestädte des Landes, Kalisalze, Kaolin, Keramik, Mühlen, Spinnereien, Baumaterialien, Stricke, Möbel, Zigaretten –; wir kommen an einem Gelände vorbei, auf dem Tausende von Klosettschüsseln stehen, wie Sparbüchsen in einem Souvenirladen sehen sie aus; Dita Nazor sagt, es werden hier die besten Klosette Israels erzeugt, sie sagt es, wie der Präsident der Atombehörde in Nevada von Mondraketen spricht. « Übrigens ist jetzt zum ersten Mal eine Industrie aus Tel Aviv nach Beersheba übergesiedelt. » Nach einer Stunde mit Dita Nazor weiß ich, was Pioniergeist heißt, aus der ganzen Literatur über die Pionierjahre Amerikas könnte ich es nicht besser erfahren.

Schwarzer Rauch aus unzähligen Schornsteinen lag über dem Industriegelände. Obwohl Zeira, Zeira-Steiner aus Wien und Haifa, bedächtig fuhr, wie immer, waren wir fünf Minuten spä-

ter auf freiem Land, mitten unter den schwarzen Zelten der Beduinen. «Ich werde vorgehen, vielleicht kann ich es richten», sagte Dita Nazor, «vielleicht empfängt uns eines der Häupter des Stammes.»
Rund 30000 Beduinen leben in Israel, sie gehören, wie die Drusen, zu den treuesten Bürgern des Landes. Fast alle Beduinen waren Nomaden; es ist nicht leicht, sie anzusiedeln – «Wir schaffen es», sagt Dita Nazor. Die Beduinen des Negev bebauen über 40000 Hektar Land; die Scheichs haben ihre Anhänger überredet, die Kinder in Schulen zu schicken; Beduinen-Mädchen besuchen die gleichen Klassen wie die Knaben, eine Revolution; tausend Beduinen-Arbeiter gehören der Gewerkschaft Histadrut an; die Kindersterblichkeit, unter den Beduinen außerordentlich groß, ist zurückgegangen; der erste junge Beduine, der an der Universität von Jerusalem studiert, wird Arzt werden.
Der älteste Sohn des *Chiefs* zeigt uns die Wohnung, welche die Familie demnächst beziehen wird. Ein ganzes Dorf, im Rohbau. Hübsche Einfamilienhäuser, Geschäfte unter Arkaden: «Hier werden wir unseren Laden haben», sagt der «Sohn des Scheichs»; mit Nußaugen, Fächerwimpern, Gazellengestalt sieht er wie der Held des gleichnamigen Stummfilms aus, die Wiedergeburt des Rodolfo Valentino. Dita Nazor übersetzt, was er sagt: Er spricht fließend Iwrith. Gleich wird er die Sprache seines Vaters in Iwrith übersetzen, Dita Nazor sein Hebräisch ins Deutsche.
Der Vater ist von ungewissem Alter: hochgewachsen, dürr, Adlernase, Adelskopf. Er lädt uns mit einer Geste voll Grandezza in sein Zelt ein, hinter dem Haus auf dem freien Feld, doch wirkt jetzt das Feld nur noch wie ein Garten und das schwarze Zelt nicht viel anders als die Indianerzelte, die wohlhabende Kinder im Park ihrer Eltern aufpflanzen. Die Chance, daß der Vater ins Haus ziehen wird, sieht der Sohn eher pessimistisch – der «Chef» kam bis jetzt ohne Elektrizität und fließendes Was-

ser aus, er legt auf derlei Äußerlichkeiten keinen Wert. Er breitet einen Teppich aus, etwas, das einer Matratze gleicht, wird uns zum Sitzen angeboten; Zeira hat keine große Lust, sich kreuzbeinig niederzulassen, Bandscheibenschaden, Dita Nazor überredet ihn, am Ende tut er es doch, es lebe die Zusammenarbeit mit den Beduinen! Die Zeremonie des Kaffeemachens kann beginnen. Fünf oder sechs seiner Kinder helfen dem Vater, schleppen Holz herbei, machen Feuer, holen Kaffeetäßchen, die sie vor uns waschen, leider waschen sie dabei auch ihre schwarzen Hände, Licci flüstert Dita Nazor zu, ob sie den Kaffee trinken muß. Sie muß. Die Kaffeeproduktion dauert eine volle Stunde, vom Stampfen der Kaffeebohnen bis zur dampfenden Tasse, Espresso-Maschinen sind des Teufels. Die Gastfreundschaft ist nicht äußerlich; wir haben Zeit, uns zu unterhalten, trotz der doppelten Übersetzung. Daß Israel das Dorf gebaut hat: der *Chief* findet es großartig, er lächelt ernst, er hofft, daß der Souvenirladen des Sohnes ein Erfolg wird, er bedauert höflich, daß er nicht unsere Sprache spricht, die Kinder werden mehrere Sprachen sprechen, er läßt uns sagen, daß er für den Fortschritt ist, er persönlich muß daran nicht teilhaben, so versteht man sich. Man findet Demokraten an den absonderlichsten Plätzen der Erde.
Bis jetzt haben wir keine Frauen gesehen – man kocht Kaffee für fremde Frauen, aber die eigenen sind nicht zur Kaffeestunde geladen. Als wir gehen, begegnen wir den beiden Frauen unseres Gastgebers – er hat nur zwei, er könnte mehr haben: Die Vielweiberei ist in Israel verboten, aber wer schon vor der Staatsgründung mehrere Frauen hatte, darf sie behalten, Demokratie ist Kompromiß. Die beiden Frauen sind nicht verschleiert, sind nur schwarz vermummt, fast alle Beduinenfrauen tragen schwarz: Mit freundlich-kuriosem Neid betrachten sie Licci in ihren Pepitahosen, sie wollen die Ketten um Liccis Hals sehen. Sie werden in den Geschäften arbeiten und die Wohnungen mit Elektrizität und Wasserleitung beziehen, es

dürfte sich für eine Weile ein ziemliches Hin und Her abspielen, zwischen Haus und Zelt. Die Frauen sind fortschrittlicher als die Männer – um das zu wissen, bedürfte es allerdings keines Besuches im Beduinendorf, der Frohsinn des Fortschritts kommt vom Trübsinn der Unterdrückung.

Es dunkelt. Über unseren Köpfen das Geräusch eines Hubschraubers. «Es muß einen Zwischenfall am Gazastreifen gegeben haben», sagt Dita Nazor, plötzlich sind wir wieder in einem Land, das Krieg führt.

Die Industrie-Vorstadt ist hell erleuchtet, ins Dunkelblau des Himmels steigen die schwarzen Rauchschwaden, ein Stück Pittsburgh drei Kilometer von den Zelten der Beduinen, das türkische Minarett ist nur einen Steinwurf weit vom Archäologischen Museum entfernt, Beersheba eine Stadt der Wissenschaft, am Donnerstag ist Kamel-Markt, die neuen Appartementhäuser inmitten von Parkanlagen – «da wird ein neuer Fahrstuhl gebaut», sagt Dita Nazor, es ist ihr Fahrstuhl, wie das Museum ihr gehört und die Beduinensiedlung und die Konzerthalle und die Fabrik aus Tel Aviv –, jetzt sind es zwei oder drei Hubschrauber, die Geschäftsstraße ist eine geschäftige Straße, Zeira findet schwer einen Parkplatz. «*Oh, Ost ist Ost, und West ist West, und treffen werden sie sich nie*», heißt es in der Ballade von Kipling. Er war nicht in Beersheba. Himmelsrichtungen sind ein Aberglaube.

Wir müssen einige Kleinigkeiten kaufen; Dita Nazor begleitet uns. Die Geschäftsstraßen Beershebas sind typischer als die Jerusalems, Haifas oder Tel Avivs. Auch in den drei großen Zentren des Fremdenverkehrs spürt man, daß Israel ein armes Land ist, spürt man, daß Israel ein sozialistisches Land ist: In der Pionierstadt Beersheba empfindet man es am deutlichsten. Von dem Überfluß des europäischen Westens und Amerikas ist hier nichts zu merken – mit wenigen Ausnahmen erinnern die Geschäfte an die Europas in den frühen dreißiger Jahren; zuweilen denkt man auch an die Geschäftsstraßen in den höher entwickelten «Volksdemokratien», in Budapest zum Beispiel. In den Geschäften der WIZO, der tapferen israelischen Frauenorganisation, findet man entzückende israelische Arbeiten, Silbergegenstände, Eilath-Steine, der Fremde ist nicht enttäuscht, aber Luxus ist ein Luxus, den sich die Israelis nicht leisten können: Einförmiges Grau liegt über den Läden. Fast alles, was zum täglichen Leben gehört, ist billig, besonders jene landwirtschaftlichen Produkte, deren Preise kontrolliert sind: staatliche Subvention. Ein halber Liter Milch kostet, ins Haus geliefert, weniger als zehn amerikanische Cents, ein halbes Kilo Weizenbrot rund zehn Cents, hundert Gramm Butter achtzehn Cents, ein Kilo Zucker etwa ebensoviel, ein Kilo Hühnerfleisch bekommt man für weniger als einen Dollar. Billig sind auch Gemüse und Obst, besonders in der Saison, aber da richten sich die Preise schon manchmal nach Angebot und Nachfrage – auch hier der Unterschied zwischen dem sozialistischen und dem kommunistischen System –, bei gewissen Erzeugnissen beginnt sich die Konkurrenz der Privatwirtschaft auszuwirken. Eine Autobusfahrkarte in Tel Aviv rund fünf amerikanische Cents, man kann für einen halben Dollar von Tel Aviv nach Jerusalem fahren; fertige Anzüge und Strickwaren sind halb so teuer wie in den meisten Ländern Europas und nicht teuerer als in Amerika; die teuerste Theaterkarte drei Dollar, ein Zehntel soviel wie in den USA; für ein Abonnement, zwölf Konzerte, des Philharmonischen Orchesters verlangt man 15 bis 50 Dollar; in den Erholungsheimen für Angestellte, in die man nicht «eingewiesen» wird, die jedem offenstehen, zahlt man für ein Doppelzimmer mit Bad und reichlicher Verpflegung rund sechs Dollar pro Kopf. Dafür ist in Luxusestablishments das meiste so kostspielig wie in der Schweiz oder der Bundesrepublik, einen Maßanzug kann sich fast niemand leisten, ein Peugeot von mittlerer Größe beinahe so unerschwinglich wie ein Super-Mercedes in Deutschland oder ein Cadillac in Amerika. Waschmaschinen, elektrische Kühlschränke oder Fernsehgeräte – ein Schwarz-Weiß-Apparat rund 700 Dollar – sind erheblich teuerer als in Europa, Luxusgegenstände, da ja der Leiter eines Postamtes monatlich nicht mehr als 250 bis 300 Dollar, ein Rabbiner nicht mehr als 350 bis 450 Dollar, ein Ministerialdirektor nicht mehr als 400 Dollar verdient. Es ist bezeichnend, daß sie alle weniger verdienen als ein Hafenarbeiter, der oft auf über 500 Dollar kommt; der Hafendirektor muß sich mit etwa 400 Dollar begnügen.

Dita Nazor hatte uns zu einem «Drink» nach dem Abendessen gebeten – eine façon de parler, da sich die Tische unter den belegten Brötchen, Kuchen und Sandwiches bogen. Sie und ihr Mann, einer der angesehensten Bürger der Stadt und Oberst der Reserve, hatten einige Notabilitäten Beershebas eingeladen, darunter mehrere Ärzte des Central Negev Hospitals, das mit 420 Betten zu den modernsten des Landes gehört und von der Gewerkschaft finanziert wird. Da man, ein übler Brauch, mit Ärzten über Medizin spricht, erfuhren wir – jeder Israeli ein Statistisches Jahrbuch, ich sagte es schon –, daß es etwa 6 100 praktizierende Ärzte in Israel gibt, auf je 450 Einwohner kommt ein Arzt, dabei beängstigend, daß nur 35 Prozent der Mediziner unter 45 Jahre alt ist. Nicht nur die Ärzte werden alt, auch ihre Patienten: Die sogenannte Sterblichkeitsziffer auf je 1 000 Einwohner beträgt in Israel bei Juden etwas über sieben, bei Arabern sogar unter sechs. In der Bundesrepublik sterben von 1 000 Einwohnern elfeinhalb Promill, in Ägypten beinahe fünfundzwanzig. Ich denke, es liegt an der koscheren Küche.

Der Chefarzt, ein berühmter Chirurg – keineswegs überraschenderweise von ungarischer Herkunft –, kam spät. Unterdessen wußte man, warum die Hubschrauber Beersheba überflogen hatten. Palästinenser im Gazastreifen hatten eine Bombe gegen einen Autobus geworfen; wie gewöhnlich war sie nicht dort explodiert, wo es die Terroristen geplant hatten: Die Juden blieben unverletzt, ein arabisches Kind wurde getötet, fünf schwer verletzt. Die Hubschrauber der Armee hatten keinen Israeli, sie hatten die arabischen Kinder ins Spital geflogen. Der Chefarzt hatte bis zehn Uhr operiert.

Man erkundigte sich nach unseren israelischen Eindrücken. Dankbar nahm man zur Kenntnis, was wir Rühmliches zu sagen hatten, aber es begab sich, was wir überall erlebt hatten und wieder erleben: Die Israelis urteilen über ihr Land mit beinahe ängstlicher Kritik. Später, als meine Zweite Israelische Ode in einer israelischen Zeitung erschien, wurde ich vor «Übertreibungen» gewarnt, und Leser meinten, das seien doch die allzu rosigen Eindrücke eines Fremden. Neben den Arabern, sagen die Israelis, werden sie von der Zufriedenheit bedroht. Der analytische Geist der Juden warnt sie vor übertriebenem Enthusiasmus, es kann aber auch sein, daß ihre Selbstkritik eine Folge der arabischen Nachbarschaft ist: Arabische Selbstüberschätzung resultiert in jüdischer Selbstunterschätzung, arabische Prahlerei in oppositioneller Bescheidenheit; man glaubt in Israel Marx, aber auf keinen Fall die Märchen der Tausendundeinen Nacht lesen zu müssen.

Die Unterhaltung bewegte sich auf einem Niveau, wie man es in keiner Provinzstadt der Erde findet, mit Ausnahme der Schweiz. Israelische Pioniere ziehen nicht in die Großstädte, die meisten Pioniere stammen aus Großstädten. Israel ist ein Land ohne Provinzialismus. Am meisten fiel uns die Offenheit auf, mit der so diskutiert wurde, als seien wir nicht anwesend oder als seien wir Bürger des Staates. Die Meinungsverschiedenheiten über die Goldmann-Mission wurden nicht verborgen, auf meine Frage, wie sich Israel mit dem Frieden «abfinden» würde, erhielt ich zehn verschiedene Antworten. Wenn es nur Frieden gäbe ... den Rest würde man schon schaffen, nun ja, die Jugend, ernste Mienen – ein Arzt sagte: «Wir sind ein Volk, warum sollte sich gerade unsere Jugend nicht irren, lieber Irrtümer als den Tod.» Zuweilen verfielen die Gäste in Iwrith; man beeilte sich zu übersetzen, was wir nicht verstanden.

Der Polizeichef des Negev, ein junger Oberstleutnant – keineswegs überraschenderweise aus Liccis Geburtsstadt Preßburg stammend – brachte uns zu später Stunde nach Hause, und weil manches, was er zu sagen hatte, mein Interesse erregte, frühstückte er mit uns am nächsten Morgen um halb acht auf der Terrasse des Desert Inn.

Der Oberstleutnant «regiert» über ein Gebiet von rund 300000 Einwohnern, er ist sechs von sieben Tagen der Woche mit seinem Jeep unterwegs. Über das hübsche, slawische Gesicht ging ein Lächeln: «Wissen Sie», sagte er, «ein Sherlock Holmes wird man hier nicht.» Im Jahre 1969 hat sich im ganzen Gebiet des Negev, sieht man von politischen Anschlägen ab, ein einziger Mord ereignet, und das war eine Eifersuchtstat. Knappe dreißig Kilometer hinter der Front ist keine Mutter besorgt, wenn ihre siebzehnjährige Tochter um Mitternacht noch nicht zu Hause ist, dunkle Straßen sind sicherer als die Park Avenue New Yorks oder Berlins Kurfürstendamm – «ein paar Gewaltverbrechen mehr», lachte der Polizeichef, «würden höchstens zeigen, daß wir ein Volk sind.» Die Zahl der Einbrüche und Diebstähle ist gestiegen, ist aber immer noch minimal, Rauschgift ist kein Problem. Was die Terroristen betrifft, bestätigte der Oberstleutnant, was ich von Oberst Joseph Caleff, dem Sprecher der Armee, noch ausführlicher hören sollte. Je weiter eine Stadt von den Grenzen entfernt ist, desto weniger Terroranschläge. «Ihre Zahl nimmt in den Grenzgegenden ständig erheblich zu, während sie im Land fast gleich bleibt. Die Feigheit der Terroristen äußert sich nicht nur in der Wahllosigkeit ihrer Mittel und Ziele, sondern auch darin, daß sie nach dem Attentat fast immer sofort über die Grenze entwischen: Wo das schwer möglich ist, sind sie kaum anzutreffen. Diese Tatsachen sind auch bezeichnend, weil sie zeigen, daß man ohne die Terroristen mit den Arabern durchaus friedlich zusammenleben kann. Die Palästinenser versuchen, nicht nur uns, sondern auch die friedlichen Araber zu terrorisieren. Diese befinden sich in

einer verzweifelten Lage: Wenn sie Terroristen beherbergen, bekommen sie es mit uns, wenn sie sich weigern, bekommen sie es mit den Guerillas zu tun. Mit einer wahren Kollaboration können die Fedajim fast ausschließlich bei jenen Arabern rechnen, die in Grenzbezirken wohnen und den Terroristen nur für eine Nacht aufnehmen oder für kurze Zeit versorgen müssen.»
Seit der Polizeichef des Negev von uns Abschied nahm, hat die Kriminalität in Israel zugenommen, und es ist kein gutes Zeichen, daß das beinahe sofort nach dem Waffenstillstand geschah. In dem relativ ruhigen Jahr 1970 stieg – so Polizeiminister Schlomo Hillel – die Zahl der Eigentumsdelikte um siebzig, in Tel Aviv, der größten Stadt des Landes, sogar um 128 Prozent. Schlomo Hillels Bemerkung, daß das Verbrechen in Israel «mit internationalen Maßstäben gemessen, noch in den Windeln steckt», ist ebenso wenig beruhigend wie die Feststellung der führenden Kolumnistin Alice Schwarz, die israelische Unterwelt könne höchstens «*in der Liga B oder Liga C*» spielen. Beruhigend ist etwas anderes – das nämliche, das mich auch die wachsende studentische «Rebellion» und die «Erfolge» linksintellektueller Propagandisten in Anführungszeichen setzen läßt. Es mag sein, daß sich die politischen Parteien orthodoxen Gruppen anschmeicheln: So opportunistisch, daß sie sich revolutionären Tendenzen beugten oder – was nicht dasselbe, aber ebenso gefährlich ist – zu einem Verständnis für kriminelle Handlungen bereit fänden, sind sie mitnichten. Israelische Zeitungen hegen und pflegen, wie alle Zeitungen der Welt, ihre Leser, aber die unabhängige Tageszeitung Haarec hat mit der Nouvelle Vague des Extremismus und der Kriminalität so wenig Sympathien wie die religiöse Zeitung Hacofe, das Gewerkschaftsorgan Davar so wenig wie die konservative Jedioth Achronoth oder die weitverbreitete Maariv. Die Juden befolgen das schöne Wort Walt Whitmans: «*Den Staaten, oder jedem von ihnen, oder jeder Stadt in den Staaten: / Widerstehe viel und gehorche wenig!*» Sie kapitulieren nicht vor der Mode. Demokratie ist

manches: Widerstand gegen die Mode ist sie unter allen Umständen.

Da Dita Nazor auch die neue Universität gehört, holte sie uns nach dem Frühstück zu einem Besuch der University of the Negev ab. Die Universitätsgebäude, zum Teil unvollendet, lagen in der sengenden Wüstensonne. Daß noch überall gehämmert wird, stört die Lehrer und Studenten kaum – als vor nicht ganz fünf Jahren die ersten Räume fertiggestellt waren, gab es 50 Studenten, heute sind es über 1 700, bis zum Ende des Jahrzehnts sollen es an die 10000 werden. Die 250 Professoren sind aus dem ganzen Land, wo Lebensverhältnisse und Klima besser sind, hierher geeilt: Sie unterrichten vornehmlich technische Fächer, aber man kann auch, unter der Aufsicht der Universität von Jerusalem, Sprachen, Geschichte, Literatur und Verhaltenswissenschaft studieren. Die Bibliothek umfaßt schon heute 55000 Bücher, man kann dort 500 Zeitschriften lesen. Junge studierende Ehepaare bekommen ihre eigenen Wohnungen; insgesamt Betten für 3000 Studenten, die auf dem Campus leben wollen. Die Räume, in denen die Computer untergebracht sind, sind vierundzwanzig Stunden geöffnet. Es könnte ja jemand einfallen, sie um Mitternacht zu gebrauchen.

Zum Abschied brachte Dita Nazor meiner Frau eine Rose aus ihrem Garten. Rosen im Negev. Schalom, Schalom – sie winkte mit beiden Händen. Wir sahen noch lange ihre winkenden Hände. Goethe hat Eckermann gesagt: « *Aber die beiden schweren Tafeln mit den zehn Geboten! – glaubt Ihr denn, daß es eine Kleinigkeit war, die zu tragen? Und glaubt Ihr denn ferner, daß Moses, der eine Armee Juden zu kommandieren und zu bändigen hatte, sich mit ganz ordinären Armen hätte begnügen können?* »

Daran erinnerten mich die winkenden Hände der Pionierfrau im Negev.

Schatten über dem Strand

Fast hätte sich Licci entschlossen, mitzufliegen. Das wäre das wahre israelische Wunder gewesen; es blieb aus.

Ich flog mit der Arkia, der innerisraelischen Fluglinie, von Tel Aviv schon am ersten Tag nach Eilath. Dort, im Golf von Eilath, hat der Sechs-Tage-Krieg begonnen. Dort, nicht anderswo.

Wie lange braucht die Geschichtsschreibung, um die Geschichte zu verfälschen? Zur Zeit des Tacitus brauchte sie lange, zur Zeit Treitschkes ging es schon schneller. Heute noch schneller, die Massenmedien helfen.

Israel als Aggressor. Der Sechs-Tage-Krieg begann am 20. Mai 1967, als Nasser dem Generalsekretär der UNO den Rückzug der UNEF-Truppen von Sharm el-Sheikh befahl. Am 23. Mai erklärte Präsident Nasser in Sinai: «*Gestern haben die bewaffneten Kräfte Sharm el-Sheikh besetzt ... Es kommt nicht in Frage, daß wir, unter welchen Umständen auch immer, der israelischen Flagge gestatten werden, die Straße von Akaba zu durchqueren.*» Golf von Akaba nennen die Araber den Golf von Eilath.

Nachdem der Suezkanal, entgegen dem UNO-Beschluß von 1951, für Israel geschlossen worden war, wurde Israel nun, entgegen den Beschlüssen der Vereinten Nationen, auch vom Süden blockiert. Die Straße von Tiran, die Seestraße, die nach Eilath führt, zur südlichsten Spitze Israels, war für Israel gesperrt. Zugleich erklärte Syriens Verteidigungsminister Hafzi Asad: «*Unsere Vorbereitungen für die Aggression sind abgeschlossen.*» Er gebrauchte das Wort Aggression. Radio Kairo schilderte die Situation: «*Angesichts der Blockade des Golfs von Akaba stehen Israel zwei Möglichkeiten offen, beide blutgetränkt. Entweder stirbt Isreal im Würgegriff der arabischen militärischen und wirtschaftlichen Blockade, oder es stirbt im Kugelregen der arabischen Kräfte, die es vom Süden, Norden und Osten umfassen.*» Israel wählte das Leben.

Wir fliegen am Suezkanal entlang, am Gazastreifen. Auf der anderen Seite Ägypten. Hier werden morgen die Sowjets ihre Angriffsvorbereitungen treffen. Das «*größte Raketensystem der Welt*», wie es Moshe Dayan bezeichnet. In der 50-Kilometer-Waffenstillstandszone errichten die Russen 500 bis 600 Raketenrampen. Dreitausend sowjetische Berater und Techniker stehen am Suezkanal; mindestens 36 Sam-2-Batterien gegen hochfliegende, mindest zehn Sam-3-Batterien gegen tieffliegende Maschinen; selbst «Der Spiegel», Deutschlands sowjetbegeistertes Nachrichten-Magazin, schreibt: «*... die 200 Mann starken Bedienungsmannschaften in jeder Raketenstation sind Sowjets.*» Die sowjetischen Batterien schützen Ägypten gegen israelische Angriffe, decken aber zugleich den ägyptischen Vormarsch und erleichtern einen arabischen Angriff.

Krieg oder Frieden?

Ob die Sowjets ihren arabischen Satelliten den Angriff auf Israel erlauben werden, hängt nicht von dem Rückzug der Israelis auf die Vorkriegslinien ab, nicht von Friedensverhandlungen, nicht von Verträgen. Die von der UNO sanktionierten Abmachungen von 1956 haben den Israelis die Zufahrt nach Eilath garantiert; am 23. Mai 1967 wurde die Straße von Tiran gesperrt. Die United Nations Expeditionary Force sollte zwischen den Gegnern stehen; ein Wink Nassers, U Thant gehorchte, die Truppen zogen ab. Ob die Sowjets den Arabern eine neue Aggression gestatten oder befehlen, hängt allein von ihrer Einschätzung der Vereinigten Staaten ab.

Die Chance der Fehlspekulationen und Mißkalkulationen ist enorm.

Es könnte sein, daß Moskau meint, ein zweites Mal würden die Araber Israel auch ohne direkte militärische Hilfe der Sowjetunion besiegen können. Da aber die Araber auch ein zweites Mal barfuß durch die Wüste laufen würden, müßten die Russen dann doch eingreifen. Der Dritte Weltkrieg stünde vor der Tür.

Es könnte sein, daß die Sowjets glauben, Amerika würde sogar einer direkten sowjetischen Aggression tatenlos zusehen. Dafür gibt es Anzeichen. Es vergeht kein Monat, ohne daß der sowjetische Staatschef, der russische Ministerpräsident oder Außenminister auf einem arabischen Flugfeld einen arabischen Potentaten auf beide Wangen küßt. Nicht einmal ein amerikanischer Außenminister hat es für notwendig befunden, in Krisenzeiten Jerusalem zu besuchen. Die Sowjets erklären mindestens einmal in der Woche, daß ihre Unterstützung der arabischen Nationen «bedingungslos» sei. Die amerikanische Hilfe für Israel ist höchst bedingt. Die Sowjets ermutigen Kairo zur Bedingungslosigkeit. Amerika zwingt Israel zu Konzessionen.

Es könnte sein, daß die allmähliche, und sei es auch nur ungewollte Zerstörung der NATO durch die Ost-Politik der Regierungen Brandt, Pompidou und Colombo die Russen in den Glauben wiegt, die USA vermögen das Mittelmeer nicht mehr zu verteidigen, selbst wenn sie es wollten. Halb Europa stolpert blindlings in die sowjetische Unsicherheitskonferenz. Indes pflegen die Amerikaner, nicht sehr phantasiebegabt, nur nach einem Pearl Harbor aufzuwachen.

Es könnte sein, daß die Sowjets gewisse Zeichen – zum Beispiel die Waffenlieferungen Englands an Südafrika – nicht richtig einschätzen. Die großen Demokratien wissen, daß es dem sowjetischen Imperialismus weniger um Israel geht als um die Eroberung des Indischen Ozeans und Indiens. Aber weiß Moskau, daß es der Westen weiß?

Es könnte sein, daß die Sowjets nicht verstehen, warum es die Vereinigten Staaten bisher vermieden haben, den Nahostkonflikt auf die einfachste Weise zu lösen. Eine einzige Erklärung der Vereinigten Staaten – Garantie bestimmter festgesetzter

Grenzen Israels mit der gleichzeitigen Deklaration, daß ein Angriff auf diese Grenzen von Washington als Angriff auf die Vereinigten Staaten angesehen werden würde –, mit einer solchen Geste könnte der Brandherd von einem Tag auf den anderen gelöscht werden. Obwohl ein Angriff auf Israel tatsächlich ein Angriff auf die Vereinigten Staaten wäre, wagt Amerika den Schritt nicht und ermutigt damit die sowjetische Aggression.

Es könnte sein, daß die Russen, befangen in marxistischer Ideologie und antijüdischer Tradition, annehmen, die Ölmagnaten von Texas würden einem offenen Konflikt zwischen Amerika und den arabischen Ölproduzenten um jeden Preis ausweichen, auf keinen Fall würden sie einen solchen Konflikt des Judenstaates halber riskieren. Der Einfluß der Ölmagnaten ist gewaltig, aber er hat seine Grenzen.

Es könnte sein, daß Moskau die satte Bequemlichkeit der westlichen Welt und ihre Demoralisierung durch die intellektuelle «Kultur»-Revolution überschätzt, daß sich aber dann doch die «Mächte des Lichts», von denen die Schriftenrollen am Toten Meer sprechen, zur Selbstverteidigung aufraffen, wie sie sich im Zweiten Weltkrieg zur Verteidigung gegen die «Mächte der Finsternis» aufgerafft haben.

Es könnte aber auch sein, daß die Sowjetunion just den Fehler begeht, nur mit Washington zu rechnen, Israel außer acht zu lassen. Vielleicht denkt man in Moskau, Israel würde vor sowjetischen Truppen kapitulieren, ohne, bevor es in den Tod geht, mit allen ihm zu Gebote stehenden Waffen, nicht Kairo oder Amman, sondern Leningrad oder Moskau anzugreifen.

All diese Fehlspekulationen und Mißkalkulationen können morgen zum Dritten Weltkrieg führen, den die Sowjetunion, ihrer Niederlage gewiß, vermeiden möchte. Nur außerhalb Israels herrscht der Aberglaube, die Araber würden sich mit der Herstellung des Status quo vom Mai 1967 begnügen. Wäre es so, hätte der Sechs-Tage-Krieg nicht stattgefunden. Seit

Israel lebt, schwebt es in Lebensgefahr, so lange es lebt, wird es in Lebensgefahr schweben.
Ich blickte hinunter auf den Suezkanal und dachte an die Spree. Berlin und Israel haben gemeinsam, daß ihre Existenz, weil sie die beiden verletzlichsten Punkte der westlichen Welt sind, unverletzlich ist. Aber das amerikanische Engagement in Berlin ist klar ausgesprochen, das amerikanische Engagement in Israel ist unklar. Die Sowjetunion hält Israel für einen Sandkasten des Dritten Weltkrieges. In Wirklichkeit ist es das Sprungbrett des Dritten Weltkrieges. Ich blickte hinunter auf den Sand am blauen Meer.
Der Gazastreifen, der äußerste Rand des Sandkastens. Dem Gazastreifen Frieden zu bringen, ist Israel mißlungen. Was mir von meinem komfortablen Sitz als ein friedliches Wüstenland mit farbigen Oasen erschien, ist ein Hexenkessel des Hasses. Im Gazastreifen sind seit dem Sechs-Tage-Krieg etwa siebzig Israelis getötet worden, etwa tausend wurden verletzt. Beträgt die Zahl der getöteten Araber – fast ausschließlich Opfer ihrer eigenen Terroristen – mindestens das Dreifache, so ist die Bilanz für die Araber mit ihrem unerschöpflichen Menschenreservoir doch höchst günstig. Israelis und Araber messen nicht mit den gleichen Maßen. Von den 350000 Arabern im Gazastreifen leben rund die Hälfte in Lagern. Die Israelis glaubten, durch die Verbesserung des Lagerlebens die Araber wenn nicht für sich zu gewinnen, so doch zu beruhigen. Kochten palästinensische Frauen zum ersten Mal in der eigenen Küche – bis jetzt spielte sich das ganze Leben im Schlafraum ab –, hieß es, die Israelis wollen «die arabische Familie zerstören». Bauten die Israelis menschenwürdige Wohnungen, warfen ihnen die Araber vor, «ewig bleiben» zu wollen. Die englische und französische Presse berichtete Groteskes. Als im Lager Mauzi die Elektrizität eingeführt wurde, sagte ein 56jähriger Araber, elffacher Familienvater, zu einem Reporter: «Die Juden wollen uns in der Nacht sehen, damit sie uns besser abschießen können.» Ein

anderer Palästinenser klagte: «Wo kommen wir hin – die zählen ja unsere Toten!» Zwischen israelischer Zivilisation und arabischer Misere werden die Araber noch lange das arabische Elend, zwischen israelischer Demokratie und arabischem Feudalismus noch lange die arabische Sklaverei wählen.

Sobald das kleine Flugzeug nach Osten abschwenkt, verblassen die Gedanken an den Krieg wie ein Alptraum von vorgestern. Die Erfindung des Flugzeuges hat mehr Unglück als Glück über die Welt gebracht; das Glück, die Wüste von oben zu sehen, möchte ich nicht missen.

In der afrikanischen Wüste, die sich mir in der blutigen Gesellschaftsreise des Zweiten Weltkrieges eröffnete, habe ich erfahren, was Platzangst bedeutet. Platzangst und Unendlichkeit sind keine Widersprüche, denn man kann aus der Unendlichkeit so wenig ausbrechen wie aus der Enge. Der Mensch will atmen, aber er will auch seine Grenzen fassen – Wüstenkoller ist die Platzangst der Unendlichkeit. Wir haben Gott nicht nur in den Himmel gesetzt, weil uns sonst Seine Allwissenheit unglaubwürdig dünkte, wir taten es auch, weil Gott nur von oben die Grenzen des Grenzenlosen zu sehen vermag. Das Himmelreich kennt keine Horizonte.

Dieses göttliche Gefühl übermannt mich, über der Wüste von Sinai. Die Unendlichkeit liegt mir zu Füßen, aber ich bin in ihr nicht verloren. Ein Vergleich verjagt den anderen. Die Berge mit ihren Sandzeichnungen, kreisförmig, ellipsenförmig, rund, in sich geschlossen – nicht vom kalten Hochmut, also dem nach oben strebenden Mut der Rocky Mountains –, könnten gigantische Muscheln sein, Austern für Riesen, Gehäuse ungeheuerer Schnecken, Seesterne aus Stein. Oder sind es aufgeschnittene Herzen, Aorta, Lungenschlagader, Zeichnungen im anatomischen Lehrbuch der Schöpfung? Immer neue Bilder, kein Wunder, da sich die Bilder unentwegt ändern, die Farben wechseln, die Wüste ist blau und schwarz und violett, jetzt fliegt eine lästige Fliege über die Berge, schon ist die verscheucht, es ist der Schatten des Flugzeuges. Der israelische Dichter Schalom Ben-Chorin hat geschrieben, Gott habe dem Menschen verboten, Bildnisse zu machen, «*denn ICH, der Herr, mache selbst die ‹Bildnisse›, in der Wüste, auf Meinem Berge*».

Da ist Sein Berg, der Berg Sinai, der Berg Mose und der Zehn Gebote. Es mag dieser Berg sein oder der nächste; neben mir sitzt ein irischer Pfarrer, der besteht darauf, daß es dieser ist, der Berg mit der winzigen Kapelle, nicht der andere. Es kann auch der andere sein, warum sollte man das in Dublin so genau wissen, aber hier, auf einem der Berge, wurde das Gesetz gegeben, das einzige, das noch gilt, alle anderen Gesetze verwässerte Versionen. Die Klagemauer, die Omar-Moschee, Bethlehem – heilige Stätten, doch sind es zugleich Übersetzungen der Handschrift Gottes, hier ist das Original, die eigene Handschrift. Man spricht von der Internationalisierung der Heiligen Stätten, man will sie den Juden nicht anvertrauen – und wie steht es mit dem Berg der Zehn Gebote, bis 1967 lag er in islamischem Land, niemand sprach von Internationalisierung. Ich denke: Keine Macht der Erde hat das Recht, den Juden Jabal Mussa streitig zu machen, den Berg Mose.

Wäre ich über die Wüstenstraße gefahren – sie führt aus dem Inneren Israels nach Eilath, fast vollendet –, ich bliebe stehen beim Kloster Santa Katharina. Tief fliegen wir darüber hinweg, fast berühren wir die Türme. Eine sonderbare, wunderbare Wüstenfestung zu Füßen des Heiligen Berges, grünende Bäume, eine trotzige Oase zwischen Stein und Sand. Zwanzig griechische Mönche leben hier, hier sterben sie, die Schädel der Toten werden aufbewahrt, der jüngste von ihnen, Bruder Anastasius, ist beim Aufstieg zum Berg der Gebote abgestürzt. Er wollte den Weg abkürzen, wahrscheinlich gibt es keinen abgekürzten Weg zu den Zehn Geboten. Ich möchte den Griechen danken, weil sie das Kloster nicht auf dem Berg errichtet haben, 600 Meter tiefer haben sie es gebaut: Als Kaiser Justinian erfuhr, daß sie den Gipfel nicht gestürmt hatten, ließ er den Bau-

meister hinrichten, man müßte dem Baumeister ein Monument setzen, nicht viele Baumeister, die zu Füßen Gottes sitzen.
Wir sind bis an die südlichste Spitze der Halbinsel geflogen: das Rote Meer. Nach einer Blutalge heißt es so, *Haematococcus pluvialis,* sie soll hier vorkommen, ich mußte es nachlesen, Blutalgen vermögen den Schnee rot zu färben, das Meer haben sie nicht rot gefärbt: Nie habe ich so blaues Wasser gesehen, Sonne auf dem stillen Meer, das Meer ist goldblau.
Blutgefärbt war das Rote Meer, 1956 und 1967, aber es lag nicht an den Algen. Ich denke an die Golanhöhen. Dort habe ich verstanden, was man in Ascona und New York, in Paris und Tokio nicht verstehen kann. Landkarten zeigen nicht die Schlagadern eines Volkes, die *lifelines,* wie die Engländer sagen. Die Wüste läuft in einem spitzwinkligen Dreieck aus. Am östlichen Schenkel, beinahe an der Spitze, liegt der winzige Hafen Sharm el-Sheikh. Er «beherrscht», wie es in Reiseführern und strategischen Handbüchern heißt, die Straße von Tiran. Dahinter nur Wüste. Im Westen, wo der Golf von Suez im Roten Meer endet – Ägypten. Im Osten, so nahe, als könnte es mit der ausgestreckten Hand die Halbinsel fassen – Saudi-Arabien. Gibt Israel Sharm el-Sheikh auf, gibt es sich selbst auf.
Im Hafen jetzt ein einziges kleines Schiff, ein paar Fischerboote im Blau, ein Motorboot nähert sich schnell von Eilath. «Das ist eines der Boote mit Glasboden», erklärt die Stewardess, «– das müssen Sie sehen, herrliche Korallenbänke und tropische Fische. Übrigens können Sie eine Taucherausrüstung mieten.» Ein junger Amerikaner führt seine Kamera ans Auge. «Sie dürfen nicht photographieren», mahnt die Stewardess. «Ich habe gar keinen Film», sagt der Amerikaner, «ich sehe nur besser durch die Suchlinse.» – «Versprechen Sie mir, daß Sie nicht knipsen?» lächelt die Stewardess. «Großes Ehrenwort.» Spion sollte man hier sein. Die Araber im Sechs-Tage-Krieg waren schlecht informiert, doch die Israelis nicht viel besser. Die israelischen Fallschirmjäger sprangen am 7. Juni über Sharm el-

Sheikh ab. Sie fanden nur israelische Matrosen vor, die hatten Sharm el-Sheikh schon genommen. Lakonisch hatte der Admiral gemeldet: «*MTB Schwadron in Sharm el-Sheikh eingetroffen. Israelische Flagge gehißt.*»

Krieg um Eilath, Frieden in Eilath. Lange Hotelreihen am Badestrand, die Zebrarücken der Badekabinen, Sonnenschirme, Kinder bauen Sandburgen, Bikinis, ein paar Soldaten legen ihre Uniformen auf einen Felsen, Picknickkörbe: israelische Riviera. Und jenseits der Bucht, es sind nicht mehr als vier Kilometer, das dritte arabische Land – Jordanien. Man sieht jedes Haus am Strand von Akaba. Wenn die Jordanier nicht die Vergeltung fürchteten – in einer Stunde könnten sie Eilath in Schutt und Asche legen. In der Bar wird Milch und Orangensaft verkauft. Der Strand liegt im Schatten der jordanischen Kanonen. Die Motorboote mit dem Glasboden fahren aus. Sie umfahren ein halb versenktes arabisches Schiff, Schrott im Wasser, verrostetes Kriegerdenkmal. Die Juden sind keine schlechten Seefahrer. «*Auch Schiffe baute König Salomo in Ejzon-Geber, das bei Elath liegt, am Gestade des Schilfmeers im Land der Edomiter.*» Krieg und Frieden, Bibel und Gegenwart, Lido und Kanonen. Israel.

Der Taxichauffeur, der mich durch Eilath fährt, ist erst zwei Jahre hier, ein junger argentinischer Jude. Er zeigt mir eine Siedlung, die man spöttisch Sing-Sing nennt, sie ist architektonisch nicht eben gelungen. «Ist schon alt», sagt er. Etwa zehn Jahre alt. «Sie müssen das Haus sehen, in dem ich wohne.» Ich muß. Er hat, mit seiner Mutter, eine Drei-Zimmer-Wohnung in einem neuen Bau, Bad, Balkon. «Ich gehe nie wieder weg. Ich hätte früher kommen müssen.» Er ist vierundzwanzig. Fast keine Stadt Israels entwickelt sich so schnell wie Eilath, trotz des widrigen Klimas, im Sommer ist die Hitze beinahe unerträglich. Heute 14000 Einwohner, in vier bis fünf Jahren rechnet man mit dreißigtausend. Das Spital ist nach dem Sechs-Tage-Krieg aus dem Sand gewachsen. Das Theater spielt jeden

Tag, für 14000 Einwohner. Ich sehe mir das Programm an: ein Stück von Shaw, ein Stück von Arthur Miller, Operngastspiel mit «Traviata». Das Ozeanische Museum, das Kulturzentrum – amerikanische Gewerkschaften ließen es bauen, Freunde der israelischen Gewerkschaftler –, die Entsalzungsanlage, bald wird sich der Wüstenhafen selbst ganz mit Wasser versorgen.

Auf einer ansteigenden Straße bleiben wir stehen: Man sieht das Ende der Bucht, die Bucht wie ein großer Daumen. Dahinter die Ebene, fast genau in der Mitte des großen Daumens geht das Grün der Felder in das Gelb der Wüste über: «Das ist die jordanische Grenze», sage ich zu meinem Fahrer; allmählich erkenne ich israelisch-arabische Grenzen. Ich frage: «Können wir an die Grenze fahren?» Er nickt: «Hoffentlich laufen wir keiner Patrouille in den Arm.»

Wir fahren wieder am Lido vorbei, schlagen einen schmalen Pfad ein; fünf Minuten später sind wir an der Grenze. Wenn man sich umdreht, sieht man die Badenden. «Minenfelder», sagt der Chauffeur; er glaubt zu wissen, wo sie beginnen. Vom Rand der Minenfelder: Blick auf das Strandbad. Ein paar Segelboote lungern in der Windstille. Als wir wieder einsteigen: vereinzelte Schüsse, ganz in der Nähe. «Es ist nichts», sagt der Fahrer. «Die Jordanier sind wieder auf Jagd nach Palästinensern.» Etwas ist es aber doch. Die Zeitungen berichten am nächsten Morgen von einem Artillerieduell am Nordende des Golfs von Eilath.

Ich esse in einem Hotel am Strand. Nachher zünde ich mir eine Zigarette an, sofort eilt ein Kellner herbei. «Rauchen ist heute verboten.»

Ich hatte es vergessen, es ist Sabbat.

Die unglaubliche Stadt

Um die Jahrhundertwende war Tel Aviv nicht viel mehr als ein Wüstendorf nördlich der arabischen Stadt Jaffa, welche die Juden Yafo nennen. Jüdische Siedler, die in arabischen Hütten hausten, taten sich zusammen, Ahuzat-Bayit; 1909 begannen sie, nach dem Muster europäischer Vorstädte, eine neue Stadt zu bauen. Sie nannten sie Tel Aviv. Die hebräische Übersetzung von Theodor Herzls Buch «Altneuland» ist nämlich poetischer als das Original. Altneuland, Tel Aviv, Hügel des Frühlings.

Im Ersten Weltkrieg konnte sich Tel Aviv nicht entwickeln; der türkische Generalresident vertrieb die Juden. Erst nach dem Krieg kehrten sie zurück, dann aber wurde Tel Aviv beinahe gleichbedeutend mit Palästina; hier betraten fast alle Pioniere zum ersten Mal das gelobte Land. Als General Lord Allenby Palästina von den Türken befreite, begrüßten ihn die wenigen jüdischen Einwohner Tel Avivs. In seinen Erinnerungen beschreibt er, wie er einige Jahre später, statt eines Dorfes, eine Großstadt fand. Er spricht von dem «*unglaublichen Tel Aviv*». Mit beinahe 390000 Einwohnern ist Tel Aviv die größte Stadt Israels. Die wichtigste Straße ist nach Lord Allenby benannt.

Die größte Stadt Israels ist auch die jüdischste, wie Boston, die Pionierstadt der Amerikaner, die amerikanischste ist. Aber in Massachusetts landeten vornehmlich englische Pioniere, deshalb ist Boston amerikanisch und englisch. Tel Aviv ist jüdisch, also international. Unsere erste Begegnung in Tel Aviv zeigte, wie international sie ist.

Oft hatte mir Licci von ihrer Freundin Magda erzählt, eine Freundschaft aus der Zeit, als Licci in Budapest spielte. Magdas Mann war gestorben, sie war nach Israel ausgewandert, wie sie jetzt heißt, wußte Licci nicht. «Magda, das ist ein bißchen wenig», sagte ich auf der Überfahrt. «Ich kann nicht gut ein Inserat in die Zeitung setzen: ‹Magda gesucht›.» Dabei blieb es.

Licci hatte einen Pelzmantel nach Israel mitgebracht; es soll dort, hieß es, besonders tüchtige Pelzmacher geben, die aus einem nicht mehr ganz modernen Breitschwanz den allermodernsten machen. Was wir gehört hatten, sei ausnahmsweise richtig, hatten die Kieslers in Haifa gesagt, es gäbe viele Prinzen unter den Pelzmachern Israels, der König aber residiere in Tel Aviv, er heißt Stephan Braun, und der sei so etwas wie Van Cleef et Arpels unter den Juwelieren. So schleppten wir den Pelz nach Tel Aviv. Jedermann in Tel Aviv kannte Stephan Braun. Wir fuhren in die Allenby Street, fanden ein kleines Palais, läuteten an. Und dann sah ich nur noch zwei Frauen, die sich schluchzend in den Armen lagen. Romanciers des achtzehnten Jahrhunderts schrieben in solchen Fällen: «Der Leser hat es schon erraten.» Magda ist Directrice bei Stephan Braun. Was der Leser nicht erraten kann, ist dies: Kaum hatten Licci und ihre reizende Freundin ausgeschluchzt, da schluchzten auch schon Licci und Stephan Braun. Sie hatten die gleiche Schulbank gedrückt, in Preßburg. Nicht nur der Pelz geriet in Meisterhände. Unter Stephan Brauns Ägide waren wir mitten im Leben Tel Avivs.

Wie ich mir nie erklären konnte, warum die nördlichste Stadt jedes Landes «nördlicher» wirkt als die südlichste eines Landes, das davon nördlich liegt, so ist es das geheimnisvolle Gesetz der größten Stadt jedes Landes, daß sie größer wirkt als eine größere Stadt, die aber im eigenen Land nicht die größte ist. Tel Aviv hat das Tempo einer Millionenstadt; wir konnten uns ihm nicht entziehen. Obwohl Shaul Kariv, unser Freund im Außenministerium, wieder zu uns gestoßen war und mit milder Energie dafür sorgte, daß wir Israel wieder lebend verlassen, schien der Tag nicht genug Stunden zu haben. Ich hielt einen Vortrag in Writer's House, ich las aus meinen Büchern im Hagesher Theater; wir aßen mit dem aus Wien stammenden Pressechef der Regierung, David Landor, der seinerseits die Chefredakteure der führenden Tageszeitungen eingeladen hatte; ich sprach im Hilton mit einem Dutzend Reporter; wir verbrachten lehrreiche und anregende Stunden mit dem aus Holland stammenden Rektor der Universität, Professor André de Vries, dem berühmten Biologen und seinem Stab; wir besuchten Ephraim Kishon, den aus Ungarn stammenden großen israelischen Dichter und Satiriker in seinem schönen Haus in Afeka; wir unterhielten uns im Verteidigungsministerium mit dem aus Bulgarien stammenden Sprecher der Armee, Oberst Caleff; wir trafen die Übersetzer meiner Bücher – und dann erst gingen wir auf Entdeckungsreise.

Tel Aviv ist die jüdischste Stadt Israels, also die europäischste. Ost und West auch hier, doch tritt der Orient zurück, und unter Osten versteht man höchstens den Osten Europas. Die Geschäftsstraßen ein Stück altes Wien, Handel mit Wandel, Eile mit Weile, Geschäft mit Gemütlichkeit. Das Café Ritz ein Stück altes Budapest, Literatur mit Humor, Kunst mit Schmus, Kultur mit Koketterie. Dizengoff Circle, leuchtende Springbrunnen, hier tanzt man am Wochenende – ein Stück Madrid, europäischer Süden im Osten, hastiges *dolce far niente,* jugendliche Tradition. Namen, die man kennt. Habima Square mit dem jüdischen Nationaltheater – in Wien hatte ich ein Gastspiel gesehen, als ich noch nicht vierzehn war, kein Wort verstanden. Das Helena-Rubinstein-Museum für Moderne Kunst – vor wenigen Jahren saßen wir noch im Penthouse der Rubinstein in New York unter den Bildern mexikanischer Primitiven, sie verstand von Kunst soviel wie von Kosmetik. Der Rothschild-Boulevard und Balfour Street. Die Kaffeehäuser auf Dizengoff

Street – der Name kehrt immer wieder zurück, Dizengoff war der erste Bürgermeister der Stadt, eine Legende –, die Cafés sind bis spätnachts geöffnet, man sitzt auf der Straße, liest Zeitungen, diskutiert leidenschaftlich, blickt den hübschen Mädchen nach. Verkehr wie in den europäischen Großstädten, aber die Automobile sind klein, nicht gerade die neuesten Modelle. Die Restaurants gepflegt, aber ohne Glanz, fast keine Preisunterschiede. In den Geschäften alles, was man braucht, aber nichts Überflüssiges. Die Männer und Frauen gut angezogen, aber bescheiden, nie auffallend: Man könnte glauben, daß sie der gleichen Klasse angehören, daß es hier keine Armen gibt und keine Reichen.

Fast ist es wirklich so. Im Jahre 1970 war das Durchschnittseinkommen einer israelischen Familie – man rechnet mit vier Personen – weniger als 3000 Dollar im Jahr, nach europäischen oder gar amerikanischen Maßstäben äußerst gering, doch halbwegs ausgeglichen durch niedrigere Preise, Steuererleichterungen, Begünstigungen bei Fahrgeldern und Telephongesprächen, Zuschuß für Urlaub, billige Kantinen, Pensionskasse, Krankenhauspflege. Dreitausend Dollar: Etwa 60 Prozent der Israelis verdienen nicht viel mehr und nicht viel weniger. Rund 18 Prozent der Israelis kommen auf etwa 4800 Dollar, nur sechs Prozent verdienen über 5000 Dollar, davon aber nur ein Drittel so viel, daß man von hohem Einkommen sprechen kann. Fünf Prozent verdienen jährlich nur etwa 600 Dollar, sind also arm. Bei einem steuerpflichtigen Einkommen von rund 10000 Dollar verschlingt der Staat 72 Prozent, dazu eine Zwangsanleihe von sieben Prozent. Mietwohnungen gehören zu den Seltenheiten, die Häuser zum größten Teil staatliches Eigentum, der Staat verkauft die Wohnungen; wer eine Wohnung hat, der besitzt sie auch. Eine Eigentumswohnung kostet rund 10000 bis 18000 Dollar, in kleinen Städten und Vorstädten um etwa 20 Prozent weniger, in Jerusalem um etwa 20 Prozent mehr. Der Staat verkauft, aber er will sich nicht bereichern. Erleichterungen für

Einwanderer auf allen Gebieten, in Entwicklungsbezirken wie Eilath und Dimona im Süden, Maalot und Kiryat Shomna im Norden genießen die Bewohner bis zu einem gewissen Einkommen vollkommene Steuerfreiheit. In der Volksschule, neun Klassen, zahlt man kein Schulgeld, in der Mittelschule beträgt es etwa 230 Dollar im Jahr; Eltern, die es sich nicht leisten können, zahlen weniger, für das zweite Kind nur die Hälfte, vom dritten an nichts. Das Hochschulstudium ist nicht teuerer als die Mittelschule, allerlei Stipendien: Israel hält seine Doktoren für eine gute Investition.

Wir saßen vor den Kaffeehäusern in Dizengoff Street, wir erinnerten uns an unsere Besuche in Ländern, die sich Volksdemokratien nennen. Wir fragten uns, ob dieser sozialistische Staat den «sozialistischen» Staaten ähnelt oder den kapitalistischen. Wir gelangten zu einer einfachen Antwort – *simplicité* ist nicht immer *terrible* –: Israel hat die Seele einer Demokratie und das Gesicht einer Volksdemokratie.

Man kann in Israel weder von freier Marktwirtschaft noch von staatlich gelenkter Wirtschaft sprechen: Man arrangiert sich, je nachdem, ohne aus der Ideologie eine Regel für die Wirtschaft, ohne aus einem Wirtschaftssystem eine Ideologie zu formen.

Der Bankrott der kommunistischen Staaten, der sich verzögern, aber nicht aufhalten, der sich verschleiern, aber nicht verbergen läßt, hat viele Gründe, doch spielen unter diesen die wirtschaftlichen – für eine materialistische Ideologie besonders schmerzlich – eine entscheidende Rolle. Kein Land ist reich genug, sich lauter Arme leisten zu können. Weder Marx noch Engels, weder Lenin noch Trotzki schwebte die Nivellierung auf der niedrigsten Ebene vor. Sie, die den Mittelstand verachteten, wollten einen generellen Mittelstand schaffen. Es stellte sich jedoch heraus, daß die staatlichen Einnahmen für eine auch nur halbwegs gleichmäßige Verteilung des Einkommens auf der mittleren Ebene nicht ausreichten. Der «Mehrwert» verschwindet nicht, weil ihn, statt des Kapitalisten, der Staat einheimst, er fließt aber auch nicht an die Arbeitenden zurück, sondern wird vom Staat zu anderen Zwecken – Rüstung und Mondfahrt zum Beispiel – verwendet, die zu einem erträglichen Lebensstandard keineswegs beitragen. Am Ende kann der Staat die Güter nicht gerecht verteilen, weil er sie zu erzeugen gar nicht imstande ist – das Resultat der totalen «Gerechtigkeit» ist ein totales Proletariat. Vielleicht wäre das anders, wenn die ganze Welt, wie es die marxistische Utopie voraussah, kommunistisch geworden wäre. In einer kommunistischen Welt wären – ein wichtiges Beispiel, doch nicht das einzige – die Spielmarken, welche die kommunistischen Länder heute als Währung ausgeben, tatsächlich eine Währung. Innerhalb einer Spielbank sind Jetons soviel wie Geld, außerhalb der Spielbank kann man sich für einen 100-Dollar-Jeton nicht einmal eine Zeitung kaufen. Selbst Entwicklungsländer und Satellitenstaaten, die nicht unmittelbar unter sowjetischer Herrschaft stehen, akzeptieren von Moskau oder Peking nur Geld, nicht Spielmarken. Die arabischen Länder etwa verlangen Gold und Dollar: Beim Rubel hört ihre Verehrung für Väterchen Rußland vollkommen auf. Daher der neue weltrevolutionäre Impuls des ertrinkenden Kommunismus. Da die kommunistischen Staaten nicht mehr zu schwimmen vermögen, versuchen sie, das ganze Schwimmbecken zu leeren.

Die Abschaffung von Privatinitiative und Privatbesitz resultiert in jener «*Arbeit ohne Unternehmungsgeist*», der nach Theodor Herzl keine Zukunft beschieden ist. Israel verwirklichte den Arbeiterstaat mit Unternehmungsgeist; es hat vom Sozialismus und vom Kapitalismus genauso viel importiert wie es dem kleinen Staat zuträglich ist. Es braucht nicht zu verstaatlichen, da es vom Staatsbesitz ausgeht; es verhindert die Kapitalbildung nicht von einem willkürlichen Zeitpunkt, sondern von vornherein; es requiriert nicht Produktionsmittel, sondern stellt sie, je nach den Gegebenheiten, dem einzelnen zur Verfügung; es will, zufrieden mit dem eigenen System, aber nicht sebstzufrieden, weder das kapitalistische noch das kommunistische System ändern. Es fördert den Ehrgeiz und unterdrückt den Neid. Es hat erkannt, daß Mittelstand kein Schimpfwort ist, wie der Begriff verräterischerweise sowohl von den hochkapitalistischen wie von den kommunistischen Staaten gebraucht wird. Absolute Gleichheit bedeutet absolute Armut – dagegen ist auch ein armes Land reich genug, den Reichen Lasten aufzuerlegen und die Armen von Lasten zu befreien. Sie treffen sich zwar nicht in einer ohnedies imaginären Mitte, die zugleich ein Reich der Mittelmäßigkeit wäre, aber an Grenzen, die von «oben» und «unten» nicht weit entfernt sind. So geschieht es, daß eine Wirtschaft, die von weit über vier Millionen Dollar Sicherheitsausgaben im Tag wie keine andere der Welt eingeengt wird, dennoch gesund bleibt: Die Löhne steigen im Jahre 1971 um zehn Prozent, der Verbrauch steigt nur um etwa drei; trotz einer gewaltigen Expansion nur geringe Erhöhung des Zahlungsmittelumlaufes; wenige Gastarbeiter und keine nennenswerte Zahl von Arbeitslosen. Das Wunder der israelischen Wirtschaft besteht in der Erfindung des Besitz-Sozialismus.

Das aber ist die politisch-humane Seite des iraelischen Sozialismus, das ist die atmosphärische: Man versteht sie in den Straßen von Tel Aviv.

Die Kibbuzniks haben nicht das ganze Problem erfaßt, wenn sie sagen, der Kibbuz unterscheide sich von der Kolchose nur durch die Freiheit der Wahl, die Kolchose vom Kibbuz nur durch den Zwang. Beim Vergleich zwischen den kommunistischen Nationen und dem sozialistischen Israel dürfte die Formel zutreffen. Der kommunistische Staat muß einen Zwang ausüben, weil er sich in einer Zwangslage befindet. Um die Privatinitiative zu unterdrücken, genügt es nicht, die Produktionsmittel zu enteignen; da die Privatinitiative ein menschlicher Urinstinkt ist, muß der kommunistische Staat, will er sich gegen die menschlichen Instinkte durchsetzen, auch die Freiheit enteignen. Daß Alexander Solschenizyn in der Sowjetunion nicht publizieren darf, ist keine Parallelerscheinung des Kommunismus, sondern seine logische Folge. Der Sowjetstaat muß seine Jünger einsperren, er hat keine Wahl. Wo dagegen der Staat die Privatinitiative nicht unterdrückt, sondern nur den Profit kontrolliert wie im sozialistischen Israel, da gehört zwar Kritik an der Regierung zum täglichen Brot, aber es entsteht kein ernsthafter Zweifel am System. Heile Welt und heile Wirtschaft sind nicht kongruente, aber ähnliche Größen.

Freilich hängt das alles auch mit dem Charakter des Volkes zusammen – mit jenem Volkscharakter, dessen Existenz die moderne Soziologie hartnäckig verneint. Der Kommunismus ist der Sozialismus des dummen Kerls; er ist eine Übersetzung des Humanismus mit Druckfehlern. Die Juden sind nicht dumm, sie verstehen sich auf Übersetzungen. Jene von ihnen, die aus dem Westen kommen, haben die Auswüchse des Kapitalismus erlebt, viele von ihnen haben darunter gelitten; jene, die aus dem Osten kommen, haben entweder den totalitären Zarismus oder den totalitären Kommunismus erlebt, alle haben darunter gelitten. Judentum ist Erfahrung. Es ist dann auch bezeichnend, daß der Linksextremismus nur bei Sabras verfängt, wenn auch in geringem Maße und vornehmlich bei den Kindern von Einwanderern aus Afrika und Asien: Wie Unkraut wächst Kommunismus nicht aus einem bebauten, sondern aus einem unreifen Boden.

Wir blickten einem Autobus der Egged-Gesellschaft nach, ein symbolischer Autobus, sozusagen. Egged und Dan, die beiden großen Autobusgesellschaften Israels, sind Kooperativen. Israel entwickelt sich immer mehr in Richtung Kooperative. Der Autobusschaffner ist Mitbesitzer seines Wagens, aber er erhält, von Überstunden abgesehen, monatlich nicht mehr als rund 270 Dollar ausbezahlt. Das gleiche Gehalt beziehen die anderen «Aktionäre», ob es Direktoren oder Chauffeure, Ingenieure oder Mechaniker sind. Sie gehören zum Mittelstand.

Aber auch ein General, der, trägt er mehrere Sterne, höchstens 450 Dollar bezieht, gehört zum Mittelstand. Anders als in kommunistischen Staaten kann jeder auf der Börse spekulieren, aber die Börse in Israel spielt keine größere Rolle als die Spielbank von Cannes in Frankreich. Die Leute, die in Dizengoff Street an uns vorbeipromenierten, sind Kapitalisten, die kein Geld haben. Da aber Israel, mit wenigen Ausnahmen, aus lauter Kapitalisten besteht, die kein Geld haben, leiden zwar manche Israelis Mangel, aber kein Israeli leidet unter Würdelosigkeit. Eine sanfte Hand liegt über Tel Aviv.

Sehe ich das subjektiv, ein Proselyt auf Dizengoff Street? Ich besprach es mit Licci, wie wir seit sechzehn Jahren, in denen wir uns kaum für eine Woche verlassen haben, alles miteinander besprechen. Weil meine Vorfahren Juden waren, ist mir die philosemitische Spielart des Antisemitismus fremd. Ich glaube nicht, daß nur Juden den israelischen Sozialismus verwirklichen können. Nur ein neues Land kann ihn verwirklichen. Ich habe in Budapest nicht minder bewundert, daß die Buchhandlungen so voll sind wie im Westen die Hallen der Aktienbörsen. Nur gibt es in Budapest keine Aktienbörse. Ich bin ein Konservativer in Europa und ein Sozialist in Israel – nicht weil die israelischen Sozialisten Juden, sondern weil der israelische Sozialismus ein Sozialismus der Arbeitenden, nicht der Bürokraten ist, der Reformer, nicht der Revolutionäre, der Girondisten, nicht der Jakobiner, der Lebensfrohen, nicht der Asketen, der *citoyen*, nicht der Proletarier. Die Israelis sind Bürger der Welt, aber *enfants de la patrie*.

Stephan Braun wollte uns das «andere» Israel zeigen; er führte uns an einem Abend in das eleganteste Nachtlokal Tel Avivs. Es war ein Lokal wie viele andere, in Paris und Rom, in New York und Los Angeles, ein halbdunkles Lokal – je dunkler, desto eleganter: Das ist das Gesetz der Eleganz –, ein teures Lokal, vorzügliches Essen, erlesene Weine; nur wenige junge Menschen.

Offenbar das Lokal einer finanziellen Elite, also hübsche Frauen und müde Männer.
Die Attraktion war der junge Dirigent und Sänger einer ausgezeichneten Band, ein nichtjüdischer Neapolitaner, der sich vor einigen Jahren, bei einem Besuch in Israel, in eine Sabra verliebt hatte und in Israel geblieben war: Sie haben zwei Kinder. Er singt Iwrith ohne Akzent, sagte man uns, aber mit neapolitanischem Temperament. Er sang unentwegt, den ganzen Abend: Es fiel mir schwer, der schönen klugen jungen Frau an meiner Seite zu lauschen. Sie und ihr Mann sind Freunde Stephans, er ist ein wohlhabender Mann, was die Frau nicht hindert, Unterricht zu erteilen, sie unterrichtet junge Juden aus Afrika und Araber. Interessante Erfahrungen, übrigens nicht nur mit ihren Schülern. Ihre arabische «Zugehfrau» hatte gerade gekündigt, wegen der «ungewaschenen» jungen Juden und Araber, die ins Haus kommen. «Wie kann sich eine Dame mit solchen Leuten abgeben?» hatte die Araberin gesagt, sie kann weder lesen noch schreiben.
Man hörte dem Neapolitaner zu, man tanzte, gut gelaunt, aber etwas blasiert. Dann, plötzlich, änderte sich alles: Ich spürte es, noch verstand ich es nicht. Der Sänger hatte den ganzen Abend vor seiner Kapelle gestikuliert, jetzt nahm er das Mikrophon in die Hand, er bewegte sich auf die Mitte der Tanzfläche zu, seine Stimme klang wie eine Posaune, kein Schmalz mehr, eher Metall, und auf einmal sang das ganze Lokal mit, die Gäste stellten die Gläser nieder, und die Kellner stellten die Flaschen nieder, und die Kellner sangen mit und die Besitzer und die Musiker, und in der Tür der Küche tauchten Köpfe auf, auch die Köche sangen mit und die Putzfrauen. Ich verstand nur: «Oh, Jerusalem» – es klang wie Oh Jeruschalem. «Jerusalajim sel zahav», Jerusalem, du goldene. Naomi Semer hat das Lied geschrieben und komponiert, im Sechs-Tage-Krieg, aber es ist kein Kriegslied, es geht auf die Sage vom Rabbi Akiba zurück, der die schöne Rachel heiratete, und weil sie sehr arm waren,

konnte er ihr nichts geben, er sagte ihr nur, daß er ihr das Schönste auf der Welt geben würde, Jerusalajim sel zahav, Jerusalem aus purem Gold. Die Fallschirmjäger hatten das Lied gesungen und die Matrosen und die Soldaten vor dem Sturm. Der Neapolitaner trug das Mikrophon vor sich her wie eine Fackel, er ging auf die Tische zu, die Menschen an den Tischen erhoben sich, kamen auf ihn zu; auch hier, in Tel Avivs exklusivstem Lokal, gab es keine Klassenunterschiede mehr, keine Altersunterschiede; es war nicht bloß, daß alle für ihre Kinder gebangt hatten, in den Tagen des Krieges, sie waren nicht nur stolz auf ihre Kinder, sie waren stolz auf sich selbst, denn sie waren es ja, die den Weg nach Jerusalem gebaut hatten, Jerusalajim sel zahav, Jerusalem aus purem Gold.
Am nächsten Abend, es war ein Sabbat, entkamen wir, zum ersten und zum letzten Mal, der jüdischen Gastfreundschaft. Bei Tag hatten wir Jaffa gesehen, jetzt wollten wir es bei Nacht sehen. Wir aßen Hummer und Muscheln in einem Fischlokal, das die koscheren Vorschriften nicht allzu ernst nimmt. Vom Hafen stiegen wir über steile Treppen ins alte Jaffa hinauf.
Ich weiß nicht, wo man Israel näher sein könnte als in Jaffa. Da steht das Kloster von St. Peter, zu Ehren des Heiligen errichtet, der bei Simon abzusteigen pflegte: « *Und jetzt sende Männer nach Joppe und laß einen gewissen Simon kommen, der den Zunamen Petrus trägt! Dieser ist zu Gaste bei einem Gerber Simon, der ein Haus am Meere hat.* » Das Haus des Simon aber, oder was davon übrig ist – die warmen Lichter bescheidener Scheinwerfer fallen auf die Ruinen –, steht nahe bei der kleinen Moschee, der ältesten Jaffas. Ein paar Schritte weiter sieht man den Hafen, der unter König Salomon der Hafen Jerusalems gewesen war. Die Griechen lockten die Juden in ihre Schiffe und versenkten sie, siebzig nach Christus flohen die Juden wieder auf die Schiffe; die nicht im Sturm umkamen und ans Ufer schwammen, wurden diesmal von den Römern getötet. Vor beinahe hundertfünfzig Jahren ließen sich wieder Juden in Jaffa nieder, hundertfünfzig

Juden in einer Gemeinde von 50000 Arabern. Es waren vornehmlich Juden aus Deutschland, auf ihrem Siegel stand das Wort Josuas: «... *und bis an das große Meer im Westen soll euer Gebiet reichen*». Heute leben 60000 Juden in Jaffa friedlich neben 6500 Christen und Mohammedanern.

Jaffa ist so etwas wie der Montmartre von Tel Aviv, aber es erinnert an Capri: ein Capri inmitten der Erinnerungen an das Alte Testament und das Neue und den Koran. Arkaden aus tausendjährigem Stein, und darunter Ausstellungen junger Künstler, abstrakte Bilder liegen auf uralten Steinen, ein junges Paar, eng umschlungen, schlüpft aus dem Scheinwerferlicht, das auf Simons Haus fällt; man ruht auf den Terrassen der Cafés, darunter Antiquitätenläden, römische Münzen, eine zeigt eine weinende Jüdin unter einer Palme, Sieg der Römer über die jüdische Flotte, *Iudaea Navalis;* die Röcke der Mädchen verbergen beinahe nichts, Küsse im Torbogen, König Salomon ist ein naher Verwandter, und der alte Mann, der zu einem Fenster hinaufruft, könnte Petrus sein; auf dem Monument der Eroberung Jaffas, Mai 1948, steht das Wort Samuels, zweites Buch, eins dreiundzwanzig: « ... *sie waren schneller als die Adler / waren stärker als die Löwen!* »; die Nacht ist heiß und trocken wie in den Tropen, zu Füßen des Minaretts sitzt eine Katze, versteinert sitzt sie da wie die steinernen Löwen vor dem Dogen-Palast, und ein paar Meter weiter, abseits vom Getümmel, wir sehen sie nur von hinten, wir wollen nicht stören, steht ein Soldat mit dem Käppchen auf dem Kopf, Uniform und Jarmulka, er hat den Arm um ein Mädchen gelegt, sie hat den minimalsten Minirock an, sie stehen schon lange da, der Soldat mit dem Käppchen und das Mädchen, sie blicken hinunter auf Tel Aviv, auf die Wolkenkratzer und die tausend Lichter und das Rot und Grün der Ampeln, sie blicken hinunter auf König Salomons heimgekehrten Hafen.

Das Seltsamste aber sind die Kaffeehäuser, dicht nebeneinander, mit Blick auf Hafen und Tel Aviv; wir sagen beide: «Alt-

Wien», wir sagen es gleichzeitig, das kommt oft vor, wenn man sechzehn Jahre das gleiche gedacht hat. Dutzende von Familien hat die heiße Samstagnacht hinausgetrieben aus der Stadt, auf die Höhen von Jaffa, Väter, Mütter, Söhne, Töchter; sie sitzen an den gleichen Tischen, in den gleichen Lokalen; es gibt keine eigenen Lokale für Junge, eigene für Alte, der eine drängt nicht den anderen beiseite, der eine sperrt nicht ab vor dem anderen; Beat und Walzer haben sich nicht den Krieg erklärt; manchmal setzten sich die Jungen an einen Tisch etwas abseits, drei Mädchen, drei Jungen, zuweilen steht einer auf und geht zu den Eltern hinüber, der Vater läßt den Jungen kalte Getränke servieren; Jungen und Mädchen halten sich bei der Hand, verstohlene Blicke, manchmal ein verstohlener Kuß; Haschischhändler könnten hier verhungern; die Alten sehen jung aus, als wären sie gerade aus dem Jungbrunnen gestiegen; man stolpert nicht über glasäugige, knutschende, öde Exhibitionisten; keine werbenden, erschrockenen Blicke der Alten, keine finsteren, abweisenden Blicke der Jungen, man wagt zu lachen, Alte lachen und Junge – ein heiteres Land liegt an der Bucht von Tel Aviv.

«*Jaffa war 1906 für den Neukömmling eine bittere Enttäuschung*», schreibt Ben Gurion in seinen Erinnerungen. Er schreibt auch: «*Früher oder später würden Juden und Araber um dieses Land kämpfen – eine Tragödie, denn mit Klugheit und etwas gutem Willen hätte sich das vermeiden lassen. Doch gegenüber den starken Traditionen und dem Blutkodex des Ostens würden sich alle Intelligenz und aller guter Wille als wirkungslos erweisen ...*» Er schreibt auch: «*Ich möchte, daß die jungen Israeli erkennen, wie kostbar das Erbe ist, das sie aus unseren Händen, den Händen der älteren Generation, übernehmen.*»

In Jaffa schien es mir an diesem heißen Sabbat, daß sie es wissen. Jaffa, an diesem heißen Sabbat des Jahres 1970, war keine Enttäuschung.

Lose Blätter

Melancholische Aufgabe

Da ich kein Israeli bin, brauche ich nichts von Archäologie zu verstehen. Es wäre vermessen, wenn ich Masada und Qumran schilderte, die beiden Hochburgen der israelischen Archäologie. Ihr Anblick überwältigte mich, aber was mächtig zu mir sprach, war die Geschichte, waren nicht Steine.

Es war nicht leicht, die Wüstenfestung Masada zu erklimmen, obwohl wir den leichteren Aufstieg von Nord-Westen wählten, nicht den Schlangenweg von Süd-Osten. Der über 400 Meter hohe Berg Masada liegt am Toten Meer, von überall sieht man das Meer, Blau in der Wüste. Was man hier fand, ist schier unglaublich – den Palast des Herodes, seine Paläste vielmehr, die Badehäuser und Wachtürme, die Wasserzisternen und Offiziersquartiere, die Lagerräume für die heiligen Schriften und der «Taubenschlag», in dem die Asche der Soldaten Herodes des Großen aufbewahrt wurden. Und die älteste Synagoge der Welt.

Der Aufstieg war nicht leicht, eine außerordentliche Leistung meiner tapferen Frau: Ungarinnen sind nicht gerade Alpinistinnen. Die Hitze war schier unerträglich; sie forderte unseren erfinderischen Geist heraus. Wir fragten uns, wie es die Israelis in knapp zwanzig Jahren fertiggebracht haben, alle Geschäftstüchtigkeit der Juden zu vergessen – es sei denn, daß die nie so tüchtig waren. Man sollte glauben, daß es irgendwo in der Nähe von Masada einen Hut zu kaufen gibt, aber an ein solches Geschäft hat noch kein Israeli gedacht. Da ich keinen Hut besitze und die Temperatur auf vierzig Grad gestiegen war, entnahm ich meinem Koffer zwei Unterhosen, die ich mir malerisch um den Kopf wickelte. Ich sah aus wie Yasir Arafat; daß ich lebend zurückkehrte, ein purer Glücksfall. Im Reiseführer steht, man möge «genügend Wasser» nach Masada mitnehmen. Auf die Idee, am Fuße des Berges Coca-Cola oder gar ein Eis zu verkaufen, ist noch kein Israeli verfallen. In Amerika oder Deutschland gäbe es längst Masada-Millionäre.

Wir wagten es trotzdem, der Geschichte wegen. Die Ausgrabungen von Masada sind die steinerenen Dokumente eines der stolzesten Kapitel in der Geschichte der Juden.

Es ist das Jahr 70 nach Christus, die Juden sind besiegt, *Iudaea devicta,* nur die Festung Masada trotzt noch den Siegern aus Rom, neunhundertsechzig jüdische Zeloten widerstehen, drei Jahre lang. Am Passahtag des Jahres 73 versammelt ihr Führer, Eleasar ben Jair aus dem Geschlecht des Juda von Galiläa, seine Getreuen um sich – Männer und Frauen und Kinder. Josephus Flavius spricht von einer «*melancholischen Aufgabe*». Eleasar sagt seinen Getreuen: « Ungeschändet sollen unsere Weiber sterben, ohne die Knechtschaft gekostet zu haben unsere Kinder! Möge unser Sterbekleid der Ruhm sein: Sie haben sich die Freiheit nicht rauben lassen!» Dann legen sie sich hin und lassen sich töten. Die letzten elf losen aus, wer zehn von ihnen und zuletzt sich selbst töten solle. Man hat in Masada die Tonscherben gefunden, mit den Namen der Helden, die ihre «*melancholische Aufgabe*» erfüllten. Man steht auf den steilen Felsen von Masada und blickt hinaus auf das Tote Meer, das kein Meer und hier ein besonders schmaler See ist. Drüben die jordanische Wüste. Nie wieder Masada?

Die Auffindung und Ausgrabung von Masada ist das Werk des größten israelischen Archäologen, wahrscheinlich des größten der Welt. Professor Yigael Yadin hat seinen Flavius genau gelesen; so gelangte er auf die Spur. Jüdische Archäologen sind wie der Detektiv Agatha Christies: Sie bedienen sich der «grauen

Zellen». Neben Golda Meir und Dayan ist Yadin die populärste Gestalt Israels. Der kahlköpfige Herr mit dem kleinen Schnurrbart ist erst 53 Jahre alt, und obwohl er schon sehr früh mit seinem Studium begann, konnte er sich erst nach 1952 ganz der Archäologie widmen. Generalmajor Yadin des Freiheitskrieges war von Ende 1949 bis 1952 Generalstabschef der Armee. Vielleicht hat er deshalb so gut die Strategie des Generals Silva verstanden, dessen Truppen, nach dreijähriger Belagerung, in Masada nur neunhundertsechzig Leichen fanden. Es bedurfte eines Strategen, um die Ausgrabungen von Masada zu leiten. Die Wüstenfestung wurde in insgesamt elf Monaten freigelegt. Yadin schrieb später, es hätte unter normalen Verhältnissen für die Arbeit sechsundzwanzig «archäologischer Jahreszeiten» bedurft. Unbezahlte Freiwillige aus 28 Ländern hatten geholfen: Alte und Junge, Christen und Juden, Gelehrte und Bauern und Studenten und Handwerker.

Im übrigen ist es schon lange her, daß wir Masada bestiegen. Mehrere Monate. Damals war von dem Bau einer Schwebebahn noch nichts zu sehen. Jetzt müßte Licci nicht mehr klettern. Allerdings klettert sie lieber, als daß sie sich einer Schwebebahn anvertraut. Die Israelis, ihrerseits, verstehen offenbar mehr von Seilbahnen als vom Coca-Cola-Verkauf.

Am Toten Meer, weiter nördlich, liegt auch der zweite Schatz Professor Yadins: Qumran.

Hier haben die Essener gehaust, vor etwa 2000 Jahren, eine jüdische Sekte, die sowohl von den Römern wie von den Pharisäern verfolgt wurde. Sie haben die Schriftenrollen vom Toten Meer geschrieben, neben der Bibel das wertvollste Stück jüdischer und frühchristlicher Geschichte. Die wurden 1947 aufgefunden, natürlich unter ungewöhnlichen Umständen.

Um diese Zeit waren Ta'amre-Beduinen auf ihrem Schmuggelgang nach Bethlehem. Es klingt wie biblische Geschichte, gleich wird es noch biblischer werden. Zwei Hirtenjungen, was sonst, liefen einer verlorenen Ziege nach. Müde des hoffnungslosen

Suchens in der Steinwüste, begannen sie, Steine in die Felslöcher zu werfen; sie hofften, die Ziege aufzuscheuchen. Sie stießen auf mehrere Krüge, die zu ihrer Enttäuschung kein Gold, nur Rollen aus aneinandergehefteten Tierhäuten enthielten. In Bethlehem zeigten sie sie einem christlichen Händler, der sich einige davon aneignete, andere nach langem Feilschen dem Metropoliten der Syrischen Kirche in Jerusalem verkaufte. Durch amerikanische Archäologen wurde Professor Sukenik von der Hebrew University of Jerusalem auf den Fund aufmerksam. Obwohl Bethlehem um diese Zeit heiß umkämpft war, machte er sich auf den Weg und erwarb die ersten Rollen für die Universität. Dort stellte man fest, daß es sich um die ältesten hebräischen Schriften aus biblischer Zeit handelte. Der Metropolit, seinerseits, floh im Unabhängigkeitskrieg nach Amerika. Er hatte kein Glück, niemand wollte ihm die Rollen abkaufen. Im Jahre 1954 fand der Sohn Professor Sukeniks, General Yadin, der sich in Amerika aufhielt, im Wall Street Journal eine Anzeige: «*Biblische Handschriften zu verkaufen. Zumindest bis 200 v. Chr. datiert. Ein ideales Geschenk für erzieherische und religiöse Institutionen.*» Mit Hilfe eines New Yorker Papierfabrikanten kaufte Yadin das «ideale Geschenk».
Nachdem wir in Qumran die ausgegrabenen, erstaunlich gut erhaltenen Wohnstätten der Essener gesehen hatten – da steht man gegenüber der Felswand, gegen die die Hirtenknaben ihre Steine geworfen hatten, eine schwarzgelbe zerklüftete Wand unter vielen, was mögen sie noch bergen, die Felsen am Toten Meer? –, nachdem wir wieder in Jerusalem waren, sahen wir die Rollen im Israel Museum. Das Israel Museum – das ist ein moderner Bau von Schönheit und Dimension. Da gibt es die hebräischen Inschriften der Maimoniden – Synagoge und abstrakte Gemälde von de Koonig, die Samson-Graphik Dürers und Festkleider jüdischer Frauen, Spenden der Rothschilds und das Gebäude, das der deutsche Verleger Axel Springer spendete, neben Adenauer der populärste Deutsche im jüdi-

schen Land. Da ist aber, vor allem, ein seltsames Haus von kluger Architektur, das «Haus der Bücher», die Herberge von Qumran. Um die Rollen nicht dem Licht auszusetzen, leuchten die zylinderförmigen Glaskästen nur so lange auf, als man die Schriften bewundert, die Rollen sind mit allen Mitteln der modernen Technik geschützt, aber man gelangt zu ihnen durch eine Art Grotte, gebaut aus den Steinen von Qumran, so daß man hier vollends vergißt, in einem Museum zu sein: Erst in dem *Shrine of Books* ist man wirklich am Toten Meer.

Insgesamt sieben Schriftenrollen hat man gefunden, darunter die komplette Gemeindeordnung der Essener mit einem Katalog der Sünden und ihrer Buße. Ganz besonders nützlich erscheinen mir die Paragraphen:

«*Wer unzüchtige Reden führt, erhält drei Monate Ausschluß; wer seinem Nächsten ins Wort fällt – 10 Tage; wer in der Generalversammlung einschläft – 30 Tage; wer unentschuldigt bei der Generalversammlung drei Mal fehlt – 10 Tage; wer diesbezüglich rückfällig wird – 30 Tage; wer ohne Not vor seinem Genossen nackt geht – 6 Monate; Ausspucken im Versammlungssaal – 30 Tage.*»

Man hätte in der Zeit der Essener leben sollen.

Papier aus Disteln

In Rehovot, südlich von Tel Aviv, ist man plötzlich nicht mehr in Israel. Wo ist man? Es ist schwer zu sagen. Man befindet sich im Weizmann-Institut, dem Gehirn Israels. Warum dann nicht in Israel? Weil diese Gebäude mitten im Grün weder europäisch noch asiatisch sind, am ehesten amerikanisch, aber auch das nicht so recht. Sie scheinen aus der Hand eines kühlen Gottes gefallen, Produkte seines Gehirns, nicht seines Herzens. Alles, was man in Israel empfunden hat, an Wärme und Überschwang, an Emotionen und Enthusiasmus, an Qualen und Zweifeln, an Seligem und Unseligem: Hier scheint es verstummt. Hier regiert der Zweck. Auch von der schönen und häßlichen Armut Israels, von seinem Ringen mit sich und seinen Feinden, von seinem Kampf gegen asiatischen Staub und Schmutz, von allem, was in Israel trotz allem orientalisch ist, spürt man keinen Hauch. Hier herrscht Luxus, wenn es auch kein Luxus im lateinischen Sinne ist, nicht «verrenkt», nicht ausschweifend, ein zielbewußter, mathematischer Luxus. Das Haus des Präsidenten könnte das Haus des Präsidenten der Republik sein, nur ist das Haus des Präsidenten der Republik weniger imposant. Dafür hat ja auch der Präsident des Instituts, Professor Albert Sabin, die Schluckimpfung gegen Kinderlähmung erfunden. Die Gartenanlagen sind nicht wild und von Pionierhand gepflanzt, wie sonst im Land, sind abgezirkelt wie auf einem Reißbrett, englischer Rasen, gepflegt wie in einem irischen Country-Club, es sollte einen nicht wundern, wenn ein paar Damen auftauchten, hoch zu Roß, auf dem Weg zur Fuchsjagd. Wundert man sich zuweilen in den militärischen Anlagen Israels, daß der israelische Geheimdienst so viel von den Arabern weiß und die Araber so wenig von Israel wissen, passiert man am Eingang des Weizmann-Instituts mehrere diskrete Kontrollen. Israel lebt nach außen, das Gehirn Israels lebt nach innen.

In dem schlichten Speisesaal – er ist nicht luxuriös, das wäre ja überflüssig – erzählt uns Shalhevet Freier, der stellvertretende Generaldirektor, ein junger, ungemein sympathischer Gelehrter, daß das Institut augenblicklich 450 Professoren und 450 Studenten hat, ein Professor pro Schüler, also müssen sich mindestens tausend Personen auf dem Gelände befinden. Man sieht nur wenige. Wenn sich anderswo in Israel hundert Personen in einem Lokal aufhalten, meint man, es seien zweihundert. Hier ist es, als funktionierte das Institut elektronisch, als arbeiteten nur Computer hinter den herabgelassenen Jalousien. Das Weizmann-Institut kann sich kein Temperament leisten. Es denkt für Israel. Es hat etwas von einer Wetterwarte auf dem

Mond, von einem Laboratorium auf der Venus, von einem Feldherrnhügel auf dem Mars. Ganz Israel ist Vergangenheit. Das Weizmann-Institut ist die Zukunft.
Auch in dem Gespräch mit Professor Freier – er hat, um sich administrativen Aufgaben zu widmen, seine mathematische Karriere an den Nagel gehängt: «Wir können nur die Besten gebrauchen» – schwindet nicht der Eindruck des beinahe unheimlich Außergewöhnlichen. Er sagt: «Wir suchen nicht Gelehrte für unsere diversen Fakultäten – angewandte Mathematik, zum Beispiel, Elektronik, organische Chemie, Isotopenforschung, Atomphysik –, wir bauen Abteilungen um die Gelehrten.» Was soll das heißen? Wenn ein Forscher nachweisen kann, daß seine Arbeit Erfolg verheißt, wird eine Abteilung für ihn errichtet: Er hat keine andere Verpflichtung, als hier zu lehren. «Momentan bauen wir eine Abteilung für zwei amerikanische Mathematiker.» Nicht sonderbar genug? Die Studenten sind samt und sonders *post-graduates,* sie haben also ihr eigentliches Studium hinter sich. Hier wird nicht Grundlegendes gelehrt, sondern Perfektion. Die meisten Professoren sind ehemalige Studenten – wenn man diese Studenten als Studenten bezeichnen kann. Ausländer? Eine beträchtliche Zahl. Befindet sich einer unter ihnen, der nicht Iwrith versteht, wird in seiner «Klasse» auf englisch unterrichtet. Auf solche Kleinigkeiten soll es dem Weizmann-Institut nicht ankommen.
Es begann mit Chemie, denn Chaim Weizmann, Israels erster Präsident, war ja ein weltberühmter Chemiker. Freunde und Bewunderer schenkten ihm das Institut im Jahre 1944, zu seinem siebzigsten Geburtstag. Ein Geburtstagsgeschenk, ganz einfach. Sein Grab liegt in Rehovot, inmitten Orangenhainen. Kein Zufall, das mit den Orangen. Im Jahre 1939 erhob Dr. Walter Clay Lowdermilk, der vielgerühmte Landwirtschaftsexperte, in einer Rundfunkansprache aus Jerusalem die Landwirtschaft zum «elften Gebot» Israels: Das Wort wird allenthalben zitiert. Die Qualität der Zitrusproduktion Israels

ist nicht zuletzt auf die Forschungen des Weizmann-Instituts zurückzuführen. Dem Zufall ist in dem Laboratorium der Zukunft nichts überlassen.

«Ich habe von meinem Freund Zeira gehört», sage ich zu Dr. Freier – unser Fahrer und Führer sitzt natürlich mit uns beim Mittagessen –, «daß Sie aus Disteln Papier erzeugen.»

«Was bleibt uns übrig? Sie wissen, wie wertvoll jeder Baum in Israel ist. Disteln haben wir genug.»

Später sage ich zu Licci: «Wenn ich einen Roman über Israel schriebe, ich würde ihn ‹Blühende Disteln› nennen.»

Ich überlege: Irgend etwas muß doch hier so sein wie anderswo. Deshalb frage ich: «Haben Sie Sorgen mit den Studenten?»

Doktor Freier sieht mich an wie ein Mondbewohner einen Erdengast: «Probleme? Was meinen Sie?» Ein Studentenproblem: nie gehört. Ein Problem hat man höchstens mit den Scheuerfrauen. Denn die Bücherei und das Buffet sind vierundzwanzig Stunden geöffnet. «Der Tag ist etwas kurz», sagt der Generaldirektor.

Ich sage: «Na ja, das Weizmann-Institut wird das schon ändern.»

Nicht alle großen wissenschaftlichen Errungenschaften Israels kommen freilich, wie man zu glauben versucht ist, aus dem Weizmann-Institut. Israels Wissenschaft ist gewachsen, wie die Orangenbäume gewachsen sind aus der Wüste. Israel druckt im Jahr halb soviel wissenschaftliche Veröffentlichungen wie der Erdteil Australien. In der Anzahl von Patenten steht Israel an der dreizehnten Stelle der Weltstatistik.

Woher kommen die Mittel des Instituts? Es braucht etwa zehn Millionen Dollar im Jahr – eine erstaunlich geringe Summe. «Vieles bauen wir selber», sagt der Direktor bescheiden. «Etwa eine Million bringen uns jetzt die Industrien ein.»

Ich verstehe es, als wir durch das Gelände schlendern. Auf einer Reihe von Gebäuden stehen – Bronzetafeln, sehr amerikanisch – wohlbekannte Namen von Industrieunternehmungen, ich er-

kenne deutsche, englische, amerikanische. Industrien erteilen Aufträge an das Institut. Erfindet mal 'was! Dann erfindet man eben. Was man erfunden hat, wird an Ort und Stelle ausprobiert, kleine Experimentalindustrien am Rande von Rehovot.
Ich habe schon vor Jahren gehört, daß das Weizmann-Institut eine Atombombe entwickelt hat. Die Frage stelle ich nicht; ich habe früh gelernt, daß ein guter Reporter keine Fragen stellt, wenn er sicher ist, keine Antwort zu erhalten. Ich sage nur: «Man behauptet, der Sechs-Tage-Krieg sei im Weizmann-Institut gewonnen worden.»
Ein noch bescheideneres Lächeln: «Das ist immerhin denkbar.»
Eine Frage, die vielleicht nicht allzu gewagt ist: «Ist das Weizmann-Institut der Bekämpfung der Krebskrankheit wirklich nahe gekommen?»
«Wir tun unser Bestes.»
Im Wagen sage ich zu Licci: «Zuzutrauen wäre es ihnen.»
In Rehovot sehen wir das Wappen der Stadt. Es ist ein beneidenswertes Adelswappen: ein Mikroskop, ein offenes Buch und ein Orangenzweig. Darüber die Worte aus der Tora: «*Da brach er von dannen auf und grub abermals einen Brunnen, um den zankten sie nicht; darum nannte er ihn Rehobot*» – das ist: weiter Raum – «*und sprach: Nun hat uns der Herr weiten Raum geschafft, daß wir im Lande wachsen können.*»
Der Chamsin kam in heißen Wellen auf uns zu. Auf dem weiten Raum des Weizmann-Instituts hatten wir nichts von der Hitze gespürt. Ist es dort immer kühl? Haben die insgeheim eine Klimaanlage für die Natur erfunden?

Fortschritt und Agonie

Nach einem Mittagessen, das Botschafter Avigdor Shoham gab, im Intercontinental Hotel, einem ehemals jordanischen

Hotel auf den Hügeln im Osten Jerusalems – überaus aufschlußreiche Gespräche, da der offizielle «Gastgeber» vom Außenministerium auch die Frau des Generaldirektors im Außenamt, Mrs. Raphael, und Korrespondenten führender deutscher Zeitungen eingeladen hatte –, machten wir uns auf den Weg nach Bethlehem.

Es war von den «verwalteten» Gebieten die Rede gewesen, nun waren wir wieder im besetzten Gebiet.

Die Probleme, die nach dem israelischen Sieg von 1967 entstanden sind – es sind unlösbare Probleme: Aus der Nähe scheinen sie noch unlösbarer als aus der Ferne.

Es gibt Israelis – übrigens die Minderheit –, die sagen: Wir haben den Krieg gewonnen, den die Araber wollten und entfacht haben. Das Recht der Sieger ist kein moralisches Recht, aber es ist ein anerkanntes Gewohnheitsrecht, auch heute.

Die Araber – oder jene, die sich artikuliert ausdrücken – sagen: Wir haben nicht den Krieg, wir haben nur eine Schlacht verloren. Wir werden ihn weiterführen, bis die Existenz Israels ausgelöscht ist.

Die Israelis – wieder nur eine Minderheit – argumentieren mit dem historischen Recht der Juden auf die eroberten Gebiete. Sie sagen: Nicht wir halten Hebron besetzt, die Araber hielten es unter Besatzung. Wir haben unser biblisches Land zurückerobert.

Die Araber haben für ihre historischen Ansprüche ähnliche Begründungen: Es ist eine Frage des Datums.

Die Israelis – hier aber handelt es sich um die Meinung der Mehrheit, von der nur die weniger Linksextremisten abweicht – verweisen auf ihre Leistungen in den besetzten Gebieten.

Die Pazifizierung eines besetzten Landes ist immer ein schweres Geschäft. Die Israelis sind mit äußerster Behutsamkeit vorgegangen – unvorstellbar, wenn es anders gekommen und Israel unter arabische Herrschaft gelangt wäre. Ließen sich gewisse Härten nicht vermeiden, insbesondere weil man die Guerillas zu bekämpfen hatte, so waren sie doch minimal – selbst wenn man sie mit dem mildesten Besatzungssystem in der modernen Geschichte, mit dem der Westalliierten nach dem Zweiten Weltkrieg, vergleicht. Nirgends in den Gebieten, die wir besuchten, spürte man die schwere Hand der Sieger. Es kam vor, daß wir stundenlang keinen israelischen Soldaten sahen. Sämtliche strengen Urteile, welche die Militärregierung fällte, waren Urteile gegen palästinensische Terroristen. Nirgends war es zu Plünderungen, Vergewaltigungen oder ähnlichen Handlungen gekommen, die bei der Besatzungs-Soldateska sonst gang und gäbe sind. In vereinzelten Fällen von Gewalttätigkeiten haben die israelischen Behörden ihre eigenen Leute strenger angefaßt, als sie je gegen Araber vorgingen. Im Januar 1971 wurden israelische Soldaten zu hohen Strafen verurteilt, weil sie bei einer Hausdurchsuchung materiellen Schaden verursacht hatten. Die Anzeige an den Oberkommandierenden war von – vier israelischen Soldaten erstattet worden.

Die besetzten Gebiete gleichen noch lange nicht dem «alten» Israel. Die Felder sind zum großen Teil unbebaut oder spärlich kultiviert, die Dörfer verfallen und schmutzig, die Städte wachsen nur langsam. Dennoch: überall Zeichen eines neuen Lebens. Kein Quadratmeter Land ist enteignet worden, Regierungsbesitz arabischer Staaten nur dann, wenn er nachweisbar Juden weggenommen worden war. Wo früher mit dem primitivsten Pflug geackert wurde, da sitzen jetzt Araber auf modernsten Traktoren. Dörfer, die Elektrizität nie gekannt haben, verfügen teilweise sogar über Straßenbeleuchtung; wo es noch kein warmes Leitungswasser gibt, sahen wir gewaltige Warmwasserspeicher. Die arabische Industrie, in jämmerlichem Zustand, beginnt zu blühen. In der Tabakfabrik von El-Azarieyh, wo im Tag eine Tonne Zigaretten produziert wurde, werden jetzt fünf Tonnen erzeugt. Die Israelis haben rund 30000 Arabern in den verwalteten Gebieten Arbeit gegeben; die verdienen zwei- oder dreimal soviel wie vorher. Die Araber hatten vor

1967 rund 13 Millionen jordanische Dinar in Banken deponiert, von denen die Banken Anleihen in der Höhe von acht Millionen ausgegeben hatten. Von den restlichen fünf Millionen hatten die Jordanier viereinhalb Millionen nach Amman gebracht, so daß die Kassen leer waren. Die Israelis haben das Bankleben wieder hergestellt. Sie wenden ihr rigoroses Steuersystem auf die besetzten Gebiete nicht an; sie richten sich nach den Steuertabellen der arabischen Staaten. Der arabische Bürgermeister von Bethlehem – fast alle Bürgermeister sind im Amt geblieben – hat mit Hilfe einer israelischen Anleihe von 160000 Dollar das Fremdenverkehrszentrum gebaut, das wir bald sehen sollten. Am Vormittag überall arabische Kinder beim Schulgang: Selbst in dem umkämpften Gazastreifen gibt es drei Schulen mehr als vor dem Sechs-Tage-Krieg. An dem religiösen Leben hat sich nichts geändert. Sämtliche 73 Moscheen des Gazastreifens sind geöffnet, ihre 191 Angestellten werden von der Regierung bezahlt. Die Armen, die von Jordanien im Monat viereinhalb Kilo Lebensmittel erhielten, bekommen von den Israelis zehn Kilogramm. Es ist kein Zufall, daß die Städte allmählich beinahe israelisch wirken: Für ihren Ausbau hat Israel bisher über eine halbe Million Dollar zur Verfügung gestellt. In Ramalla ist die Zahl der Telephonanschlüsse von 600 auf rund tausend, in Bethlehem von 480 auf rund 650, in Nablus von 1500 auf rund 1800 gestiegen.

Wie stehen die Araber zu dieser Besatzungspolitik?

Nur wenige Radikale bestreiten den Fortschritt unter israelischer Herrschaft. Ich habe mit keinen Terroristen gesprochen, aber ich hatte nicht den Eindruck, daß sie populär sind – eine amerikanische Rundfrage ergab, daß sie außerhalb des Gazastreifens von rund 80 Prozent der Araber abgelehnt werden, daß sich ihre Anhänger sogar am Suezkanal in der Minderheit befinden. Das ist jedoch eine Frage der Methode: Die Araber mißbilligen die Mittel, nicht den Zweck. Sowenig ich einen Araber fand, der den Fortschritt in den besetzten Gebieten verneint, sowenig fand ich einen, der darin nicht gerade die größte Gefahr für die arabische Unabhängigkeit gesehen hätte. Wie ein Refrain kehrt der Satz zurück: «Wenn die Israelis das tun» – eine Geste in Richtung des neuen Krankenhauses –, «dann wollen sie bleiben.» – «Wäre es so schlimm, wenn sie blieben?» Gesten der Verzweiflung.

Es ist nicht schwer zu verstehen: Nur die Israelis scheinen es nicht begreifen zu wollen. Viele Juden aus der Diaspora, die ich in Israel traf oder mit denen ich von Israel sprach, fürchten, Israel könnte «asiatisch» werden. Für sie sind schon die meisten jungen Sabras «asiatisch». Das ist ein Irrtum. Die Juden der Diaspora meinen, die jungen Israelis müßten so sein, wie sie selbst in ihrer Jugend gewesen sind. Diese Juden der Diaspora waren aber, und mögen sie auch im Herzen Zionisten gewesen sein, nicht bloß Juden; sie waren deutsche oder amerikanische oder polnische oder englische Juden. Was die Juden der Diaspora, oft erschrocken, für «asiatische» Juden halten, das sind einfach Juden, keine Bindestrich-Juden.

Den Arabern, anderseits, kommt es nicht auf solche Distinktionen an. Ich habe die patrouillierenden Jeeps der Amerikaner 1945 und 1946 in Deutschland gesehen; jetzt haben wir die patrouillierenden Jeeps der Israelis im besetzten Land beobachtet. Man hat die alliierten Sieger in Deutschland beileibe nicht geliebt, es waren Feinde, aber selbst die Amerikaner – von Franzosen und Engländern nicht zu sprechen –, waren den Deutschen nicht ganz fremd. Die Araber, die den israelischen Jeeps nachblicken, sehen sich nach Mondmenschen um. Mit dem Feind kann man sich versöhnen. Nicht mit dem Fremden.

Die Israelis, obwohl sie doch selbst leidenschaftliche Patrioten sind, wollen nicht verstehen, daß man Nationalismus noch nie mit Elektrizität besiegt hat. Am wenigstens auf einem fremden Planeten. Die Araber legen kein großes Gewicht auf Elektrizität. Im Schein der Glühlampe sehen sie die jüdische Überlegenheit klarer, ihre Minderwertigkeitsgefühle treten ans elektrische Licht. Unter keinen Umständen wollen sie Israelis sein, auch nicht unter den günstigsten.

Daß das Problem mit der Zeit wohl dennoch hätte gelöst werden können, ist kein Trost. In den ersten anderthalb Jahren der Besatzung entwickelte sich die Zusammenarbeit zwischen Toubas, wie man die Araber der Westseite, und Tajobas, wie man die Juden nennt, ungemein hoffnungsvoll. Aber ungefähr Ende 1968 hatten sich die arabischen Länder erholt, zur gleichen Zeit setzte die aggressive Expansionspolitik der Sowjets im Nahen Osten ein. Das aber sind genau solche Realitäten wie ein gewonnener Krieg. Es ist daher beinahe gleichgültig, ob eine Annexion der besetzten Gebiete in Frieden und Fortschritt möglich gewesen wäre. Israel kommt nicht zum Frieden, die Araber kommen nicht zum Fortschritt.

Dann also: Rückzug auf die Grenzen vom Frühjahr neunzehnhundertsiebenundsechzig? Das wäre das Ende Israels, weil es sich innerhalb dieser Grenzen nie wieder verteidigen könnte, weil das Ziel der arabischen Welt, der Sowjets und Chinas stets die Auslöschung der israelischen Existenz sein wird.

Was wird geschehen?

Ich weiß nicht mehr, als Thomas Mann gewußt hat, als er 1943 zur Hilfe für die Juden aufrief mit den Worten: «*Die Dinge werden sich ändern, und Israel wird überleben, wie es immer überlebt hat.*»

Das melancholische Résumé meiner Reise durch das besetzte Land:

Die Zukunft Israels ist identisch mit der jüdischen Vergangenheit. Juden können nicht leben. Sie können nur überleben. Israel darf den nächsten Krieg nicht verlieren.

Die Puppe in der Krippe

Über dem Platz vor der Geburtskirche strahlt der Stern von Bethlehem. Kein Jude hat je daran gedacht, ihn zu entfernen. Die

Israelis entfernten nur, was die christlichen Pilger jahrelang als freche Blasphemie empfunden hatten. Auf alten Postkarten ist es noch zu sehen: Bis zum Juni 1967 hing unter dem Stern von Bethlehem das Porträt König Husseins. Wahrscheinlich meinten die Jordanier, dies sei der König, den die Christen anzubeten gekommen waren.

Bethlehem ist nicht Nazareth. Bethlehem ist auch nicht typisch für die besetzten Städte, denn vor den Juden war es längst von Touristen besetzt. Zweiunddreißigtausend Araber wohnen hier, vornehmlich Christen. Aber Bethlehem ist weder eine christliche noch eine arabische Stadt, ihre Bewohner stammen aus dem Geschlecht der Souvenirs. Der hebräische Name Bethlehem bedeutet: Haus des Brotes. Auf arabisch, seltsamerweise: Haus des Fleisches. Hier herrscht Brotgewinn und Fleischgewinn. « *Und sie gebar ihren ersten Sohn und wickelte ihn in Windeln und legte ihn in eine Krippe, weil sie in der Herberge keinen Platz fanden.* » Jetzt gibt es genug Platz in den Herbergen und keinen Platz in der Krippe. Dort liegt eine Wachspuppe. Weil man sonst nicht wüßte, daß es die Krippe des Kindes ist.

Die Geburtskirche ist eine Festung, viele Fenster sind vergittert, nur die Glockentürme erinnern an eine heilige Stätte. Was wollten sie beweisen, sie, die diese Burg bauten? Daß sie den Stürmen der Zeit standhalten würde? Ein loses Blatt aus dem Evangelium wird der Zeit länger trutzen. Daß er gesiegt hat, er, der hier geboren wurde? Beinahe zweitausend Jahre sind vergangen, mächtige Kathedralen sind entstanden, festere Burgen, und er hat immer noch nicht gesiegt. Daß es niemand wagen würde, seine Geburtsstätte anzugreifen? Am Weihnachtstag 1970 drohten die Palästinenser mit Bomben auf Bethlehem; um den Platz vor der Geburtskirche wachten israelische Soldaten in Stahlhelm, Maschinenpistole in der Hand, über die Pilger.

Der Platz ist voll. Ein Autobus mit christlichen Arabern ist angekommen, es ist, als speiten seine Türen eine Kompanie von

Partisanen aus, aber es sind harmlose Pilger, vermummt trotz der Hitze, sie wirken hier fremd, ich weiß, es ist ein Vorurteil, sie glauben und beten wie andere Christen und wirken doch wie eine Fünfte Kolonne des Islam, sie zwängen sich an die Festungsmauer, sie halten sich abseits von den anderen Christen, diese anderen Christen könnten Juden sein, vielleicht sind auch Juden darunter, ein Araber verkauft etwas wie ein Stück Kuchen, aber man würde sich daran die Zähne ausbeißen: In der Milchgrotte, nebenan, hat die Mutter das Kind gestillt, ein Tropfen Milch fiel zu Boden, jetzt werden aus dem Steinpulver kleine runde Kuchen geformt, es soll der Muttermilch bekömmlich sein, seltsame Pille. Aberglaube hat den Glauben verdrängt.

Die Kirche wirkt von innen kleiner, man fühlt sich beinahe geborgen, leider ist gleich der Fremdenführer da, leider sagt er die Wahrheit, die Geburtskirche «gehört» den Griechisch-Orthodoxen – «*they own in*», sagt der Araber in seinem übereifrigen Englisch –, aber nein, ein Teil der Kirche «gehört» den Katholiken – «*they own it, too*» –, und der südliche Teil, ja, der gehört den Armeniern – «*it's owned by the Armeniens*» –, eine religiöse Aktiengesellschaft. Wachende Priester oder Mönche lösen sich ab, anscheinend haben sie kein großes Vertrauen zueinander, die Griechen, die Lateiner, die Armenier, da könnte wohl einer beten, der nicht an der Reihe ist, fünfzehn Lampen weisen auf den Platz der Geburt, silberne Lampen, ein silberner Stern über dem Geburtsplatz, die Lampen gehören verschiedenen christlichen Gemeinschaften, «*they own it*», man beginnt zu ahnen, warum er nicht siegen konnte, in zweitausend Jahren. Der Krippenplatz ist tief unten, enge Treppen, es ist beinahe dunkel, nur die Kerzen brennen, im Kerzenlicht sieht man die Gesichter der knienden Gläubigen, arabische Frauen, amerikanische Touristen, ein junger Priester wie von Greco, eine alte Frau, sie sieht aus, als kniete sie hier seit hundert Jahren, das Wachs der Kerzen schmilzt auf den Gesichtern, das

Wachskind in der Krippe kann der Andacht nichts anhaben, blickt man nicht nach der Krippe, blickt man in die Gesichter, sieht man im Spiegelbild die Wahrheit.

Und man sieht sie noch einmal. Denn kaum hat man die Stadt verlassen, mit ihren quaderförmigen Ziegelbauten, die weder orientalisch noch westlich wirken, eher wie eine amerikanische Kleinstadt im Mittelwesten, dazu ein Minarett mit dem Halbmond, ein paar Radioantennen – kaum hat man die Wüstenstraße erreicht und bleibt stehen, da sieht man von einer Anhöhe die Felder von Bethlehem, ein paar Olivenbäume, auch das Gras ist olivengrün, weidende Schafe, eine schwarze Ziege, «*Und es waren Hirten in derselben Gegend auf dem Felde, die hielten Nachtwache über ihre Herde*», ein Hund bellt, es ist der einzige Laut, ein kleiner Araberjunge sitzt unter dem Olivenbaum, hütet die Schafe, kein Fremdenführer streckt die Hand aus, noch kein Eintrittsgeld fürs Hirtenfeld, es gehört nicht Griechen und Lateinern und Armeniern.

Am Stadtrand von Bethlehem das Grab der Rachel. Draußen Soldaten mit Maschinenpistolen. Drinnen eine Wand, eine kleine Klagemauer, orthodoxe Juden drücken ihre Lippen an die Mauer, junge und alte, mit kleinen Käppchen und breiten Hüten, und wenn sie sich abwenden von der Mauer, ist in ihren traurigen dunklen Augen der gleiche Glanz wie in den Augen der versteinert Knienden an der Krippe. Vielleicht erinnern sie sich, warum Jakob sein geliebtes Weib Rachel hier begrub: Er dachte, die vertriebenen Kinder Israels würden an Bethlehem vorbeikommen und Rachel würde für ihr Seelenheil sorgen. «*Wehre deiner Stimme das Weinen und deinen Augen die Tränen, denn ... sie kehren heim aus dem Lande des Feindes.*» Vor dem Grabhaus der Rachel wird die Wache abgelöst. Es hat sich nicht viel geändert.

Zwei Offiziere: zwei Erlebnisse. Der eine heißt Joseph Caleff – Oberst: Aluf Mishne –, der Sprecher der Armee: Wir besuchten ihn in Tel Aviv. Der andere heißt Yefet Ben Amos – Oberstleutnant: Sgan Aluf –, Kommandeur einer Militärschule: Wir besuchten ihn in Haifa.

Oberst Caleff stammt, ich sagte es schon, aus Bulgarien. Als man in Filmen die Obersten noch so darstellte, als könnte auch ein Offizier ein Mensch sein, sahen die höheren Offiziere aus wie Joseph Caleff. Ein Rennpferd aus dem besten Stall. In welcher Sprache wir uns unterhalten wollen? Ich könnte es mir aussuchen.

Zwei Stunden lang erklärt mir der Oberst die militärische Lage. Was er sagt, eignet sich nicht zur Niederschrift: erstaunlich genug, daß er es mir anvertraut.

Nach einer Weile sage ich: «Sie haben mir jetzt so viel über die Dispositionen des Feindes erzählt – ist das nicht vertraulich, ja geheim?»

Der Oberst zieht einen Vorhang beiseite: Der arabische Aufmarschplan, in Ägypten, Jordanien, Syrien. Den Bambusstab in der Hand spricht er weiter, mit der gleichen wissenschaftlichen Präzision, die ich im Zweiten Weltkrieg an meinem Kommandeur, General Bradley, bewunderte. Über das sehnige, sehr männliche Gesicht geht ein Lächeln: «Sie glauben doch nicht, daß die Araber nicht wissen, daß wir es wissen?»

«Ich dachte, der israelische Geheimdienst funktioniert so gut, nicht der arabische.»

Er nickt. «Ich hoffe, daß das zutrifft. Aber wenn unser Geheimdienst funktioniert, dann vornehmlich, weil wir nicht 00/7 spielen. Neunzig Prozent der Spionage ist alberne Kinderei. Wir haben die Abwehr auf das Notwendige reduziert.»

Ich sage: «Man hat im Sechs-Tage-Krieg Hymnen von den demokratischen Freiheiten in der israelischen Armee gesungen. Halten Sie auch Disziplin für Kinderei?»
«Unsinn! Selbstverständlich haben wir eine durchaus disziplinierte Armee. Es fragt sich nur, was man Disziplin nennt. Rauchverbot ist keine Disziplin, es ist ein Unfug.»
«Sind die Terroristen eine ernste militärische Gefahr?»
Oberst Caleff holt eine Tabelle hervor. Zwei Kurven, die eine schwarz, die andere grün. Steil ansteigend die schwarze, wie eine sanfte Welle die andere. Die steile Kurve zeigt die Terrorakte in den Grenzgebieten, die grüne Terrorakte im Inneren des Landes. Während 1970 in Galiläa und Samaria ein Soldat und ein Zivilist getötet wurden, töteten die Syrier, vornehmlich Guerillas, 26 Soldaten und sieben Zivilisten. «Ein menschliches Problem», sagt der Oberst, «militärisch vollkommen bedeutungslos.»
Oberst Caleff glaubt nicht, daß die Araber ohne aktive Hilfe von den Sowjets einen Krieg gegen Israel gewinnen könnten, auch nicht mit russischen Waffen. «Die meisten russischen Panzer mußten wir umbauen. Sie eigneten sich nicht für den Krieg in warmen Regionen. Daß wir die Mirages verbessert haben, ist kein Geheimnis. Frankreich liefert jetzt an die Araber die von uns verbesserten Maschinen.» Er setzt sich wieder an den leeren Schreibtisch, spielt mit dem Bambusstab. «Übrigens – was darüber in Figaro Littéraire stand, stimmt nicht. Sie haben es doch gelesen?»
Ich muß gestehen, ich hatte Figaro Littéraire lange nicht in der Hand.
«Die militärischen Aufsätze sind zuweilen schwach», sagt der Oberst, «den Rest lese ich gern.»
Das beruhigt mich. Wenn die Nachrichten schlecht sind, denke ich an Oberst Caleff. Auf eine Armee, deren Offiziere Figaro Littéraire lesen, kann man sich verlassen.
In Haifa führt uns Shaul Kariv in die School of Basic Educa-

tion. Schule für primäre Ausbildung, denke ich, also ein Rekrutenlager. Aber es ist kein Rekrutenlager, zumindest nicht im üblichen Sinne.
Schon kurz nachdem wir das Tor passiert haben, fällt mir das seltsame Gehabe der Soldaten auf. Sie salutieren schüchtern, ungeschickt, einige wenden sich ab, einige lachen, manche blikken düster, drücken sich an die Wand.
Das Zimmer des Kommandeurs ist so klein wie das Zimmer des Armeesprechers. Der Tisch ist genauso leer. Der Mann, der sich hinter dem Tisch erhebt, ähnelt den schönen jungen Beduinen, die wir bei Beersheba sahen. Oberstleutnant Yefet Ben Amos ist Jemenite. Daß er just diese Militärschule kommandiert, ist kein Zufall. Hier werden Zurückgebliebene erzogen, oder junge Israelis, die keine Schulbildung genossen haben, unter diesen aber gibt es einen hohen Prozentsatz von afrikanischen, asiatischen Juden, auch Jemeniten. Ein Jemenite von so hoher Bildung wie Sgan Aluf Ben Amos schreckt sie nicht; was er erreicht hat, ermutigt sie, er ist ihr Vorbild.
«Ein Soldat ohne Schulbildung ist ein wertloser Soldat», sagt der Oberstleutnant. «Man kann heute mit Analphabeten keinen Krieg führen.»
«Wie lange dauert die Ausbildung?»
«Etwa drei Monate.»
«Kriegen Sie sie hin?»
«Natürlich kriegen wir sie hin. Das heißt: Etwa zwanzig Prozent sind hoffnungslos. Das stellt sich bald heraus. Die werden ausgemustert, möglichst ohne sie seelisch zu belasten. Es muß ja nicht jeder Soldat sein.»
Licci hatte auf dem Weg durchs Lager überraschend viele weibliche Offiziere gesehen. Der Kommandeur läßt einen der Chen-Offiziere bitten. Zweifellos der hübscheste Hauptmann, den ich je gesehen habe.
«Wir haben hier nur weibliche Instruktoren», sagt der Oberstleutnant.

«Aus einem besonderen Grund?»
«Aus einem psychologischen Grund. Junge weibliche Instruktoren erhöhen den Ehrgeiz der Rekruten. Die meisten sagen sich: Was die kann, werde ich auch fertigbringen.»
Ich wende mich an den weiblichen Hauptmann: «Haben Sie keine Schwierigkeiten? Immerhin ...»
Sie scheint nicht zu verstehen, was ich meine. Endlich sagt sie: «Warum sollten Ungebildete bösartig sein? Nein, gar keine Schwierigkeiten.»
Als uns der Kommandeur hinausbegleitet, sieht er mich mit den großen, warmen Mandelaugen lächelnd an. «Sie ahnen nicht, was man mit etwas Liebe fertigbringt.»
Auf dem Weg in die Innenstadt frage ich Shaul Kariv:
«Was hat Sie bewogen, mir gerade dieses Lager zu zeigen?»
«Sie sollen keine falschen Vorstellungen von Israel bekommen. Nicht jeder Israeli hat das Schießpulver erfunden.»

Nur gegen Israel

Es war etwas kühler geworden. Wir saßen auf dem Balkon des Dan-Hotels und blickten auf die Bucht von Haifa hinunter. Wir waren zu sechst: Vier unserer neuen Freunde und wir zwei. Das überflüssige Gepäck, das wir gleich zu Beginn der Reise hatten aufbewahren lassen, war wieder aufgetaucht; Licci hatte ihre Vorbereitungen getroffen. Ich hatte am Vormittag alle europäischen Zeitungen gekauft, deren ich habhaft werden konnte. Sie enthielten zum großen Teil scharfe Kritik an Israel. Wir sprachen vom Zionismus und von den Beziehungen Europas – oder der Welt – zu den Juden.
Die jungen Israelis mögen die besten Israelis sein, aber von den Wurzeln des Zionismus haben sie sich weit entfernt. Sie wollen nicht wahrhaben, daß der Zionismus aus einem Zwang entstanden ist. Herzls «Judenstaat» ist ein dunkles, schmerzliches

Buch. Herzl schreibt: «*Vergebens sind wir treue und an manchen Orten sogar überschwengliche Patrioten, vergebens bringen wir dieselben Opfer an Gut und Blut wie unsere Mitbürger, vergebens bemühen wir uns, den Ruhm unserer Vaterländer in Künsten und Wissenschaften, ihren Reichtum durch Handel und Verkehr zu erhöhen. In unseren Vaterländern, in denen wir ja auch schon seit Jahrhunderten wohnen, werden wir als Fremdlinge ausgeschrien; oft von solchen, deren Geschlechter noch nicht im Lande waren, als unsere Väter da schon seufzten.*» Von Seufzern spricht Herzl, und dreimal in einem Satz gebraucht er das Wort «vergebens».

An dem großen Vergebens des Judentums in der Diaspora hat sich nichts geändert; das Antijudentum ist ein Chamäleon, das die Farbe seiner Umgebung annimmt.

In der jüngsten Geschichte gibt es drei Perioden des Antisemitismus – ich will den falschen, aber üblichen Begriff «Antisemitismus» gebrauchen. Der «milde» Antisemitismus der Vor-Hitler-Ära war natürlich nur «milde» im Vergleich mit dem mörderischen Antisemitismus der Jahre zwischen 1930 und 1945: Er war brutal, besonders in Osteuropa, er war nur nicht überall mörderisch. Dann kam die Mordperiode, und so hatten es die «Vorkriegs-Antisemiten», mit Ausnahme der russischen und polnischen, nicht gemeint. Nach dem Zweiten Weltkrieg überkam die Welt, besonders jenen Teil der Welt, der schuldig geworden war, eine große Scham. Sie hält noch an, wenn sie auch nicht so intensiv ist wie in den Nachkriegsjahren: Das Rot der Scham ist eine schöne Farbe, aber wer errötet schon für Stunden? Die Menschheit errötet nur für Sekunden.

Der Zionismus ist die Entschuldigung der verschämten Antisemiten. Er macht es ihnen möglich, das Wort Jude zu vergessen und mit dem Wort Israeli zu ersetzen. Sie haben nichts gegen die Juden im eigenen Lande, wenn sie auch nie aufhören, sie instinktiv und mit Worten, wenn auch nicht immer mit Taten auszusondern: Fremde sind es, mehr oder weniger willkommene. Heißt das, daß alle Nichtjuden Antisemiten sind? Keineswegs ist das der Fall, doch eben jene, die nicht antisemitisch denken und fühlen, entlarven die anderen, die Antisemiten. Die große Zahl von Nichtjuden, die nicht antisemitisch sind, sind auch keine Feinde Israels. Es war scheinbar noch nie so kompliziert und war in Wirklichkeit noch nie so einfach: Man braucht nur das Wort Israel auszusprechen, um den Antisemiten zu erkennen.

Auch hier gibt es freilich Unterschiede, Schattierungen, Nuancen: Das hat es in der Geschichte des Antisemitismus immer gegeben. Die kommunistische Welt ist antiisraelisch. Daß sie durchaus nicht zufällig auch antisemitisch ist, sollte die Kommunisten und ihre Freunde in der westlichen Welt aufhorchen lassen. Aber obwohl manchen von ihnen – besonders den deutschen – daran liegt, die Mordperiode vergessen zu lassen, liegt ihnen daran doch nicht so sehr, daß sie es ablehnten, sich mit den Judenfeinden in Moskau zu verbünden. Auch daß Amerika, das im Zweiten Weltkrieg die überlebenden Juden rettete, wieder als einzige bedeutende Macht auf der Seite Israels steht, sollte den verschämten Antisemiten zu denken geben. So verschämt sind sie jedoch nicht, daß sie ihr Liebesverhältnis zum Kommunismus, ihre Abneigung gegen Amerika der Juden willen revidierten. Nicht ganz unbegründet sagen sie: Warum sollten wir? Sie sind keine Juden, ihre Beziehung zum Judentum und zum Judenstaat kann schließlich nicht ihr Weltbild bestimmen. Das kann man verstehen, ohne auf ein Mindestmaß an Aufrichtigkeit zu verzichten. Nur ein Blinder oder ein Lügner kann daran zweifeln, daß ein Sieg der Araber über Israel den Tod von mindestens zweieinhalb Millionen Juden bedeuten und die übrigen Juden der Welt einer mörderischen Judenhetze ausliefern würde: Das wissen die Araber, die Sowjets, die Chinesen, und das wissen auch deren Freunde im Westen. Sagten also die verschämten Antisemiten: Wir denken nicht daran, «unsere» Juden zu verfolgen, aber wenn der kommunistischen «Endlösung» willen zweieinhalb Millionen Juden über die

Klinge springen müssen, nehmen wir es hin – sagten sie es, man müßte wenigstens ihre Aufrichtigkeit anerkennen.

Zu der zweiten Kategorie der verschämten oder unterbewußten Antisemiten – eine Nuancierung in der Nuancierung – gehören die «Objektiven». Es sei «Rassismus», sagen sie, Juden und Israelis in einen Topf zu werfen; man müsse den Israelis doch «die Ehre erweisen», Israel wie jede andere Nation zu betrachten; es würde die Israelis sehr schmerzen, wenn man sie nur unterstützte, weil sie Juden sind; man sollte aufhören, sie durch eine «besondere Behandlung» an Auschwitz zu erinnern: Wer weiß, vielleicht sind die Juden, die von den Arabern täglich mit «Ausrottung» bedroht werden, gar keine Juden, es sind nur die – endlich – gleichberechtigten Israelis; wenn man sie ins Meer wirft, wird der «Normalisierungsprozeß» vollendet sein. Die gefällige Objektivität hat einen Haken. Diejenigen nämlich, die so argumentieren, haben keine Hemmungen, die Neger – einschließlich all ihrer Black-Panther-Terrororganisationen – in einen schönen Topf zu werfen, auf- und auszurüsten, «besonders» zu behandeln und mit beiden Armen der Kollektivsympathie ans Herz zu drücken. Man täte ihnen unrecht, wenn man sie Rassisten nennte. Sie sind nur Antisemiten.

Eine dritte Kategorie ist «nur» antizionistisch. Sie versteht – Initiator oder Imitator antijüdischer Propaganda – unter Zionismus einen jüdischen Imperialismus. Ihre Angst vor dem jüdischen Imperialismus ist so echt, wie die Motivation des SA-Mannes, der den Juden mit der Begründung: «Er zitterte so frech», niederschlug. Der Imperialismus eines Drei-Millionen-Volkes – die israelischen Araber eingeschlossen – gegenüber einem Volk von hundertzwanzig Millionen ist ein Witz, ausnahmsweise kein jüdischer. Jedermann weiß, daß sich Israel, bei aller technologischer und intellektueller Überlegenheit, nicht weiter auszubreiten vermag, daß es einer solchen Ausbreitung auch nicht bedarf, weil Israel einerseits ein paar Millionen Juden ohne weiteres aufnehmen kann und die übrigen, anderseits, gar nicht daran denken, in Israel einzuwandern. Israel als Verbündeter des «imperialistischen» Amerika? Selbst wenn Amerika imperialistisch wäre – es verteidigt sich lediglich mit allen, allerdings mit allen Mitteln gegen den kommunistischen Imperialismus –, so ist ja das winzige Israel nicht der Verbündete Amerikas, sondern Amerika ist die Schutzmacht Israels. Ob man mitprügelt, wenn ein Polizist auf einen Passanten einschlägt, oder ob man sich als Passant von einem noch so brutalen Polizisten beschützen läßt, ist nicht das gleiche. Der «imperialistische» Jude wurde aus der unerschöpflichen Vorratskammer antijüdischer Adjektive hervorgeholt, er ersetzt den «feigen» oder den «hinterhältigen» oder den «geizigen» Juden und ist übrigens mit dem «frechen» Juden identisch.

Diese und andere Gruppen berufen sich mit Vorliebe auf antizionistische Juden. Deutschlands fanatisches Nachrichtenmagazin, «Der Spiegel» – ein Beispiel –, hebt den jüdischen Warenhausbesitzer Nieman Markus aus Texas hervor, nicht ohne ihn verräterischerweise in einen Textil-Großhändler «umzufunktionieren»: «*Er gestattete dem anti-zionistischen ‹American Council of Judaism›, dessen Förderer er seit Jahren war, seinen Namen in den Briefkopf der Organisation aufzunehmen.*» Der Beweis, Anti-Zionismus könne nicht antijüdisch sein, weil es antiisraelische Juden gibt, ist genauso stichhaltig, als wollte sich ein Taschendieb damit rechtfertigen, daß er ein Millionenvermögen besitzt. Wird er bei der Tat ertappt, dann ist er ein Taschendieb, wie hoch sein Bankkonto auch sein mag. Es hat, von Otto Weininger bis Karl Kraus, immer antisemitische Juden gegeben: Wenn es anders wäre, wären die Juden kein Volk, und sie sind nicht einmal aus Masochismus antijüdisch – schließlich gibt es antideutsche Deutsche. Das ist nicht alles. Hunderttausende, wenn nicht gar Millionen Juden, zu denen ich selbst ein halbes Leben lang gehörte, gaben sich im Frühling der Aufklärung der Täuschung hin, daß Assimilation mit Akzeption gleichbedeutend sei, daß Gleichberechtigung Identität, daß Gastfreundschaft Aufnahme in die Familie bedeutet und daß die Existenz des Judenstaates sie in ein Getto innerhalb der Gastländer drängen würde. Am traurigsten ist es aber um Juden wie den Texas-Millionär bestellt, die paradoxerweise das gleiche empfinden wie Theodor Herzl empfand, aber, moralisch anders geartet, in der gegenteiligen Weise reagieren. Sie wissen unterbewußt, daß sie nur geduldet sind, und fürchten, daß Israel den Juden von Texas schaden, sie noch mehr isolieren könnte. Hilflose Opfer des Antisemitismus, gründen sie einen «Rat des Judentums» zur Abwehr gegen Zion. Sie wissen nicht, was sie tun, diese armen reichen Juden.

Israel hat getan, was seit den Tagen Mose der Juden Mission gewesen ist: Es hat eine Krise heraufbeschworen. Es ist keine Krise der schamlosen Antisemiten: Wem die Menschlichkeit abgeht, der ist gefeit gegen Krisen. Es ist eine Krise der verschämten Antisemiten, vor allem der Linken Europas und Amerikas, in deren humane Weltanschauung der Antisemitismus nicht so recht passen will, und unter diesen wieder insonderheit der Intellektuellen, zu deren Tugenden es gehört, daß sie leichter erröten als andere. Nun, da die seit Jahrzehnten schwelende Krise der Humanität akut geworden ist, dank Israel, wird sich die Welt außerhalb des kleinen Staates am Mittelmeer entscheiden müssen zwischen kleinmütiger Abstraktion und mutiger Erkenntnis der Realität, zwischen bequemer Theorie und unbequemer Praxis, zwischen wehleidiger Rebellion und schmerzlichem Aufbau, zwischen Scheinengagement und Kampf, zwischen Piratenanarchie und Gesellschaftsreform, zwischen intellektueller Unredlichkeit und intellektuellem Führertum, zwischen Elitedenken und demokratischer Gesinnung, zwischen dem Götzenkult des Nichts und dem Glauben, zwischen dem Heidentum der Hoffnungslosigkeit und der Hoffnung, also zwischen Krankheit und Genesung. Der Mensch ist eine miserable Kreatur Gottes – miserabel, aber göttlich. Er ist des Vaters mißratener Sohn – sein Sohn immer-

hin. Wir haben wenig Anlaß zu Hoffnung – und kein Recht auf Hoffnungslosigkeit.
Wir hatten lange gesprochen. Ich war der letzte, der gesprochen hatte, dann war es still. Zu unsern Füßen lag der Hafen, vor wenigen Stunden war die Enotria eingelaufen.
Einer unserer neuen Freunde, der junge Straßenvermesser – ich habe ihn schon erwähnt –, sagte:
«Warum bleiben Sie nicht bei uns?»
Ich sagte: «Ich würde euch nicht viel nützen. Vor dreißig Jahren, vor zwanzig noch – es wäre etwas anderes gewesen. Ich spreche kein Wort Hebräisch. Ein einziges Wort spreche ich richtig aus. Toda.»
Toda. Es heißt: Danke!

Entscheidung in Israel

Ich denke oft an Jerusalem. An Tel Aviv und Beersheba. Aber ich träume von Haifa.

Haifa war für mich, wie die anderen Städte Israels, eine unbekannte Stadt gewesen. Aber es ist zusammengesetzt aus Mosaiksteinen, die ich kenne. Marseille und San Francisco, Wien und Pittsburg. In diesem Hafen waren wir angekommen, von diesem Hafen sollten wir Israel verlassen.

Der Berg Karmel hat drei Stufen, aber vom Hafen scheint es, als wäre jede Straße eine Stufe, höher und höher steigt die weiße Stadt, das Dunkelgrün der Pinien im Weiß, gleich wird jemand die nächste Stufe bauen, auf Stufen stehend baut man neue Stufen, eine stets unvollendete Symphonie in Stein. Vollendet ist nur die Vergangenheit, die Zukunft wächst, man hört die Steine wachsen, Fabriken, Villen, auf dem Silo weht die Fahne mit dem Davidstern, eine Allee von Kranen wie eine Allee von Pappeln, ein Getreideschiff wird ausgeladen, ein Boot voller Autoreifen, Möven um das kleine Pilotenboot, die goldene Kuppel des Baha'i-Schreins, der Persische Garten, ein Öltanker löscht seine Fracht, Lastwagen, Privatwagen, Jeeps rasen auf und ab, ein Industriezentrum oder ein Kurort, Häuserwald und Gärten ohne Häuser, der Wolkenkratzer des Dan-Hotels auf dem Horizont, «*nun aber war die Stadt weitläufig und groß*», Nehemia, Kapitel sieben, bei Herzl heißt es etwas später: «*Eine herrliche Stadt war an das tiefblaue Meer gebaut.*» Erinnerung an das Kindesland: Diese Wiener Ringstraße heißt Rehov Ha'atsmaut, aber vor der Hauptpost stehen ein paar Drusen, ein Blick vom Kahlenberg auf die Donau, aber es ist der Blick von Pan-

orama Road auf das Meer – nur vor den Kaffehäusern auf einem der Karmel-Plateaus sitzen noch die gleichen Leute, sie haben auf mich gewartet, Guten Tag, Jó napot, Schalom, Schalom.
Wenn die Palästinenser immer wieder von Haifa sprechen, fast noch mehr als von Jerusalem, obwohl keine israelische Stadt so wenig arabisch ist wie diese, kann man es verstehen – Hof Yafe: die schöne Küste. Caiphas, der Hohe Priester von Jerusalem, soll die Stadt gegründet haben, und von den Juden in Haifa spricht der Talmud. Im Mittelalter kämpften die Araber Hand in Hand mit den Juden gegen die Kreuzfahrer. Unter türkischer Herrschaft nichts als ein Dorf: eine Stadt erst, als die Juden einwanderten. Heute hat sie 220000 Einwohner, davon rund 7000 Christen und Mohammedaner. Haifa schläft, wie Juden schlafen, mit offenen Augen. Die Automobile rasen, aber die Menschen gehen bedächtig, man sieht den Rauch der riesigen Fabriken – Elektrizitätswerke, Ölraffinerien, Reedereien –, aber das Grün trinkt den Rauch, in den Mittagsstunden macht der Riese ein Nickerchen, Supermarkets wie in Californien, der milde Westen, aber keiner drängt, man läßt dem anderen den Vortritt, wie alle, die viel arbeiten, hat Haifa Zeit, eine sanfte Hand liegt über der Stadt am Meer.
Heimweh nach Haifa: Vielleicht liegt es an den Menschen. Nicht daß sie anders wären als anderswo in Israel, wir haben hier nur mehr Freunde gewonnen, ein glücklicher Zufall. Und hier begann es. Und hier hat es nicht geendet.
Von einem der neuen Freunde muß ich sprechen. Für mich ist dieser schlanke Mann mit dem weißen Knebelbart und dem jungen Gesicht und den aristokratischen Händen – Mr. Israel. Ich werde dem Einwanderer aus der Schweiz, der Israel 1931 zum ersten Mal besuchte und der seither für Israel gelebt hat, kein Denkmal setzen: Dr. Reuben Hecht hat sich selbst ein Denkmal gesetzt; ich wußte es bloß nicht, als unser Schiff vor Haifa ankerte, im Hafen steht sein Monument. Das ist der Silo, eine Getreidefestung, ohne die das Bild Haifas so unvollständig

wäre wie das Bild von Paris ohne den Eiffelturm, man findet sie auch auf Briefmarken. Indes käme Paris zur Not ohne den Eiffelturm aus, Israel nur schwer ohne den Silo Dagon. Denn Reuben Hechts Silo mit dem siebzig Meter hohen Turm, einer der größten Silos der Welt, ist kein bloßer Getreidespeicher, keine bloße «Mühle» von gigantischen Dimensionen: Vom Silo aus, einer Reihe von Silos vielmehr, werden über 45 Prozent der importierten Güter Israels ans Land gebracht. Im Jahre 1969 waren das etwa zweieinhalb Millionen Tonnen.

Habe ich mich in ein industrielles Unternehmen verliebt? Es ist unwahrscheinlich.

Wer den Silo betritt, betritt ein lebendiges Museum. Getreidetöpfe und Getreidemühlen, tausend Jahre alt und mehr, daneben Öllampen und Ölfässer und Ölkrüge und Öldipper, Dekantor aus der Zeit der Könige und Propheten, jegliches, das mit dem täglichen Brot zusammenhängt. So ist es nicht, daß sich Reuben Hecht, der Industrielle und Archäologe, mit bloßen Funden aus Ton begnügte. Ausstellung von jüdischem Brot – Sabbat Challot und Mazoth und «Hamantaschen» –, Porzellan und Steingut mit Getreidemotiven, daneben Gemälde, die sich um das Thema Getreide drehen, alle botanischen und wissenschaftlichen Aspekte des Getreides, jede Briefmarke, auf der je ein Getreidekorn abgebildet war, jede Münze mit Getreidedarstellungen, die Silberdrachme, auf die Alexander der Große stieß, nur eine Münze von vielen. Das meiste ist nicht hinter Fenstern versperrt, ist nicht unter Glas. Getreidemühlen aus vorchristlicher Zeit stehen auf den Höfen, stehen auf dem Industriegelände, stehen zwischen Kranen und Balken und Röhren und Rolltreppen und Maschinen: Die Arbeiter, Mehlsäcke auf den Schultern, eilen vom Hafen zu Lastwagen und Lastzügen, eilen an den archäologischen Funden vorbei, mit ihren Schultern streifen sie die Geschichte.

Es gibt nicht viele Arbeiter, und nur wenige schleppen noch Mehlsäcke. Stundenlang trifft man keinen Menschen, wie

Katzen schnurren die elektronischen Anlagen, Lampen leuchten in leeren Sälen, Operationssäle könnten es sein, hier und da ein Mensch in einer Kontrollkabine, über meilenlange Fließbänder strömt das Getreide, der fruchtbarste Fluß Israels. Die Arbeiter, indes, kommen aus allen Teilen der Welt: neunundsechzig Prozent aus Europa – Italien, Griechenland, Rumänien, Deutschland –, zweiundzwanzig Prozent aus Jemen, Indien, Irak, dem Libanon, und der Rest aus Afrika, aus Ägypten und Algerien, aus Tunesien und Südafrika. In wenigen Jahren hat Reuben Hecht seinen Arbeitern über eine Million israelischer Pfunde zinsfrei geliehen, damit sie Wohnungen kaufen und ausbauen können, und er hat sein Geld zurückbekommen, und kein Arbeiter hat ihn verlassen, und seine Firma blüht. Er hat auch sonst originelle Ideen, der seltsame Mann, er führt rund 90 Prozent seiner Gewinne an die Regierung ab, vom Rest zahlt er 70 Prozent Steuern. Porträt eines israelischen Kapitalisten.

Daß der Mann, der das alles schuf, ein Patriot ist – wen sollte es wundern? Der Sohn der angesehenen Basler Reederfamilie entdeckte früh, daß für ihn das Grün der Felder am Rhein nicht so grün war wie das Grün am Jordan. Man hat ihn wohl für einen Narren gehalten, im sicheren Hafen der Schweiz, besonders als man hörte, daß er in den Gefängnissen der britischen Mandatsherren saß. Reuben Hecht gehört nicht zu den «Tauben», in unseren Gesprächen wiederholte er oft: «Es geschähe zum ersten Mal, daß man von einem Sieger bedingungslose Kapitulation fordert.» Für den Baumeister, den Archäologen und den Politiker Reuben Hecht gilt, was ein anderer großer Freund, Max Horkheimer, gesagt hat: «*Bei der Begründung des Staates Israel ergab sich, wenn ich nicht irre, das Problem, daß es doch irgendwo heißt, der Messias werde die Gerechten aller Völker nach Zion führen. Ich denke heute noch darüber nach, wie der Staat Israel mit dieser Prophezeiung in Verbindung steht. Ist Israel das biblische Zion ...? Ich habe oft betont, daß richtige Aktivität nicht bloß in der Veränderung, sondern auch in der Erhaltung gewisser kultureller Momente besteht, ja daß der wahre Konservative dem wahren Revolutionär verwandter sei als dem Faschisten, so wie der wahre Revolutionär dem wahren Konservativen verwandter ist als dem sogenannten Kommunisten heute ...*»

Wie es ein langer Tag gewesen war, der erste Tag in Haifa, nach unserer Ankunft, so waren die letzten Tage zu kurz. Das war gut so. Wir hatten keine Zeit für Emotionen. Als Fremde waren wir gekommen, und nun ergriff uns schon, noch auf dem Boden Haifas, das Heimweh nach Erez Israel. Wir wollten sie nicht sehen, die ankernde Enotria. Wir taten noch mehr als sonst. Fleiß ist die Überwindung des Schmerzes.

Eigentlich hätte ich nur zweimal in Tel Aviv und einmal in Jerusalem sprechen sollen. Bei einem meiner Vorträge hatte mich der Dichter Emanuel bin Gurion eingeführt; er sagte, ich sei «*zum Flüchtling ... schon im Mutterleib prädestiniert worden*». Schmerzliche Wahrheit. Und doch nicht so schmerzlich wie gestern, denn Schalom Ben-Chorin hatte mich mit den Worten willkommen geheißen, welche die Menge in Jerusalem Agrippa zugerufen hatte: «*Unser Bruder bist du!*» In Haifa war keine Lesung geplant gewesen, aber gleich nach unserer Ankunft hatte man mich gebeten, auch in Haifa zu sprechen – und prompt ereignete sich etwas Bezeichnendes. Ich hatte zwei Themen vorgeschlagen – ein «leichteres» und ein «schwereres». Am gleichen Abend rief Alice Schwarz, die Kolumnistin von Jedioth Chadashoth, an, und sagte, das Komitee habe das «schwerere» Thema gewählt – ohne zu wissen, worum es sich bei beiden handelte. Also eine «schwerere» Lesung in Haifa. Mittagessen im Silo; während wir Dagon besichtigten, wurde ein 52000-Tonnen-Getreideschiff ausgeladen: Dazu braucht man in Amerika zwei Tage. Und ein Abend bei Reuben Hecht und seiner brillanten Frau – sie stammt aus Jugoslawien –, oben, im Haus auf dem Hügel, dem Haus mit den archäologischen Funden und französischen Impressionisten. Und ein Abend mit führenden Männern der Wissenschaft im gastfreundlichen Haus Konsul Dresners: Wie Frau Hecht, spielt Frau Dresner, die Sängerin war, eine große Rolle im Musikleben Haifas. Und ein Mittagessen mit den Professoren des Technions: Da hörte ich von radikalen Universitätsreformen, da aß ein Professor mit dem Käppchen auf dem Kopf, da war der junge Belgier, der aus Kindern Computer-Experten formt; nebenbei erfuhr ich, daß es ohne die Arbeit auf dem Gebiet der Metalltechnik von Professor Joseph Seriger und zwei seiner Studenten schwer gewesen wäre, die Apollo-Mondfähre zu entwickeln: «Wir haben unsere Arbeit mit nichts als Papier und Bleistift begonnen.» Und dann die frohe Begegnung mit meinem Kriegskameraden Joseph Eaton, Sergeant Eaton ist jetzt Professor Eaton, Landwirtschaftsexperte an einer Hochschule des amerikanischen Mittelwestens; er bereitet seine Übersiedlung nach Haifa vor. Und, vor allem, eine Diskussion im Hause Professor Hanan Bruens mit Professoren und Studenten der Haifa University.

Warum sage ich: vor allem? Weil ich, der zu früh Geborene und zu spät Gekommene, hier mit einem Mal des israelischen Pioniertums teilhaftig wurde. Ich durfte dabei sein bei einem Beginn. Ist das Technion die bedeutendste Lehrstätte ihrer Art in Israel, so haben die Bewohner Haifas immer darunter gelitten, daß die Hafenstadt die schönen Künste, daß sie Philosophie und Literatur und Geisteswissenschaften vernachlässigte: Man kann nicht alles auf einmal, aber einmal muß man alles tun. Und so entsteht nun, mit Hilfe der Regierung und unter den festen und behutsamen Händen des neuen Bürgermeisters Moshe Flieman, die Universität, für die Jugend des ganzen Nordens, von der syrischen und libanesischen Grenze bis südlich von Haifa eine Lehrstätte: Die Besten unter den Jungen von einer Million Israelis sollen hier studieren, man plant für 10000 Studenten. Ich hörte, vom Pro-Rektor Professor Benjamin Akzin zum ersten Mal, die Worte: «Wollen Sie uns helfen?» – ich wußte nicht, daß ich helfen konnte. Ich fürchte nur, daß ich es nicht im israelischen Rhythmus tun kann. Gestern rief Professor Akzin aus Genf an; er nahm dort an einer wissenschaftlichen Beratung teil; er erzählte von Gebäuden, die ich noch nicht gesehen hatte, von Studenten, die nach Haifa strömen. Ich war ja schon lange nicht in Israel. Mehrere Monate. Es ist viel geschehen. In München ist ein jüdisches Altersheim in die Luft geflogen. Wahrscheinlich Kinderunfug. Warum die übermütigen Kinder immer gerade jüdische Grabsteine umwerfen? Mordanschläge und Flugzeugentführungen der Palästinenser in München, Zürich, London. Die israelische Schauspielerin Hannah Maron verliert ein Bein. Bonn, Bern, London liefern überführte Mörder aus. Israel wird in den Vereinten Nationen verurteilt. Terroristenführer Dr. George Habbasch empfängt einen deutschen Korrespondenten: «*Wir wünschen uns den dritten Weltkrieg.*» Waffenstillstand. Journalistisches Klischee: Am Suezkanal schweigen die Kanonen. Aus Gaza wird gemeldet: «*Zwei israelische Kinder, der siebenjährige Marc und der vierjährige Avigail Arroyo, wurden durch eine Terroristenbombe getötet. Ihre Mutter, Pretty, wurde schwer verletzt. Die Opfer wurden mit einem Hubschrauber nach Beersheba geflogen. Das Ehepaar, beide 30, war vor 18 Monaten aus England eingewandert.*» Die Araber wissen, wofür sie kämpfen. Der Direktor des Nationalen Zentrums für Palästinensische Studien in Beirut, Aniy Zayis, stellt fest, daß die Vorstellungen der arabischen Studenten von der Größe Palästinas zwischen 110 Quadratkilometern und 66 Millionen Quadratkilometern schwanken; viele halten die Knesset für einen Offiziersklub. Wir sitzen mit dem israelischen Botschafter beim Abendessen in Bern, als sich ein Reporter über seine Schulter beugt: «Monsieur l'Ambassadeur – Nasser est mort!» Terroristen dringen vom Libanon in Israel ein und nehmen mehrere Kibbuzim unter Feuer. Israel wird in den Vereinten Nationen verurteilt. Jerusalem meldet: «*Durch feindliche Aktionen, einschließlich Terrorakte, wurden im Jahre 1970 insgesamt 266 Personen getötet, davon 181 Soldaten, und 1516 verwundet, davon 625 Solda-*

ten.» Kairo wiederholt: Bedingungslose Rückgabe aller eroberten Gebiete! Der jordanische Sender es-Salt spielt im Programm «Blumenbouquet» neue Kinderlieder. Eines lautet: «*Ya Malik Hussein, führ deine Armee über das Wasser / und laß deine Vögel das Fleisch Israels fressen.*» Israel wird in den Vereinten Nationen verurteilt. Alltag in Israel. Wir werden ihn aus der Ferne erleben, aber nicht nur durch Zeitungen, aus Rundfunkberichten. Ein Brief von Abba Eban. Frau Wronsky schickt ein Buch; wir haben sie zufällig kennengelernt. Ihr einziger Sohn ist im Sechs-Tage-Krieg gefallen. Sie hatte ihn gerettet, vor den Deutschen, vor den Russen, ein Jahr war er alt. Sie hatte ihn über die Grenze geschmuggelt; vorher hatte er eine Morphiumspritze bekommen, damit er nicht schreit. Reuben Hecht ruft aus Basel an, er hat einen Stein mitgebracht, vom Berge Zion. Einer der Studenten, mit denen ich in Haifa diskutierte, schickt arabische Dokumente, sorgfältig übersetzt. Arthur Cohn, der Filmproduzent, bringt einen Eilath-Stein mit, aus den Minen des Königs Salomon. Arye Levavi, der israelische Botschafter in Bern – daß er ein großer Mathematiker ist, wundert uns nicht mehr –, Levavi und seine prächtige Frau Rika werden Freunde: Haben wir sie nicht schon immer gekannt? Israelischer Alltag – und der unsere. Warum ziehen sich die Juden nicht einfach zurück, es wäre doch alles in Ordnung? Träge Herzen, versteinerte Herzen, verfettete Herzen. Die Bikinis fallen, und die Ölpreise steigen. Oben ohne – das bezieht sich neuerdings aufs Gehirn. Israel ist zu nahe, wir sind in Gefahr, Israel ist zu weit, was geht es uns an?

Noch sind wir in Israel.

Jede Abreise ist hastig: Diese war es nicht. Als hätten wir die Zeit betrügen wollen. Wir saßen in der Hotelhalle, sagten nichts. In ein paar Stunden würden wir das Land verlassen, in dem die Entscheidung fällt. Entscheidung über Israel? Nicht nur über Israel. Im zweiten Psalm des ersten Buches fragt David: «*Warum toben die Völker und sinnen die Nationen vergebliche*

Dinge?» Zu Toben und vergeblichen Dingen werden die Nationen ermutigt werden, wenn die Gerechtigkeit weint, weil nur noch blöde Massen zählen und geölter Reichtum und mordende Raketen. Im sechzehnten Psalm rühmt David: «*Mein Los ist mir an lieblicher Stätte gefallen; ja mein Erbe gefällt mir wohl.*» Ist Israel nicht das geheime Vaterland aller, die an ein Vaterland glauben, die liebliche Stätte, wo den Erben noch das Erbe gefällt, wo die Generationen miteinander leben, nicht gegeneinander? Im achtundzwanzigsten Psalm ruft David: «*Dich rufe ich an, o Herr, mein Fels, denn bliebest du stille, so würde ich denen gleich, die zur Grube fahren.*» Und in Israel also wird es sich entscheiden, ob der Mann im braunen Hemd tatsächlich Urheber und Exekutor des Todesurteiles gegen die Juden gewesen ist oder ob die Welt, hätte sie dazu Gelegenheit gehabt, Schmiere gestanden hätte beim großen Verbrechen; ob sich die Welt tatsächlich mit Gram und Grauen abgewandt hat von den Mördern der Juden oder ob alles, was seitdem gesagt und getan wurde, Heuchelei war und Lippendienst, ob die Menschheit gelernt hat, sich zu schämen oder ob sie verharren will in Schamlosigkeit.

Ich mußte den Wagen früh zum Hafen bringen. Wir fuhren durch den heißen Mittag. Ich erzählte Licci eine Familiengeschichte; sie hatte sie hundertmal gehört. Nachdem ich aus Kriegsgefangenschaft entkommen war, pflegte meine Mutter von der schweren Zeit zu sprechen, die sie mitgemacht hatte; monatelang waren meine Eltern ohne Nachricht gewesen. Freunde, welche dieselbe Geschichte oft genug über sich hatten ergehen lassen, sagten: «Schließlich war er ja in Gefangenschaft – nicht du.» Und sie sagte: «Aber er hat ja immer gewußt, wo er war.» Licci verstand. Die Menschen, an denen wir jetzt vorbeifuhren, vom Berg Karmel steil abwärts zum Hafen, würden immer wissen, wo sie sind. Der junge Mann, der einen Kinderwagen schiebt, eine Frau in Uniform geht neben ihm, der alte Araber, der einen Polizisten nach dem Weg fragt, die

Frau mit der Einkaufstasche, ich glaube sie zu kennen, der Briefträger, der ein Lied vor sich herträllert, der Gepäckträger, der mit einem Papageienkäfig auf den Hafen zugeht. Sie werden wissen, wo sie sind – aber wo werden sie sein? Golda Meir, Israels guter Geist in böser Stunde, hat es ausgesprochen, mit einer Familiengeschichte: «*Ich denke manchmal an den letzten Rat meiner Schwester, als ich von Zuhause davonlief. ‹Das wichtigste ist›, sagte sie mir, ‹nie in Erregung zu geraten, ruhig zu bleiben und kühl zu handeln ... Sei tapfer!› Das war der Rat, als es hieß, von Zuhause fortzulaufen. Jetzt aber ist es der Rat, zu Hause zu bleiben. Wir sind heimgekehrt. Wir sind entschlossen zu bleiben und, um zu bleiben, werden wir kämpfen bis zum Tod. Und wir werden siegen, weil wir eine geheime Waffe haben: Wir haben keine Wahl.*» David und Goliath: immer dasselbe.

Als die Enotria im Hafen von Haifa angelegt hatte, vor wenigen Wochen, hatten wir ängstlich Ausschau gehalten nach den Kieslers, den einzigen israelischen Freunden. Wie wäre es gewesen, wenn Karl damals nicht angerufen hätte, in Ascona? Und wenn er und Ilse nicht über alle unsere Schritte gewacht hätten, in «ihrem» Israel? Nun waren sie wieder da, bei der Abschiedsparty auf der Enotria, mit den Söhnen und den Schwiegertöchtern, aber Dutzende waren da, Schriftsteller und Journalisten und Universitätsprofessoren und die Vertreter der Hafenbehörde und die Vertreter der Stadt und Shaul Kariv und die Hechts und Freunde, die keine Funktion haben, nur Freunde.

Zwei oder dreimal, während im Salon der Enotria die Gläser klirrten, ging ich hinaus und lehnte mich an die Reling. Schiffe im Hafen haben etwas von gefesselten Gefangenen am Tag vor ihrer Entlassung; selbst riesige Städte und Häfen wirken vom Bord solcher Schiffe wie Gefängnisse, das Schiff rüttelt an seinen Seilen, will hinaus in die See, in die Freiheit. Dies, das gleiche, hatte ich immer empfunden, in New York und in Cherbourg, in Lissabon und in Oran. Jetzt wünschte ich, die Seile würden widerstehen, würden sich nie lockern, würden das Schiff festhalten am Festland. Es gibt Länder, die sind so frei wie das Meer. Ein Leben lang hatte ich empfunden, daß Abschiednehmen nicht schwer ist, leichter als Abschiedgeben – wer wegfährt, fährt ins Volle, wer zurückbleibt, bleibt in der Leere. Jetzt war das nicht mehr so sicher. Ich blickte hinab auf die Geschäftigkeit des Hafens und empor zu der Ruhe der Stadt, und ich dachte an den rothaarigen Lehrer in Kiryat Bialik, der den Kindern beibringt, daß sie nicht lügen dürfen, und an die Pionierfrau in Beersheba, die so stolz ist auf einen neuen Fahrstuhl, und an Hauptmann Boros, den man vielleicht heute früh wieder von seinem Kaffee an die Front gerufen hat, und an Rouget de Lisle, der keine Obszönitäten sehen will, und an Zeira, der sich beeilen muß, um den nächsten Fremden die Ruinen von Kapernaum zu zeigen. Ich dachte: Wo mag Isaak Garfinkel sein? Wo immer er ist, Isaak Garfinkel fürchtet keinen Zollbeamten mehr. Ich beneidete sie, weil sie bleiben durften, zu Hause, in einer Heimat, in der ihre Träume Wirklichkeit werden und in der sie glauben können an die Vergangenheit, von der ich kleinmütig dachte, daß sie vergangen ist, und an eine heile Welt, an die zu glauben ich mich geschämt hatte. Ich beneidete sie, und ich hatte Angst um sie. Ich hatte oft Angst empfunden um einen Freund, um eine Frau, um ein Kind, ich wollte nicht wegfahren, weil ich fürchtete, sie aus der Ferne nicht beschützen zu können, und nun hatte ich Angst um ein ganzes Volk, obwohl ich wußte, daß es meines Schutzes nicht bedarf, daß es, wer weiß, mich beschützen würde. Die Motoren rüttelten am Schiff, die Seile knarrten, die Gläser klirrten.

Die Gäste mußten ans Land. Ein violetter Abend senkte sich über Haifa. Keiner der Freunde verließ den Hafen. Licci hatte meinen Arm genommen, ich fühlte, wie sich ihre schönen kleinen Hände in meinen Arm verkrampften. Und wir hatten doch Israel nur einen Besuch abstatten wollen!

Dann sahen wir nur noch die winkenden Hände, die flatternden Taschentücher. Wir sahen sie noch lange, ohne ein Fernglas. Es muß eine optische Täuschung gewesen sein, die weiße Stadt im Abendnebel wurde immer kleiner, und die winkenden Hände wurden nicht kleiner. Eine Täuschung. Schon lange mußte die Enotria ihre Seile eingezogen haben. Und es war doch so, als läge unser Schiff noch immer im Hafen. Als blieben wir gebunden an Israel.

Zwei Jahre später

Bei Golda Meir

Zwei Jahre sind vergangen. Seit zehn Tagen wieder in Israel.

Dienstag, der 9. Mai, zwanzig Uhr. Vor wenigen Stunden ist die Aktion gegen die arabischen Terroristen, welche die Boeing 707 der Sabena in die Luft zu sprengen drohten, erfolgreich abgeschlossen worden.

Ich hatte den ganzen Tag auf die Absage aus dem Büro der Ministerpräsidentin gewartet. Golda Meir hat in der vergangenen Nacht zwei Stunden geschlafen. Seit dem Morgengrauen ist die Vierundsiebzigjährige auf den Beinen.

Daß die Ministerpräsidentin nicht absagen würde – ich hätte es wissen sollen. Als ich um zehn Uhr früh mein Hotel in Jerusalem verließ – noch waren das Flugzeug und 91 Menschenleben in den Händen der Araber – antwortete mir Zeira, der sich mir wieder angeschlossen hatte, auf meine erregten Fragen: «Dayan hat das Kommando übernommen. In vierundzwanzig Stunden werden die Terroristen tot und die Passagiere frei sein.» Ähnlich sprachen alle, denen ich an diesem Morgen begegnete. Kalter Zorn und unbedingtes Vertrauen waren die Stimmung Israels. Niemand erwog, daß man den Forderungen der Luftpiraten nachgeben könnte. Der Apotheker, den ich besuchte, sagte: «Für Ultimaten sind wir taub.» Die Ministerpräsidentin handelte, wie das Land dachte. Terroristen können den israelischen Kalender nicht ändern.

In dem einfachen, schönen Zimmer, holzgetäfelt, eher Studierzimmer als Empfangsraum, kommt uns Golda Meir lächelnd entgegen. Fernsehen und Fotografien geben ein falsches Bild. Sie ist weder die «jüdische Mamme», als welche sentimentale Chronisten sie darzustellen lieben, noch der «einzige Mann im Kabinett», wie man einst zu spotten pflegte. In dem weinroten Kleid mit der langen Bernsteinkette wahrscheinlich die letzte große Dame in einer Zeit ohne Damen, weise ohne Resignation, energisch ohne Brutalität, selbstbewußt ohne Hochmut, würdig ohne Pose. Das Gesicht der Propheten – warum sollte es keine weiblichen Propheten geben? Die Hände – sie raucht ohne Unterlaß – sind von ungewöhnlicher Schönheit, Greco-Hände, zart und kräftig: Zärtlichkeit, wenn man darf, Kraft, wenn man muß. Manchmal faltet sie die Arme, stützt sie auf die Tischplatte, das geschieht in Gesprächspausen, eine beinahe buddhistische Geste der Nachdenklichkeit.
Das Gespräch beginnt mit den Ereignissen des Tages, mit dem Attentat in Lod; mit Stolz und Liebe spricht sie von den Soldaten, doch von einem spricht sie mit besonderem Stolz, von jenem, der einer der beiden Terroristinnen die Handgranate aus der Hand gewunden, aber die junge Frau nicht erschossen hat. Was hätte sie gesagt, wenn es anders gekommen wäre? Wahrscheinlich nichts. Ich habe viele gute Frauen gekannt, aber die waren eben nur gut, es ist leicht, gut zu sein, wenn man keinen Schießbefehl geben muß.
«Sehen Sie», sagt sie, «das ist der wesentliche Unterschied zwischen uns und unseren Gegnern. Die Achtung des Menschenlebens.»
Das ist eine Anspielung auf Sadat, der in seiner jüngsten Rede gesagt hat, es würden im nächsten Krieg vielleicht eine Million Ägypter, aber auch eine Million Israelis sterben. Eine Million seiner eigenen Landsleute abgeschrieben, ganz einfach. Israel hat keine Million Soldaten. Also Krieg

gegen Frauen und Kinder. Also Krieg gegen die Existenz Israels.
Weder Optimismus, noch Pessimismus. «Warum sollte Israel, als erstes Land der Geschichte, Frieden schließen mit Leuten, die mit ihm nicht einmal sprechen wollen?»
Ich frage: «Kann das die Welt nicht verstehen?»
Golda Meir sieht die Schuld bei dem Respekt vor den Ölinteressen und dem mangelnden Respekt vor der Realität.
Als ich erwähne, daß auch der latente Antisemitismus eine Rolle spielen könnte, kommt eine Traurigkeit über ihre Augen, die nicht jüdisch sind, es sind traurige Augen.
«Das ist die größte Enttäuschung meines Lebens», sagt sie. «Ich war überzeugt, daß mit dem Zionismus der Antisemitismus aus der Welt verschwinden würde.»
Drei Tage vorher war sie aus Rumänien zurückgekehrt, Versuch des Brückenbaues. Sie verschweigt nicht, daß die Resultate mager sind. Eine ihrer dominierenden Eigenschaften tritt jetzt deutlich hervor, Humor – das hat die Verständigung so leicht gemacht –; sie berichtet, daß der rumänische Ministerpräsident versucht hat, sie bei der Eitelkeit zu pakken. Wenn sie jetzt Frieden machen würde mit den Arabern, hat er gesagt – vollständiger Rückzug, natürlich –, würde sie in die Geschichte eingehen. Sie sei ein armes jüdisches Mädchen gewesen, als sie vor vierundsiebzig Jahren in Kiew geboren wurde, hat sie ihm erwidert, ein armes jüdisches Mädchen sei neun Jahre später mit den Eltern nach Milwaukee ausgewandert, nun sei sie Ministerpräsident von Israel – und die Rumänen wollen ihr eine Eintrittskarte in die Geschichte verschaffen!
Und weil wir von dem Boykott gesprochen haben, auf den Ägypten zu verzichten nicht bereit ist, obwohl es sich um die Aufnahme in die EWG bemüht, deren Grundsätze jeden Boykott verbieten, sagt sie am Schluß lächelnd:
«Boykottieren Sie bei Ihrem nächsten Besuch nicht die

Ministerpräsidentin. Sollten Sie aber kommen, nachdem ich mich zurückgezogen habe, können wir das Gespräch ungestört bei einer Tasse Tee fortsetzen.»

Es ist neun, als wir gehen. Die Koffer sind im Wagen verstaut, wir müssen noch am selben Abend in Haifa sein. Zum letztenmal umweht uns die kühle Luft Jerusalems. Licci hatte am Vorabend, als die Nachricht vom Attentat in Lod bekannt wurde, einen Schwächeanfall erlitten. Sie öffnet das Fenster, atmet tief und sagt: «Ein Herz wacht über Jerusalem.»

Der Botschaftsrat, der uns begleitet, Aaron Lev – auch er ist unser Freund geworden – nickt. Er ist in Tel Aviv zu Hause und will dort aussteigen. Wir bieten ihm an, ihn in die Stadt zu bringen. Er lehnt ab. Am Stadtrand läßt er sich absetzen. Von dort würde er schon per Autostop nach Hause kommen...

Die Probleme Israels

Was hat sich seit meiner israelischen Reise geändert, seit 1970, was hat sich gewandelt zum Guten oder zum Schlechten; bedarf *Wie einst David* der Korrektur?

Ich verließ ein Land im Scheinkrieg, ich fand ein Land im Scheinfrieden. Zeira fährt jetzt mit seinen Gästen in jene Gebiete, welche die Israelis, je nach ihrer Einstellung, die «eroberten», die «verwalteten» oder die «heimgekehrten» nennen – von «besetzten» Gebieten spricht kaum jemand. Im Kibbuz Ma'agan haben sich die Kinder an den Tag gewöhnt. Der Terror ist nur noch eine Importware.

Die Befriedung Israels, und mag es sich auch nur um einen Scheinfrieden handeln, ist ein Phänomen der Intelligenz, die sich immer aus Milde und Energie zusammensetzt.

Die Produktion ist in den von den Israelis 1967 eroberten Gebieten von 32 Millionen Pfund im Jahr auf weit über 42 Millionen gestiegen. Außer im Gaza-Streifen, wo die Entwicklung etwas langsamer vor sich geht, ist die Zahl der Industriearbeiter von 12000 auf 15400 gestiegen. Während vor dem Sechs-Tage-Krieg nur rund 45 Prozent der arabischen Bevölkerung einem regelmäßigen Broterwerb nachging, sind es jetzt rund 62 Prozent. Etwa 50000 Araber, die in den verwalteten Gebieten leben, überqueren täglich die unsichtbare Grenze; sie haben dort weit bessere Verdienstmöglichkeiten. Im Durchschnitt verdient ein arabischer Arbeiter heute viermal so viel wie vor 1967, aber es ist auch keine Seltenheit, daß er zehn- oder zwanzigmal so viel verdient. Araber, die im «alten» Israel arbeiten, haben die gleichen sozialen Rechte wie die Juden. Es gibt arabische «Schwarzarbeiter», die täglich mit siebzig Pfund in der Tasche in ihre Dörfer heimkehren. Schwangere Frauen beziehen drei Monate lang vor ihrer Niederkunft ihren vollen Lohn.

Vorurteile gegen die Araber mußten Israelis nicht abbauen, weil die Juden Israels nie ernsthafte Vorurteile gegen die Araber hatten. Ich habe oft mit Verwunderung festgestellt, daß den meisten Sabres die Araber, mit denen sie aufgewachsen sind, näher stehen als ein europäischer oder amerikanischer Jude, der gerade in Israel eingetroffen ist. Davon sind auch die Palästinenser nicht ausgenommen. Im Gegenteil: Mit den palästinensischen Arabern, sofern es nicht Terroristen sind, verbindet die Israelis nicht nur ein gewisser Lokalpatriotismus, sie halten die Palästinenser auch für die intelligentesten Araber, sie nennen sie, halb neckisch, halb anerkennend «die Juden der arabischen Welt». Die Kontrolle der verwalteten Gebiete vollzieht sich im Stillen und möglichst ohne Härte – ein israelischer Sergeant, der einem arabischen Händler im Gaza-Streifen eine einzige Banane weggenommen hat, ist gerade zu 600 Pfund Strafe – sein ganzer Monatslohn – verurteilt worden.

Die Menschlichkeit gegenüber den Besiegten paart sich mit unerbittlicher Härte, wenn es um Terroristen geht. Beinahe

mit den gleichen Worten beschreiben mir Admiral Abraham Botzer und Brigadegeneral Shlomo Gazit, Chef der verwalteten Gebiete, die Anti-Guerilla-Strategie Israels. «Wir haben die Terroristen isoliert, das heißt, von der Bevölkerung der verwalteten Gebiete abgeschnitten.» General Gazit, wie die meisten hohen Militärs Israels ein junger Intellektueller, sagt: «Es gibt bei uns keine Todesstrafe, auch nicht für Terroristen. Zwischen Krieg und Besatzung muß es einen Unterschied geben. Wir unterscheiden auch zwischen dem zwanzigjährigen Wirrkopf, der eine Bombe wirft, und dem Fünfzigjährigen, der ihm Unterschlupf gewährt. Das Wort Revanche ist nicht hebräisch. Der junge Terrorist ist ein Einzelfall, wer ihn beherbergt, wird auch anderen helfen. Die Zerstörung von Häusern, in denen Terroristen Unterschlupf finden, hat sich bewährt.» Und auf meine Frage, ob denn in den Gefängnissen die Terroristen tatsächlich so schlecht behandelt werden, wie es gewisse internationale Organisationen behaupten: «Gefängnisse sind kein ‹Hilton›. Wir behandeln die gefangenen Terroristen wie Kriegsgefangene.» Weil aber die Araber in den verwalteten Gebieten Privilegien besitzen, von denen sie nie geträumt hätten, hat der Entzug von Privilegien nach Gewaltakten seine Wirkung nicht verfehlt.
Die israelische Politik gegenüber den Arabern ist im übrigen eine Politik auf lange Sicht. Kein Israeli gibt sich der Illusion hin, daß die Araber der verwalteten Gebiete nicht glücklich wären, in das «Mutterland» zurückzukehren. Sie genießen die materiellen Vorteile, die ihnen Israel bietet, beinahe abergläubisch respektieren sie die israelische Überlegenheit, aber an ihrem Haß hat sich nichts geändert, es gibt wenige unter ihnen, die ägyptische Eroberer nicht begeistert begrüßen würden. Auf der anderen Seite läßt sich das Rad des sozialen Fortschritts nicht zurückdrehen. Nicht nur General Gazit fragt sich, wie die arabischen Länder nach einer eventuellen Rückkehr gewisser Gebiete mit den Arabern fertigwerden

würden, die in fünf Jahren buchstäblich Jahrhunderte übersprungen haben. Der heimkehrende Araber ist ein potentieller Revolutionär.
Israel hat den Terror im Inneren besiegt, aber ich begegnete beim Wiedersehen mit Israel einem Araberproblem, das vor zwei Jahren kaum existiert hat. Es ist ein paradoxes Problem. Obwohl die Araber in den verwalteten Gebieten und im «alten» Israel besser leben als je zuvor, handelt es sich doch im allgemeinen um relativ billige Arbeitskräfte. Die Israelis, vermutlich das fleißigste Volk der Erde, sind plötzlich mit der Versuchung konfrontiert, es sich «bequemer» zu machen. Das hinwiederum bedroht den israelischen Sozialismus, ohne den Israel nicht Israel wäre. Mehr Israelis als vor zwei Jahren fürchten den Verlust ihres spezifischen Sozialismus.
Daran ist das Anwachsen der arabischen Bevölkerung nicht allein schuld. Da sich Sozialismus und Freiheit widersprechen, bedeutet Sozialismus in Freiheit – und das eben ist der israelische Sozialismus – den Beginn eines neuen Kapitalismus. Noch kann man nicht von einer kapitalistischen Entwicklung in Israel sprechen, aber die Entwicklung zu einem Volkskapitalismus vollzieht sich zu schnell. Nicht daß es Villen gibt am Strand von Herzlia, hat mich erschreckt, nur daß es so viele gibt, die es vor zwei Jahren nicht gab. Von einem «high life» ist Tel Aviv auch heute weit entfernt, aber die Unterschiede zwischen den neuen Wohnhäusern Tel Avivs und den puritanischen Siedlungen in der Provinz fallen ins Auge. Die Bodenspekulation hat bedenkliche Maße angenommen, beinahe täglich berichten die Zeitungen von Steuerhinterziehungen. Auf der anderen Seite wirkt die Offenheit, mit der Mißstände angeprangert werden, die Strenge, mit der die Regierung gegen sie vorgeht, beruhigend. Obwohl sich im sozialistischen Israel neun Zehntel des Bodens im Besitz des Staates und des Jüdischen Nationalfonds befindet, die Spekulationen also naturgemäß beschränkt sind und vornehmlich

von Ausländern betrieben werden, nehmen die Israelis diese Erscheinungen keineswegs gelassen zur Kenntnis: Hier wird nichts verschwiegen, das Schlechte am allerwenigsten. Der jüdische Masochismus ist eine Legende. Die jüdische Selbstkritik gehört zu Israel wie die Klagemauer.

Obwohl der Devisenbestand Israels eine unerwartete Höhe erreicht hat, befindet sich die israelische Wirtschaft in dauernden Schwierigkeiten. Die Löhne vermögen mit der inflationistischen Preissteigerung nicht immer Schritt zu halten, Lohnkämpfe stehen auf der Tagesordnung. Solange Israel gezwungen ist, fast 50 Prozent seiner Einnahmen für die Verteidigung zu verwenden, sind die Aussichten auf Besserung gering. Trotz sozialer Steuerbegünstigungen wächst die Unlust, Steuern bis zu einem Höchstsatz von 70 Prozent zu zahlen.

Indes wäre Israel nicht Israel, wenn es von menschlichen Problemen nicht tiefer beeindruckt wäre als von materiellen.

An der ersten Stelle dieser menschlichen Probleme steht eine Frage, die man sich 1970 noch kaum gestellt hat: Die der sowjetischen Einwanderer. Das Problem hat zwei Facetten. Ein beträchtlicher Teil der russischen Juden, die endlich das gelobte Land betreten haben, steht fassungslos vor der israelischen Freiheit. Das äußert sich nicht ideologisch, sondern praktisch. Die sowjetischen Juden sind keine Kommunisten – sie haben es nur schwer, sich an selbständiges Denken und Handeln zu gewöhnen. Wie die meisten Sowjetbürger ist ihnen die Leistungsgesellschaft fremd; sie erwarten vom Staat, daß er ihre Arbeit bestimmt und entlohnt. Verschafft die Regierung diesen Einwanderern den ersten, zweiten oder gar dritten «job», so äußern am Ende doch Direktoren in den staatlichen Unternehmungen, äußern private Unternehmer ihre Unzufriedenheit mit den Einwanderern. Man sieht in israelischen Geschäften Frauen sowjetischer Juden, die ratlos

herumstehen – daß beinahe alles vorhanden, nichts zugeteilt ist, verwirrt sie vollends. Die Israelis, ihrerseits, sind ungeduldig mit ihrer eigenen Ungeduld. Sie haben die Brüder aus der Sowjetunion nicht mit der Selbstverständlichkeit empfangen, mit denen sie anderen «Olejs» die Arme öffneten, und nun leiden sie unter ihrer eigenen Schwäche.
Dennoch glaubt kein Israeli, daß man dieses Problem nicht lösen könnte. Vor zwei Jahren sprach man mit der gleichen Sorge von den afrikanischen Juden. Israel hat das Problem dieser «unterentwickelten» Juden in zwei Jahren nicht gelöst, aber die «Schwarzen Panther», die man damals fürchtete, bilden nur noch eine verschwindende Minderheit. Die kluge Bildungspolitik Israels – an der neuen Universität Haifa gibt es 400 «unterentwickelte» Studenten, acht Prozent der Hörer, die in Kursen von einem Jahr auf das Niveau ihrer Kommilitonen gebracht werden –, Liebe und Härte haben die linksextremistische Propaganda beinahe vollständig gelähmt.
Ähnlich verhält es sich mit der israelischen Jugend. Meine Befürchtungen, die israelischen Studenten könnten sich, wenn die Bedrohung von außen auch nur für kurze Zeit nachläßt, der revolutionären Jugend Europas oder Amerikas anpassen, haben sich nicht bewahrheitet. Als ich diesmal die sich rapid entwickelnde, überaus fortschrittliche Universität von Haifa besuchte, fand gerade ein eintägiger Streik statt. Die Studenten protestierten gegen die gewaltige Erhöhung des Schulgeldes – ein demokratischer und nicht unbegründeter Protest ohne ideologischen Charakter. Israels Studenten wollen mehr und schneller lernen, nicht weniger und langsamer. Ich beginne zu glauben, daß der Frieden Israel so wenig zu zerstören vermag, wie es der Krieg nicht zerstört hat.
«Probleme werden nicht gelöst, sie erledigen sich», sagte mir Kommunikationsminister Shimon Peres, einer der bedeutendsten Köpfe und einer der kommenden Männer Israels. Der einzige Beweis für die Zukunft ist die Vergangenheit.

Beinahe ein Vierteljahrhundert ständiger Bewährung liegt hinter den Israelis, viertausend Jahre der Bewährung liegen hinter dem jüdischen Volk. «Vielleicht», sagte Peres, der, wie die meisten Israelis, geschichtlich denkt, «werden wir mit unseren Problemen fertig, weil wir nicht zu den ‹apologetic countries› gehören. Es gibt zwei Arten von Ländern – die ‹apologetic countries›, die sich unentwegt für ihre Taten und ihre Vergangenheit entschuldigen zu müssen glauben – und die anderen, die ein gutes Gewissen haben.»
Israel hat ein gutes Gewissen.

Ganz das eigene Image

Erste Begegnungen mit berühmten Leuten sind immer überraschend – weil sie dem Bild ähneln, das man sich von ihnen gemacht hat, oder weil sie ganz anders sind.
War das Treffen mit Golda Meir überraschend, weil das «image» der «eisernen Dame» nicht zu ihr paßt, so war das überraschendste an General Dayan die Identität zwischen Bild und Wirklichkeit.
Er war in ausgezeichneter Stimmung. Als ich mich entschuldigte, weil ich Licci, ohne seine Erlaubnis einzuholen, mitgebracht hatte, sagte er lachend: «Selbstverständlich» – es war nicht klar, ob die Erlaubnis selbstverständlich war oder Liccis Wunsch, ihn zu sehen. Es heißt, daß die Frauen «blind» Moshe Dayan wählen.
Der mittelgroße Mann im offenen Uniformhemd ohne Rangabzeichen, der im Drehstuhl hinter seinem leergeräumten Schreibtisch saß – seit seinem Unfall bei einer Ausgrabung ist Dayan nie ohne Schmerzen, er beschafft sich Bewegung, auch im Drehstuhl, aber das erkennt man erst mit der Zeit, er windet sich nicht, der Drehstuhl bewegt sich –, Dayan erinnerte mich an einen der Schulkameraden, den wir alle

kennen: der natürliche Führer der Klasse. Sein rauher Charme verbindet sich mit unerschütterlicher Ruhe, seine Männlichkeit mit Selbstironie. Und dabei ist er ein Jude, und das heißt, daß er vom täglichen Rendezvous mit der Geschichte immer zum Rendezvous mit der Vergangenheit zurückkehrt. Da der «Schulkamerad», bei aller Jugendlichkeit, ein Jude ist, ist er alt.

Tausende Jahre jüdischer Weisheit, auch wenn er von den brennendsten Problemen der Stunde spricht, vom Vietnam-Krieg und vom Nahost-Konflikt. Er glaube nicht, sagte er, an eine direkte Konfrontation der Supermächte, weder in Vietnam noch im Nahen Osten. Er gebrauchte die Ausdrücke «Käufer» und «Verkäufer». Kleinere Länder sollten nicht die Intervention der Supermächte verlangen, nicht mit ihnen rechnen und auf sie spekulieren – man habe es im indisch-pakistanischen Konflikt gesehen: «Kleine Länder müssen sich auf sich selbst verlassen – die großen sind Verkäufer, die kleinen Käufer», das sei der Sinn der modernen Bündnisse. Da er seiner Armee vertraut, vertraut er auch den Amerikanern. Ihre «Prestigeverluste», die ich erwähnte, fegte er mit einer Geste seiner starken bäurischen Hand vom Tisch. Vermutlich zog er wieder einmal die Bilanz der Vergangenheit, als er sagte, Prestigegewinn und Prestigeverlust seien Erscheinungen des Augenblicks, die an den wahren Machtverhältnissen nichts oder wenig ändern.

Es fällt der Welt schwer, Dayan zu verstehen, weil es ihr schwerfällt, sich vom jahrhundertealten Bild des Juden zu trennen. Dayan ist ein Sabre. Er denkt daran, was Israel frommt, fragt sich nicht, ob die Juden der Welt gefallen. Wenn ich ihn malen sollte, würde ich auf die Farbe der Komplexe verzichten. «Wer hier geboren wurde», sagte er, «fühlte sich nie unterdrückt.»

Sprach er von seinen Sorgen, waren es die inneren Sorgen Israels – «Die Araber? Nun, wir warten eben, bis sie mit uns verhandeln» –: Es betrübte ihn, daß die Einwanderer aus der Sowjetunion nicht immer mit offenen Armen aufgenommen werden, das widerspricht der israelischen Tradition.

Das war Gelegenheit, von meinen eigenen Sorgen zu sprechen. Anders als vor zwei Jahren hatte ich diesmal eine gewisse «complecency» empfunden, eine, wer weiß, trügerische Sicherheit, sei es, daß die Israelis nicht an einen neuen Krieg glauben, sei es, daß sie ihren Sieg in einem neuen Treffen escomptieren.

Der General schüttelte den Kopf. «Warum sollte das Volk ständig mit dem Krieg leben? Es genügt, wenn wir» – er meinte die Regierung und die Armee – «wachsam sind. An dem Bewußtsein, daß unsere Existenz ständig in Gefahr ist – und an der Einigkeit, wenn sich die Gefahr akzentuiert – hat sich nichts geändert.»

«Gilt das auch für die Jugend?»

«Für die Jugend ganz besonders. Wir wissen nach wie vor nicht, was wir mit der übergroßen Zahl von Freiwilligen – bei den Fallschirmjägern und Froschmännern etwa – anfangen sollen.»

Ich erzählte ihm von den kriegerischen Tönen, die ich in einem Gespräch mit einem arabischen Führer in dem verwalteten Teil Jordaniens geführt hatte. Er kannte den Mann, Bürgermeister von Nablos. «Man muß nicht alles, was die Araber sagen, wörtlich nehmen. Sie lieben uns nicht, aber sie gewöhnen sich an uns.»

Heißt das, daß Israel nicht bereit ist, über die Abtretung gewisser Gebiete zu verhandeln? Er wiederholte, was Golda Meir gesagt hatte: Israels Friedensbeitrag seien direkte, gleichberechtigte Verhandlungen mit Ägypten.

Beim Abschied wagte ich eine persönliche Frage. «Es ist merkwürdig», sagte ich, «einer Legende zu begegnen. Wie fühlt man sich – als Legende?»

«Ganz gut», sagte Dayan.

Weil aber Dayan, als er von den Arabern gesprochen hatte, immer nur Ägypten gemeint hatte, knüpfte ich im Gespräch mit Generalleutnant David Elazar hier an.
Wie sein Vorgänger Bar-Lev stammt der siebenundvierzigjährige Generalstabschef, Infanterist, Fallschirmjäger und Panzergeneral, aus Jugoslawien. Er hat im Sechs-Tage-Krieg die Golan-Höhen erobert. Wie sein Vorgänger ist auch der General, der, ungemein attraktiv, ebensogut ein jugoslawischer General sein könnte, ein Intellektueller; er hat an der Hebrew University Volkswirtschaft studiert. Er hatte mehrere seiner Obersten um sich versammelt und beantwortete meine Fragen mit jener sicheren Offenheit, welche die israelischen Militärs auszeichnet.
Ja, das von den Russen aufgerüstete Ägypten sei der einzige Feind, mit dem man ernstlich rechnen müsse, die anderen arabischen Länder hätten in einem neuen Krieg höchstens «nuisance value».
Über die «complecency» der Bevölkerung war er anderer Meinung als Dayan, manche Israelis scheinen zu vergessen, daß sich das Land im Krieg befindet. Auf die Armee und die Jugend bezöge sich das aber keineswegs. Die «neue Linke» sei eine winzige Minderheit, es lohne sich kaum noch, sich mit ihr zu beschäftigen.
«Wie steht es mit den Kriegsdienstverweigerern?» fragte ich.
Ach ja, sagte der General, da gäbe es einen jungen Mann in Tel Aviv – er nannte Namen, Adresse, Familienverhältnisse.
Ich sagte: «Wissen Sie eigentlich, daß Sie der glücklichste Generalstabschef der Welt sind?»
«Warum?»
«Sie kennen den einzigen Kriegsdienstverweigerer beim Namen.»
Einer der Obersten warf ein: «Es gibt deren vier.»

Ein anderer: «Es gab vier. Drei haben wir unterdessen überzeugt.»
Es ist schwer, in Israel kein Optimist zu sein.
Da ich aber eher zum Pessimismus neige, fragte ich, ob der General eine direkte sowjetische Intervention für möglich halte.
Die Russen, meinte er, wissen, daß Israel auch einer sowjetischen Intervention Widerstand leisten würde; überdies sei es unwahrscheinlich, daß sie es riskieren würden, einen dritten Weltkrieg heraufzubeschwören. Denkbar sei es indes, daß bei einer neuen Konfrontation sowjetische Piloten aufsteigen würden. «Wir werden sie dann eben abschießen.»
Er sagte das ruhig, ohne Arroganz, mit der Selbstsicherheit eines Mannes, der nicht provozieren möchte, aber der Provokation zu widerstehen entschlossen ist.
Auch bei ihm stellte ich eine persönliche Frage – wie es nämlich komme, daß er, als Panzergeneral, das Fallschirmjägerabzeichen trage.
«Wir haben eine kleine Armee», sagte er, «man muß mehr als bloß eine Sache können.»
Das gleiche hatte ich am Vortag auf einem der in Cherbourg befreiten Kanonenboote mit den vielbeneideten und nie erreichten «Gabriel»-Raketen erfahren: Jeder Marineoffizier, jeder Matrose ist in drei Spezialitäten ausgebildet – der Koch kann eine Kanone oder ein Radargerät bedienen.
Als ich den Generalstabschef verließ, dachte ich nicht, daß mich ein Erlebnis erwartete, vielleicht ebenso groß wie die Begegnung mit David Elazar.
Der Pressesprecher des Generals, ein junger Oberstleutnant, übrigens Jemenite, begleitete mich. Wir sprachen von seiner Familie. Er habe ein «ernstes Problem», sagte er, es betreffe eine seiner Töchter, neun Jahre alt. Das Mädchen sei vor einigen Wochen vom Lehrer bestraft worden. Immer wenn es an einem der im Schulkorridor aufgestellten Blumentöpfe

vorbeiging, habe es ein Blättchen abgerissen. Strafe: dreißig Agorot. Das Mädchen habe wegen der «Ungerechtigkeit» protestiert. Die diplomatischen Verhandlungen zwischen Schule, Elternhaus und Schülerin währten nun schon geraume Zeit. Was denn an der Sache so kompliziert sei? Die Gerechtigkeit, die ist immer kompliziert. Einerseits haben, was die Tochter des Oberstleutnants tat, auch andere Kinder getan. Dreißig Agorot seien eine hohe Strafe, fast das ganze wöchentliche Taschengeld. Wo käme man anderseits hin, wenn die «Tat» ungestraft bliebe – sie wären bald weg, die schönen Blumen. Der Vater geht zum Lehrer, der Lehrer kommt ins Haus. Noch weiß der Vater nicht, wie die Verhandlungen ausgehen. Ich aber lerne, wie immer in Israel. Der Vater ist kein altmodisch-autoritärer Vater, der sagt: Der Herr Lehrer hat recht. Er ist kein modisch-antiautoritärer Vater, der sagt: Das Kind hat recht. Das Kind beugt sich nicht bedingungslos dem Befehl des Lehrers. Es lehnt den Befehl des Lehrers nicht bedingungslos ab. Und der Pressesprecher des Generalstabschefs, der noch einiges zu tun hat, hält es für lohnend, einer Strafe von dreißig Agorot wegen, Stunden mit Kind und Lehrer zu verbringen. Weil es sich auch bei dreißig Agorot um das handeln kann, was Moses vom Berge Sinai verkündete. Um Gerechtigkeit.

Israelische Geheimnisse

Israel revisited – und man könnte ein zweites Buch schreiben. Die Geheimnisse dieses Landes sind unerschöpflich wie die Minen des König Salomon.

Einige Bilder haften im Gedächtnis.

Nach dem Abendessen, gegen elf Uhr, fahren wir noch einmal in die Altstadt Jerusalems. Die Stille ist groß. Im verhallten Lärm die ganze Schönheit der goldenen Stadt. Aus der Ferne, allmählich anschwellend, singendes Gebet. Da ist die Klagemauer, beleuchtet, mahnende Ruinengewalt. Eine schwarze Masse Menschen. Hunderte müssen es sein, vielleicht sind es tausend, Männer im Kaftan, schwarze Rundhüte auf den Köpfen, schwarze Frauen mit bedeckten Häuptern; sie neigen sich und wiegen sich, richten sich auf, im gleichmäßigen Rhythmus bewegen sich die Körper. Jetzt nur die Stimme des Vorbeters. Jetzt wieder der hundertfältige Chor. Stille, Lärm, Stille. Unser Begleiter erkundigt sich: In einem Vorort von Tel Aviv, sagt man ihm, liegt der Rabbiner schwer krank, morgen früh wird er operiert. In Autobussen sind die Bürger der Stadt aufgebrochen, die ganze Nacht – es ist eisig kalt – werden sie vor der Klagemauer stehen, werden sie für ihren Seelsorger beten. Das Gebet ist ekstatisch. Aber das ist es eben, daß es ekstatisch ist und diszipliniert zugleich. Alle Körper stehen still, wenn die Stimme des Vorbeters erklingt, alle Stimmen verstummen; alle Stimmen erheben sich, alle Körper bewegen sich, wenn er geendet hat. Disziplin in Ekstase, Ekstase in Disziplin – ein Geheimnis Israels?

Ich fliege im Sandsturm an den Suez-Kanal. Vom Flugfeld in der Wüste geht es über Stock und Stein. Die supermodernen Befestigungen der Bar-Lev-Linie. Vor den Bunkern spielt ein Hauptmann Korbball mit seinen Soldaten, die Maschinenpistolen griffbereit. Elektronische Abwehr gegen die sowjetischen SAM-Raketen, deren Stellungen mit freiem Auge leicht sichtbar sind, sechzig Meter von hier, auf der ägyptischen Seite des Kanals. In den Tiefen der Befestigung enge Schlafstätten – die Offiziere schlafen mit der Truppe –, aber Luftkühlanlagen und Radio. Eine Stunde am Morgen und eine Stunde am Abend können die Soldaten, natürlich ohne Bezahlung, mit Mama telefonieren. Oder mit ihren Frauen, oder mit ihren Freundinnen. Jeden Tag wird ein anderer Film vorgeführt. Einmal in der Woche kommt ein Professor einer israelischen Universität und hält Vorträge. Kein einziges Bild

eines nackten Mädchens an den Wänden: Zwei Soldaten, Studenten im Hauptberuf, prüfen sich in Mathematik. Auf einem der Bettgestelle sitzt ein Junge, blickt nicht auf. Auf dem Kopf die Jarmolka, auf den nackten, muskulösen Armen der Gebetriemen. Neben sich die Maschinenpistole. Glauben heißt hier nicht Verzicht. Immer noch liegt eine sanfte Hand über Israel. Ist die heile Welt das Geheimnis Israels?
Nachmittag Tee beim Bürgermeister von Jerusalem, Teddy Kollek. Eine schlichte Bürgerwohnung – mit herrlichen Stükken von Ausgrabungen. Prominente Gäste, in Hemdsärmeln. Keine Hausgehilfin, eine Freundin der Hausfrau hilft ihr, die Brötchen herumzureichen. Teddy Kollek wird mindestens zehnmal ans Telefon gerufen. Der Bürgermeister hat *Wie einst David* gelesen, macht mir Vorwürfe ob meines Pessimismus. Es herrscht Ruhe in Jerusalem, das Leben geht weiter, Zwischenfälle wie vor zwei Jahren ereignen sich kaum noch. Auch die Proteste gegen das Wohnbauprogramm des Bürgermeisters haben sich beruhigt. Ich habe am Vormittag die neuen Bauten besichtigt. Sie erheben sich weit am Horizont, stören nicht die Skyline der ewigen Stadt. Es sind moderne Bauten, aber sie sehen aus, als hätten sie schon immer zu Jerusalem gehört; man hat alte Steine verwendet, beinahe biblische Architektur. Ich denke an eine Anekdote, die man in Israel gern erzählt. Am Ende des neunzehnten Jahrhunderts gelang es einem polnischen Zionisten, der «zu Hause» den Gang nach Erez Israel gepredigt hatte, aber selbst nie in Palästina war, endlich die Reise ins Land der Hoffnung. Zu arm, seine Frau mitzunehmen, schrieb er ihr nach einiger Zeit einen ausführlichen Bericht. Er begann mit den Worten: «Weißt du, liebe Sali, was mich am meisten überrascht hat? Denk dir – alles, was ich gelogen habe, ist wahr.»

Mein teurer Freund Reuben Hecht hat die Begegnung mit dem Führer der zweitgrößten Partei des Landes, der oppositionellen Gahal-Partei, Menachem Begin, arrangiert. Wir essen in einem Sonderzimmer der Knesset. Neben Begin und dessen Frau sind der ehemalige Minister Landau, der zusammen mit Begin 1970 die Regierung verließ, und Reuben Hecht anwesend.

Das ist eine andere Atmosphäre, als sie Begin in seinem großartigen Buch *The Revolt* beschreibt, als er das Treffen im Finsteren mit Arthur Koestler schildert. Begin war, nachdem er von den Sowjets vier Jahre in Sibirien eingekerkert worden war, einer der bedeutendsten, einer der tapfersten Irgun-Rebellen. Es gibt viele, die ihn in Israel bekämpfen. Es gibt niemand, der ihn nicht bewundert.

Sagte ich, die Atmosphäre sei heute anders als in jenen Tagen, da Arthur Koestler den Untergrundkämpfer, der sich damals Israel Sassover nannte, im Geheimen traf? Am weißgedeckten Tisch des Knesset-Speisezimmers sitzend, wo ein reizendes Mädchen Blinis serviert, könnte man es annehmen. Aber Landau erhebt sich immer wieder, um sich nach den neuesten Meldungen zu erkundigen: Arabische Rebellen haben in Lod ein Passagierflugzeug in der Hand. Frieden in Israel? Man ist noch weit davon entfernt.

«Bis auf einen Zwischenfall – die Täter wurden streng bestraft – hat die Irgun nie gegen Frauen und Kinder, nie gegen Unschuldige gekämpft», sagt Begin. Er leidet unter den ungerechten Vergleichen zwischen der jüdischen Befreiungsarmee und den palästinensischen Terroristen.

Man glaubt ihm, daß er leidet. Man glaubt ihm jedes Wort. Er ist ein magerer Mann, ganz aus Draht, ein Gelehrtenkopf von durchdringender Klugheit, die brennenden Augen haben das Gesicht jung erhalten. Er ist, auch in dem nicht neuen

Anzug, korrekt gekleidet, sorgfältiger als die meisten Israelis, er sitzt aufrecht, beinahe so aufrecht, als trüge er ein Korsett: ein Mensch, der sich im Zaum hält, weil er weiß, daß er, hielte er sich nicht im Zaum, ausbrechen würde.

Seit Begin im August 1970, als die Regierung dazu neigte, die amerikanische Friedensinitiative zu akzeptieren, auf seinen Ministerposten verzichtete, gilt er als «Falke», und weil man weder in Europa noch in Amerika so recht weiß, was ein «Falke» ist, nennt man ihn auch einen Rechtsextremisten.

Beide Bezeichnungen sind falsch. Begin denkt nicht an eine Expansion Israels; er ist überzeugt, daß die Grenzen des heutigen Israel, des Israel nach dem Sechs-Tage-Krieg, die einzigen sind, die das Land der Juden zu verteidigen vermag. Wird man diese Grenzen wieder verteidigen müssen? «Kein Araber hat sich je mit der Existenz Israels abgefunden», sagt Begin. «Alles andere ist pure Illusion.»

Die Weltöffentlichkeit? «Die Weltöffentlichkeit wird sich mit Israel und Israel mit der Weltöffentlichkeit abfinden müssen.» Er bestreitet nicht das Recht der «echten» Palästinenser, auf dem Boden Palästinas zu leben, aber Israel ist jüdisches Land – es wurde nicht «besetzt», es ist heimgekehrt.

Wenn dem asketischen Mann – auch seine Gegner bestätigen, daß er bescheidener lebt als irgendein kleiner Beamter – vorgeworfen wird, er verfolge «kapitalistische» Absichten, kann Begin nur lächeln. Zuviel Besitz befände sich in staatlicher Hand, meint er, die Privatinitiative sei zurückgedrängt, dem Individuum seien keine genügenden Möglichkeiten gegeben – «unserem Volk entspricht der Individualismus, nicht die Bevormundung.» Rechts oder links? «Das sind veraltete Begriffe. Die Frage ist, ob wir diese Gesellschaft aufbauend und reformierend erhalten, oder ihrer systematischen Zerstörung zusehen wollen.»

In der siebenten Knesset besitzt der Herut-Liberale Block, wie die «Gahal» offiziell heißt, 26 von 120 Mandaten. Das Merkwürdige ist, daß man in Gesprächen mit Israelis den Eindruck gewinnt, neunzig von hundert teilten auf außenpolitischem Gebiet die Meinung des Oppositionsführers, mindestens fünfzig von hundert stimmten ihm auch sonst zu. Das heißt keineswegs, daß Menachem Begin Aussicht hat, an die Regierung zu gelangen. Ein politisch reifes Volk weiß, wer ihm in der Regierung, wer ihm in der Opposition am besten dient.

Tausendundeine Nacht

Habe ich zu wenig mit Arabern gesprochen?
Ich fahre nach Nablus im «besetzten» West-Jordanien. Nablus, mit rund 44000 arabischen Einwohnern, war jahrelang das Hauptquartier der palästinensischen Terroristen. Heute erinnert in der farbfrohen Stadt, ein ewiger Markt, nur das festungsartige, von den Engländern gebaute Terroristengefängnis am Stadtrand an die Tage des Zermürbungskrieges.
Der Schein trügt. Obwohl ich von einem perfekt arabisch sprechenden Botschaftsrat des Außenministeriums begleitet werde, äußert sich der Bürgermeister, Haj Nazzuz al-Masri, mit Hilfe seines eigenen Dolmetschers in bitteren Worten über die Israelis.
Er ist ein gutaussehender, elegant gekleideter grauhaariger Mann, der von seinen Untergebenen devot mit «Exzellenz» angesprochen wird. Da er bei den west-jordanischen Wahlen gerade wiedergewählt wurde – die Araber haben acht von zwölf Bürgermeistern nicht noch einmal gewählt –, beginnt das Gespräch mit den Wahlen.
«Wir haben sie nicht gewollt», sagt Haj Nazzuz al-Masri. «Die Israelis haben uns dazu gezwungen.»

«Wie haben sie das getan?»
«Unsere Identitätskarten wurden abgestempelt.»
«Das geschieht, zur Vermeidung der Doppelwahl, auch bei Wahlen in Israel.»
Keine Antwort.
Ich frage: «Warum wollten Sie nicht wählen?»
«Unter der Besatzung gibt es keine Demokratie.»
«Wie hoch war die Wahlbeteiligung?»
«Rund vierundachtzig Prozent der Wahlberechtigten gingen an die Urnen.»
«Exzellenz, wie hoch ist der Prozentsatz der Wahlberechtigten?»
Zuerst keine Antwort. Dann zögernd: «Acht Prozent.» Der Bürgermeister gibt zu, daß nach den jordanischen Gesetzen, die von den Israelis respektiert wurden, nur jene wählen dürfen, die beträchtliche Steuern zahlen.
Ich frage: «Ist das Demokratie?»
Keine Antwort.
«Wie ist Ihr Verhältnis zur Besatzungsmacht?»
«Sadat will Frieden. Aber wenn die Israelis keinen Frieden wollen, können wir auch anders.»
«Sie warten also auf den Befehl Kairos?»
Keine Antwort. Endlich:
«Das Elend in den besetzten Gebieten ist ungeheuer. Wir produzieren ein Zehntel soviel wie vor 1967. Die Israelis haben unsere Felder verbrannt.»
«Kann ich sie sehen?»
«Bereisen Sie das Land!»
«Es fällt mir auf», sage ich, «daß Sie vor einem israelischen Beamten so zu sprechen wagen. Ist das nicht Demokratie?»
Keine Antwort.
Immerhin mache ich von dem Angebot des Bürgermeisters Gebrauch. Auf meiner Fahrt durch die verwalteten Gebiete – ich allein bestimme die Route – finde ich keinen einzigen

Quadratmeter «verbrannten» Landes. Blühende Felder, wo die Jordanier die Erde unbebaut ließen, wird sie jetzt erschlossen, neue Irrigationssysteme, grünende Obst- und Gemüseplantagen. Daneben freilich – nur fünf Jahre seit dem Sechs-Tage-Krieg sind vergangen – altarabische Misere: Lehmhütten des Mittelalters, dösende Männer, Frauen in unbequemen bunten Seidengewändern auf den Feldern, schwarze Mohammedaner aus dem Sudan, der Schmutz häuft sich zu Bergen, magere Esel, verwahrloste Kinder. Hier und dort «Wehrfarmen», eine neue israelische Einrichtung – man läßt unter den Soldaten und ihren Frauen, den Mädchen in Uniform keinen Müßiggang aufkommen, um die schlichten Häuser und Baracken breitet sich eine Art bewaffneter Kibbuz aus, steht man nicht auf Posten, bebaut man das Feld.
Wußte Haj Nazzuz al-Masri nicht, daß mich die Fahrt durch das Land – in den Dörfern noch die Wahlplakate, welche die Araber ohne Zutun, geschweige denn Zwang der Israelis gedruckt haben – von der Unwahrheit seiner Äußerungen überzeugen würde? Ich habe als amerikanischer Soldat, der im Zweiten Weltkrieg ein halbes Jahr in Nordafrika verbrachte, die arabische Mentalität kennengelernt. Ich möchte dem Bürgermeister von Nablus zubilligen, daß er glaubt, was er sagt. Er hält die Wahlplakate, die er selber drucken ließ, für ein Zauberwerk des Teufels. Wenn er grünende Orangenhaine sieht, meint er, sie sprössen aus verbrannter Erde. Wo zweimal so viel erzeugt wird wie früher, sieht er Ruinen. Es wäre indes verfehlt, wenn man sich mit solchen Erkenntnissen tröstete. Tausendundeine Nacht ist gleichwohl Nacht. Arabische Märchen können sich – heute, morgen, übermorgen – in blutige Wirklichkeit verwandeln.

Wenige Tage nachdem ich heimgekehrt bin in mein Schweizer Haus, haben japanische Terroristen, im Sold der Araber, 25 Passagiere im Flughafen von Tel Aviv ermordet, 78 schwer verletzt. Die arabische Welt hat die Mörder gefeiert.
Präsident Sadat hat in seiner Rede vom 25. April 1972 gesagt: *«Wir glauben, wie es uns Allah befahl, daß wir eine Nation sind, auserwählt über alle Nationen ... Wir kennen unsere Geschichte und ihre Geschichte in der Vergangenheit ... Sie sind eine Nation von Lügnern und Verrätern, Instrumente von Verschwörungen, ein Volk geboren zum Verrat ... Ich sage ihnen heute und von diesem Platz, daß wir auf keinen Zoll von unserem Boden verzichten werden, daß wir mit Israel nicht verhandeln werden, was immer die Umstände sein mögen ...»*
Aber es hat sich nichts geändert, auch nicht nach dem Abzug einiger russischer Militärberater aus Ägypten. Noch spukt die fatale Jarring-Mission. Kurt Waldheim hat die zweifelhafte Rolle U Thants übernommen: eine zweite Besetzung, nicht besser als die erste. Frankreich steht bereit, den Arabern zu liefern, was ihnen die Sowjets, deren Augenmerk auf die Sicherheitskonferenz, den Abzug der Amerikaner aus Europa und die ideologische Eroberung des Westens gerichtet ist, vorübergehend verweigern. Die arabische Welt rüstet zum Krieg. Die Welt erwartet Israels Kapitulation im Frieden.
Im Jahre 1939 verstanden wenigstens die Amerikaner den Titel eines prophetischen Buches: «You Can't Do Business With Hitler». Die Verwechslung von Koexistenz und Kollaboration gehört zu den tragischen Irrtümern unserer Zeit. Koexistenz ist die Erkenntnis, daß man, ohne seine Prinzipien zu opfern, mit seinen Nachbarn, die andere, ja entgegengesetzte Prinzipien haben, in Frieden leben kann und soll. Kollaboration heißt, die eigenen Prinzipien zu opfern. Ein dauerhafter Frieden im Nahen Osten wäre nur durch direkte Verhandlungen zwischen Israel und den Arabern, durch die

eindeutige westliche Unterstützung Israels und die Festlegung sicherer Grenzen möglich geworden. Wie 1938 in München, haben sich die Demokratien selbst verraten.
Da es aber nicht möglich ist, daß ich das alles in meinem Londoner Hotelzimmer besser weiß als die Mächtigen im Weißen Haus, in White Hall oder im Elysée-Palast, werde ich wiederholen müssen, was ich in diesem Buch bis zum Überfluß wiederholt habe und was mir – ich fürchte das Risiko nicht – den Vorwurf eintragen wird, emotionell zu urteilen: Die Israelis sind Juden. Insofern verstehe ich den Osten besser als den Westen. Der Osten will erobern ohne Krieg, wenn es geht – mit Krieg, wenn es sein muß. Zwischen dem Erpresser und dem Erpreßten mögen moralische Unterschiede bestehen: Die blutige Geschichte der Vergewaltigungen – mit der Weltgeschichte identisch – wäre ohne die triste Geschichte der Vergewaltigten nie geschrieben worden. In der Politik, anders als im Privatleben, ist Notzucht ein Akt geheimen Einverständnisses. Was aber heute an den Gestaden des Mittelmeeres geschieht, ist so neu, wie die Geschichte der Juden alt ist. Ein Teil der Welt fällt über die Juden her. Der andere Teil schaut zu. Unverschämte und verschämte Antisemiten, wie Herzl gesagt hat? Auch das. Doch vor allem: Notzucht und Voyeurtum. Es ist dabei ziemlich belanglos, ob man den Juden einen Frieden aufzwingt, der im dritten Weltkrieg enden muß, wie München im Zweiten Weltkrieg enden mußte, oder ob man sie zwingt, ihre Existenz schon hier und heute zu verteidigen. Der ehemalige amerikanische Botschafter bei der OAS, Sol Linowitz, ein Jude, hat nach dem Sechs-Tage-Krieg gesagt, dieser Krieg wäre *«das Ende des Bildnisses»* gewesen, das *«den Juden als Besiegten zeigt. Er wurde ein Mann, der David mehr ähnelt als Shylock.»* Wenn ich heute in meinem Londoner Hotelzimmer lese, daß die Welt den ägyptischen Staatschef Sadat in eine ebenso zarte wie clevere Porzia umlügt, wenn ich höre, wie streng die Israelis

verurteilt werden, weil sie mit ihrem Jerusalem-Pfund wuchern, dann weiß ich, daß sich der Botschafter geirrt hat. Kaum dreieinhalb Jahre nach dem israelischen Sieg versucht die Welt, das alte Bild wieder herzustellen – der besiegte oder der übertölpelte Shylock statt des siegreichen Davids: In diesem Ziel sind sich Osten und Westen einig. Der Judenstaat ist, was die Juden immer waren: allein.

Und doch ist, was die Erpresser und die Erpreßten planen, nicht mehr möglich – deshalb hat mit der Gründung des Staates Israel ein unerhörtes Kapitel in der Geschichte der Juden begonnen. Mit dem Judenstaat – *«keine militärische Diktatur, sondern eine vollständige und komplizierte westliche Demokratie»*, wie mein Freund und Kriegskamerad, der sozialistische Minister Englands, Richard Crossman, schrieb – *«... ist der alte Mythos Tatsache geworden, nur daß diesmal die Göttin nicht dem Kopf des Jupiter, sondern des Janus entsprungen ist.»* An dem bewußten oder unbewußten, verschämten oder unverschämten, erpresserischen oder feigen Verhalten der Welt hat sich seit den Tagen wenig geändert, als der kaum elfjährige Schüler Chaim Weizmann an seinen Lehrer in Pinsk schrieb: *«Alle haben beschlossen, daß der Jude zum Tode verurteilt ist»*, und als er schloß: *«... laß uns zurückkehren zu unserer wahren Mutter ... laß uns unsere Fahne nach Zion tragen.»* Seit über Zion die jüdische Fahne weht, gibt es zwar eine jüdische Einsamkeit, aber kein jüdisches Getto. Eine Welt, die triumphiert, weil sie Israel in einen Scheinfrieden gedrängt hat, bereitet ihren Selbstmord vor. Der Chamberlainsche Regenschirm von 1938 ist im Jahre 1971 ein sowjetischer Fallschirm. In der Diaspora konnten sechs Millionen Juden getötet werden, ohne daß die Welt unterging. Die zweieinhalb Millionen Juden Israels werden nicht enden, wie der Jude im Shakespearschen Schauspiel geendet hat. In Krieg und Frieden wird die Welt lernen müssen, daß David nicht stirbt, wie Shylock abgetreten ist. Mit Israel beginnt das sechste, das ungeschriebene Buch Mose.

Israel und die Krise der Intellektuellen*

Liebe Freunde!
Meine sehr verehrten Damen und Herren!

Lassen Sie mich mit einer rhetorischen Banalität beginnen: mit meiner Dankbarkeit, vor Ihnen sprechen zu dürfen, und mit einem bedingungslosen Bekenntnis zum Staat Israel.
Hier und heute sind das keine Banalitäten...
Ich bin zum erstenmal in Israel. Daß ich so lange zögerte, das Land der jüdischen Sehnsucht zu betreten, hatte viele Gründe, doch einen vor allem. Nicht jede Überraschung ist ein Wunder, aber jedes Wunder ist eine Überraschung. Kann sich das Wunder vollziehen, das man erwartet hat? Wer in den Hafen von Haifa einfährt, wie Christoph Kolumbus in die Mündung des Orinoko einfuhr, voll Erwartung, doch ohne Gewißheit, hat es leicht. Das Land der Visionen zu finden ist schwer. Kolumbus fürchtete das Unbekannte. Ich fürchtete Schlimmeres: die Illusion. Noch weiß ich wenig von Israel, doch weiß ich mit Sicherheit, daß es keine Illusion ist.
Ein zweites. Für die Seefahrer des fünfzehnten Jahrhunderts hatte die See tausend Fährnisse. Wenn der Schiffsjunge, hoch oben auf dem Mast, «Land!» rief, brach man in Jubel aus. Das Abenteuer war beinahe beendet. In Israel beginnt das Abenteuer nach der Landung. Mag es ein Paradies sein, das man

* Vortrag, gehalten unter den Auspizien des israelischen Schriftstellerverbandes im Journalist's House Jerusalem am 7. April 1970; im Writer's House, Tel Aviv, am 12. April 1970, und am 13. April 1970 in Haifa. (In Jerusalem in Zusammenarbeit mit der Ligue d'Amitié Israel–Suisse.)

betritt: Es ist ein Paradies im Krieg. Gibt es ein kriegerisches Paradies, kann es das geben? Zu der Angst vor der Entdekkung gesellt sich der Zweifel. Wenige Tage in Ihrem Land – und meine Zweifel sind zerstreut. Proust hat von «Engeln mit Schwertern» gesprochen. Ich habe sie gesehen.

Ein drittes schließlich. Man reist meistens mit vollen Koffern. Meine Koffer waren leer. Ich komme aus Europa: Dort, jenseits des Mittelmeeres, glaubt man heute, alles über Bord werfen zu müssen, was gestern Tugend war – Vaterliebe und Vaterland, Fleiß und Pflicht, Treue und Glauben, Sitte und Gesetz. Man hat dort vergessen, daß man kein einziges der Zehn Gebote verletzen kann, ohne die übrigen neun zu verletzen. Mit jeder Stunde in Israel füllt sich mein Koffer. Ich werde mit schwerem Gepäck heimkehren.

Und so bedauere ich es im Grunde, daß Sie mir zuhören wollen – meine eigenen Stunden des Zuhörens sind gezählt. Da es aber sein muß, möchte ich Sie wenigstens teilhaben lassen an meinem Konflikt.

Ich sollte – so war es vereinbart – über ein literarisches Thema sprechen. Da geschah, auf der Reise hierher, etwas scheinbar Alltägliches, gleichwohl Seltsames.

Als wir den Hafen von Neapel verließen, stand an der Reling eine Dame neben mir, die ein Fernrohr in der Hand hielt. Eine kleine alte Frau war es, und was zuerst wie ein Fernrohr wirkte, war in Wirklichkeit nur ein müdes Opernglas. Sie bot es mir an. Und weil ich in meiner Kindheit immer versucht war, durch ein Opernglas von beiden Seiten zu schauen, drehte ich es auch diesmal um. Sie wirkte klein, beängstigend klein, die europäische Küste.

Ich ging in meine Kabine und zerriß mein Manuskript.

Ich glaube, Sie haben mich verstanden. Je mehr man sich Israel nähert, desto kleiner, nebelhafter, konturloser erscheint einem, was man hinter sich gelassen. So wichtig gestern noch: Kämpfe um literarische Richtungen, Auseinandersetzungen mit Kollegen, ja selbst der verzweifelte Ruf gegen die Verlotterung der Wohlstandsjugend und ihre senilen Imitatoren. Spräche ich zu Ihnen von literarischen Strömungen, ich käme mir vor wie ein Narr, der auf dem Schlachtfeld Zinnsoldaten aufstellt. Hier, wo es um Phantome, nicht um Gespenster geht, um Mirages, nicht um Spiegelbilder, schweigt die Eitelkeit.

Es ist gut, daß mir die kleine alte Frau ihr Opernglas lieh. Man soll zuweilen durch das umgekehrte Ende der Operngläser blicken.

Unter diesen Eindrücken also habe ich mich entschlossen, *Israel und die Krise der Intellektuellen* zu meinem Gegenstand zu wählen.

Dazu bedarf es einer Identifikation.

Es ist vielleicht ein weit hergeholtes Beispiel, wenn ich hier die Genfer Konvention erwähne, die für die Behandlung von Kriegsgefangenen bestimmte Normen vorschreibt – unter der Bedingung, daß der in Gefangenschaft geratene Soldat die Uniform seines Landes trage, nicht etwa ein Zivilgewand oder die Verkleidung feiger Heckenschützen. Wenn ich jetzt «in Ihre Hände falle», so soll es in meiner eigenen Uniform geschehen.

Ich bin ein konservativer Romancier. Das heißt nicht, daß ich dem Experiment abhold wäre. Meine Arbeitsstube gleicht einem Laboratorium, und manches wird darin brauend versucht, zuweilen, so hoffe ich, auch etwas Neues. Aber bei dem konservativen Romancier sind diese Experimente gleichsam geheim. Glaube ich endlich, daß die Formel stimmt, daß sich das Konfuse ordnet, das Zerbröckelnde zusammensetzt, das Gespaltene eint, dann sage ich zu Homunkulus: Steh auf und wandle! Vollendet mag das Werk nicht sein, beendet ist es auf jeden Fall. Die Aufgabe des Romanciers ist die Diagnose der menschlichen Krankheiten und, zuweilen, ein bescheidener Vorschlag zu ihrer Heilung. Was des chirurgischen Eingriffes bedarf, zeigt er auf und ob die Operation gelungen – dagegen operiert er nicht auf den Marktplätzen. Da der Leser ein Mensch ist, ist er krank. Ihn auch noch zu zwingen, bei seiner eigenen Operation Schwesterndienste zu leisten, ist eine Zumutung. Daraus folgt, daß ich verständlich zu schreiben bemüht bin, und das in des Wortes schamlosestem Sinne: Ich erwarte vom Leser Intelligenz, nicht Intellektualität. Ich gehe zum Leser, verlange von ihm nicht, zu mir zu kommen. Ich bin ein Landarzt, kein Professor. Der Rest ist Wehleidigkeit und Egoismus.

Ich stehe weltanschaulich in der Mitte, also in der Einsamkeit. Weil ich in der Mitte stehe, weiß ich, daß es sie nicht gibt: Die Mitte ist rechts oder links von der Mitte. Die Mitte gleicht einer belagerten Festung, die einmal von rechts, einmal von links angegriffen wird. Je nachdem, ob der Feind an die rechte oder die linke Pforte pocht, richte ich meine Geschütze einmal auf das rechte, einmal auf das linke Einfallstor. Ich habe, mit anderen Worten, viel zu tun. Und ich stimme mit Eugène Ionesco überein, der sich den Weg zum Konservatismus, weiß Gott, nicht leicht gemacht hat. Er hat unlängst gesagt: *«Die einzige Sicherheit gegen die Reaktion ist der Konservatismus.»* Es tut mir leid, ihm dieses Wort überlassen zu müssen.

Der Gegenstand, den ich für die Stunde mit Ihnen gewählt habe, gebot, meine ich, diesen Ausweis. Sie kennen die Uniform, die ich trage. Es bleibt mir nur, Sie zu bitten, mir jene Behandlung zuteil werden zu lassen, welche seit 1864 den Kriegsgefangenen zusteht.

Israel und die Krise der Intellektuellen – was hat mich schließlich bewogen, dieses Thema zu wählen?

Sie, meine Freunde, haben die Erde des alten Israel umgegraben, und als Sie es taten, erzitterte die Erde. Sie haben mit Schweiß gesät und mit Blut geerntet. Sie haben aus Steinen Wasser geschlagen. Sie sind eingedrungen in die Tiefe und haben gebaut in die Höhe. Sie haben der Hölle ihren Garten Eden abgerungen. Gott schuf Sie nach Seinem Ebenbild, und nun hat Gott ein neues Gesicht. Sie haben verteidigt, was Sie gewonnen haben, und Sie haben gewonnen, was Sie verteidigten. Sie haben heimgefunden ins Land der Juden, und das Land der Juden hat heimgefunden zu Ihnen. Die Klagemauer ist keine Klagemauer mehr. Sie haben die Demütigung getilgt und den Stolz gewonnen. Sie haben das Wort der Propheten erfüllt.

Wer bin ich – zum erstenmal Gast Israels –, um Ihnen das zu sagen? Das alles wissen Sie. Doch gibt es etwas, das Sie nicht wissen können. Seien Sie stolz, abermals stolz, denn Sie haben, ohne es zu ahnen, das getan, was seit den Tagen Moses' der Juden Mission gewesen ist: Sie haben eine Krise heraufbeschworen. In dieser Krise teilen sich die Geister.

Ich muß mich hier etwas konkreter ausdrücken und – widerstrebend – Namen nennen. Nur so werden Sie meine Schlußfolgerungen ganz verstehen.

Israel hat die Intellektuellen der Welt mit sich selbst konfrontiert.

Was war, bis zum Sechs-Tage-Krieg, die Situation der Intellektuellen außerhalb Israels?

Sie war verhältnismäßig einfach. Die überwiegende Mehrzahl der Intellektuellen außerhalb Israels stand links. Für mich sind die Begriffe «links» und «rechts» außerordentlich fragwürdig – man sollte sie eigentlich nur bei Straßentafeln benützen. Heute werden wir, der schnelleren Verständigung halber, um diese «Straßentafeln» nicht herumkommen.

Bis zum Sechs-Tage-Krieg, sagte ich, war den Intellektuellen das ideologische Bekenntnis verhältnismäßig leicht gemacht. Stand man auch nicht unbedingt auf der Seite Moskaus oder Pekings, so träumte die linke Intellektualität, also die intellektuelle Mehrheit, von einer friedlichen Koexistenz, von einer Annäherung zwischen den Volksdemokratien und der westlichen Demokratie, die ich übrigens am liebsten als Volkskapitalismus bezeichne. Die Intellektuellen in ihren behaglichen Wunschträumen meinten, der Westen werde drei Schritte in der Richtung des Sozialismus tun, der Sozialismus werde einen einzigen Schritt in der Richtung des Volkskapitalismus tun, und so würde, irgendwo weit links von der Mitte, die beste aller Welten entstehen. Zugleich waren auch die Linksintellektuellen Europas und Amerikas, wie sich das gehört, anti-antisemitisch – sei es, daß sie selbst Juden waren, sei es, daß sie sich darin gefielen, im Knopfloch statt eines Parteiabzeichens die Nelke der «Toleranz» zu tragen. Heinrich Böll, Günter Grass, Rolf Hochhuth schlugen sich im Namen der mörderischen Vätergeneration auf die Brust, Peter Weiss beschwor die Schatten von Auschwitz herauf, Jean-Paul Sartre publizierte eine brillante Analyse des Antisemitismus, Richard Wright identifizierte sich mit einer «anderen» Minorität, Lord Bertrand Russell schloß in seine Friedensapotheose die Juden ein, John Updike predigte gegen den reaktionären Antisemitismus, Leonard Bernstein gab Konzerte für Israel, die Sozialphilosophen Marcuse, Adorno, Horkheimer, Habermas und Mitscherlich förderten die studentische Revolution, ohne mit ihrem eigenen Judentum oder dem Judentum der anderen in Konflikt zu geraten. Auch die Tagespolitik schien vorerst keine Probleme zu kreieren. Arthur Miller, Norman Mailer, Michel Butor, Jacques Servan-Schreiber, Alberto Moravia beklagten die «imperialistische» Einmischung Amerikas in Vietnam und forderten Unterstützung für den jungen jüdischen Staat. Daß man im luftleeren Raum nicht atmen kann, fiel keinem auf. Man vegetierte im Vakuum, als atmete man die kristallklare Luft der Schweizer Alpen.

Wären diese und andere Intellektuelle bloß Heuchler gewesen: Sie hätten sich mit der neuen Situation nach dem Sechs-Tage-Krieg schnell abgefunden. Die meisten von ihnen waren

es nicht. Die Herzen der meisten von ihnen – unter den Genannten möchte ich nur Bertrand Russell und Rolf Hochhuth ausnehmen – schlugen in jenem siedenden Juni des Jahres 1967 Israel zu.
Dann passierte zweierlei – das eine sichtbar, das andere unsichtbar.
Moskau, und später auch Peking, hatten sich mit den Arabern verbunden; sie wollten das Mittelmeer in ein Rotes Meer verwandeln. Diese machtpolitischen Entscheidungen des Ostens stürzten die Intellektuellen des Westens in eine schier unüberwindliche Krise. Sprach man sich gegen Moskau aus, fürchtete man, als Reaktionär zu gelten, von den stillen Lesern und dem lauten Anhang für Verräter gehalten zu werden. Erhob man die Stimme gegen Israel, mußte man gestehen, daß man mit dem Schicksal der Juden nicht so tief verbunden war, wie es bisher geschienen hatte; bei manchen entstanden ernste Schwierigkeiten in der Liquidation einer belastenden Vergangenheit. Das tägliche Geschehen ließ eine faule Neutralität nicht zu. Man hätte es gern gesehen, daß Amerika Waffen an Israel liefere, aber doch nicht so gern, daß man auf den Frühstücksprotest gegen das amerikanische Engagement in Vietnam verzichtet hätte. Man hoffte, daß die Mai-Rebellion in Frankreich erfolgreich sein würde, mußte sich aber gestehen, daß es mit einer Partnerschaft zwischen Israel und einem von Moskau oder Peking abhängigen Frankreich endgültig vorbei sein würde. Wer ein linkes Bankkonto besaß, der wollte weiter Schecks für die amerikanischen Black Panthers ausstellen, konnte aber den Antisemitismus der schwarzen Linksradikalen und deren fortgeschrittenen Flirt mit dem Islam nicht übersehen.
Das Unsichtbare kam – zweitens – hinzu. Wenn sich die Intellektuellen, vom Amerikaner Arthur Miller bis zum Schweizer Max Frisch, vom Deutschen Martin Walser bis zum Italiener Alberto Moravia, dem Kampf gegen das «Esta-

blishment» verschrieben hatten, so war das mehr als Politik: Es war – oder so meinten sie wenigstens – Philosophie. Diese Philosophie basierte auf der «Umwertung aller Werte», die Nietzsche lange vor Marcuse ausgesprochen hatte, wobei ich Sie das Wörtchen «aller» zu beachten bitte. Die intellektuelle Forderung nach Nuanciertheit – Marcuse und seine Jünger, von dem bedeutenden Friedrich Dürrenmatt bis zu dem unbedeutenden Rudi Dutschke hatten derlei anscheinend nie gehört. Sie verzichteten auf die Unterscheidung zwischen Patriotismus und Nationalismus. Sie verfemten die Vaterlandsliebe – jede Liebe zu jedem Vaterland. Sie verschrieben sich einem bedingungslosen Antimilitarismus: Wer eine Uniform trug, war ihr Feind, jeder General ein potentieller Kriegsverbrecher, jeder Sieg eine geheime Niederlage. Disziplin, vernünftig oder unvernünftig, freiwillig oder unfreiwillig, auf menschlicher oder staatlicher Ebene – Disziplin war zu einem Schimpfwort geworden. Anders als die Begründer des Skeptizismus, die zwischen absolutem, partiellem, religiösem, ethischem und theoretischem Skeptizismus zu unterscheiden verstanden, schrieben sie nur den absoluten Skeptizismus auf ihre Fahnen und betrachteten daher jeden Enthusiasmus, beinahe jeden Idealismus als suspekt und rückständig. Sie hörten auf, zwischen Religionsformen und Gottesglauben zu unterscheiden – wer betete, der huldigte einem Götzenkult. Weit davon entfernt, den Generationenkonflikt als ein natürliches Übel zu registrieren, schürten sie ihn bis zum Exzeß – «Tod den Alten!», ein Antisemitismus ohne Juden. Sie gaben dem Kampf gegen die bestehende Gesellschaftsordnung die unbedingte Priorität vor allen anderen Äußerungen des menschlichen Daseins, auch vor dem *struggle for life*.

Diese zweite, unsichtbare, aber intellektuell wichtigere Tendenz stürzte die Denker und Künstler des Westens in einen Konflikt von gigantischen Ausmaßen. Sympathien für die

Juden – ach, man wollte darauf nicht verzichten! Aber diese Juden waren patriotisch. Viele von ihnen trugen Uniformen – und sei es auch nur, daß der Feind sie dazu zwang. Sie kämpften und fielen – und dies nicht dort, wo es einem Intellektuellen geziemt, auf den Barrikaden des Bürgerkrieges, sondern auf den Schlachtfeldern. Die Disziplin der jungen Israelis setzte die Welt in Erstaunen, und das um so mehr, als sie ohne Äußerlichkeiten auskam. Israel hauchte dem antiquierten Begriff des Enthusiasmus neues Leben ein. Die Jugend Israels, obwohl kritisch gegenüber den Vätern, traf keine Anstalten, diese zu erschlagen. Mein Gott, wie schwer hatte man es wieder einmal mit den Juden! Die Intellektuellen befanden sich in voller Konsternation. Was sollten sie tun?

Eine Reihe von oberflächlichen Lösungen bot sich an.

Die Kommunisten lösten den Gewissenskonflikt am bequemsten. Ihre erste Loyalität – ganz als ob man die Loyalitäten numerieren könnte – galt der kommunistischen Ideologie: Alles andere mußte dahinter zurückstehen. Peter Weiss und Rolf Hochhuth wichen entweder in die Passivität oder in die Anprangerung des «israelischen Imperialismus» aus. Peter Weiss verherrlichte Trotzki, Hochhuth die antiamerikanischen Guerillas. Bertrand Russell verfaßte jene infame *Letzte Botschaft*, die von Abdel Nasser stammen könnte und von der arabischen Propaganda in Inseratenform über die ganze Welt verbreitet wird.

Die anderen mußten sich etwas einfallen lassen – und was sie sich einfallen ließen, kann ich Ihnen vielleicht am besten mit einer Anekdote erläutern.

In Ungarn wurde nach dem Sechs-Tage-Krieg die Geschichte vom kommunistischen Minister und seinem Chauffeur erzählt. Fünf Tage lang ärgerte der Chauffeur seinen volksdemokratischen Herrn mit israelischen Siegesmeldungen. So viele Meilen seien die Israelis wieder vorwärtsgestürmt, so viele Flugzeuge hätten sie vernichtet, so viele Schüsselstellungen erobert. Der Minister schwieg. Am sechsten Tag aber, just an dem Tag, an dem der Krieg für alle Welt sichtbar entschieden war, schwieg der Chauffeur. Neugierig geworden, klopfte ihm der Minister auf die Schulter: «Was – heute keine Siegesmeldungen?» Betroffen wandte der Chauffeur sich um: «Genosse Minister, haben Sie gewußt, daß diese Israelis – Juden sind?» Hätte er es früher gewußt, der primitive Fahrer des Ministers – er wäre wohl gleich nicht so begeistert gewesen.

Was man dem einfältigen Chauffeur verzeihen kann: Es ist kaum angebracht, es den Intellektuellen nachzusehen. Mehr und mehr unter ihnen schneidern ihren geistigen Frack nach dem Pompidou-Look. Es sei «Rassismus», sagen sie, Juden und Israelis in einen Topf zu werfen; man müsse den Israelis doch «die Ehre erweisen», Israel wie jede andere Nation zu betrachten; es würde die Israelis sehr schmerzen, wenn man ihnen Waffen nur lieferte, weil sie Juden sind; man sollte aufhören, sie durch eine «besondere Behandlung» an Auschwitz zu erinnern; kurzum: Man kann sehr gut Waffen an die Araber liefern, den Rückzug Israels aus den besetzten Gebieten fordern, die israelische Politik mißbilligen oder Studentendemonstrationen gegen Israel veranstalten, ohne ein Antisemit zu sein. Wer weiß, vielleicht sind die Juden, die Nasser «auszurotten» versprochen hat, gar keine Juden, es sind nur die – endlich – gleichberechtigten Israelis. Wenn man sie ins Meer wirft, wird der «Normalisierungsprozeß» vollendet sein. Daß dies die Linie Moskaus ist, stört die intellektuelle Linke des Westens keineswegs. Noch weniger stört es sie, daß sich 39 tapfere Juden in der Sowjetunion, repräsentativ für die überwiegende Mehrheit, gegen die antiisraelischen Tiraden gewisser sowjetischer Juden ausgesprochen haben. Ich aber darf sie auf einen Bericht der *New York Times* vom 10. März hinweisen, in dem es unschuldig heißt: *«The 39 Jews, all from Moscow, were not prominent figures ...»* Die «Nichtprominenten» dieser Welt allein sind es, auf die sich Israel verlassen kann ...

Nicht alle Intellektuellen machen es sich so leicht – manche machen es sich noch leichter. Sie weichen in die Vergangenheit aus. Viele verdoppeln ihr Bekenntnis zu den von Hitler ermordeten Juden, darunter Autoren wie Günter Grass und Heinrich Böll. Sie stehen gesenkten Hauptes an den Gräbern, weil sie erhobenen Hauptes in der Schlachtreihe nicht stehen wollen. Sie verdammen den Antisemitismus von gestern, verwandeln ihn aber schnell, unter der Hand, in die Mißhandlung einer «Minorität» – und was sind denn die armen Palästinenser von heute anderes als die von den bösen Israelis unterdrückte Minderheit? Das intellektuelle Zauberkunststück macht es möglich, aus dem späten Protest gegen die Ermordung von sechs Millionen Juden eine «prinzipielle» Sache zu machen: Jetzt, auf einmal, fällt es den Intellektuellen ein, daß sie gar nicht die jüdischen Opfer beweint hatten, sondern nur gegen eine Ungerechtigkeit eingetreten waren – Hokuspokus, nun können sie für die «unterdrückten» Araber eintreten.

Andere Intellektuelle wieder benehmen sich wie die Kinder, die den Kopf in die Kissen stecken: Da sie nichts sehen, sind sie sicher, daß man sie nicht sieht. Arthur Miller und Leonard Bernstein bekennen sich zu Israel, aber sie demonstrieren für die Vietcong und veranstalten Partys für die Black Panther. Ich zweifle keinen Augenblick daran, daß sie im Notfall ihren letzten Dollar und ihr Blut für die Existenz Israels hergeben würden, aber sie haben sich so weit in den Dschungel der Theorie begeben, daß sie kein anderes Licht sehen als das des Feuers. Sie kennen die geometrische Regel nicht, wonach sich auch die Parallelen treffen. Im Unendlichen. Das Unendliche ist weit. Der Intellektuelle, der just das Unendliche sehen müßte, sieht nur Schienen, die sich nicht berühren.

Gestatten Sie mir nun, zu meinem eigentlichen Thema zu kommen, oder doch zu dem Thema, das mich am meisten berührt.

Ich habe Ihnen gesagt, daß Israel eine Krise der Intellektuellen heraufbeschworen hat. Diese Krise aber ist keineswegs so äußerlich, wie es nach meinen Schilderungen bisher scheinen mag. Es ist die Krise der Intellektualität schlechthin.

Das deutsche Fremdwörterbuch von Duden spricht vom Intellekt als dem «rein verstandesmäßigen Denken», von Intellektualismus als dem «einseitig verstandesmäßigen Denken», von dem Intellektuellen als «Verstandesmenschen». Ich bitte Sie, die Einengung zu beachten. Auch Intelligenz ist Klugheit, geistige Fähigkeit, Bildung. Aber der intelligente Mensch, sofern er kein Intellektueller ist, ist eben deshalb intelligent, weil er sich nicht «nur» auf seine geistigen Fähigkeiten, nicht «rein» auf sein Denken, nicht «einseitig» auf seinen Verstand verläßt. Er hat – symbolisch gesprochen – neben dem Gehirn auch ein Herz.

Jahrhundertelang haben sich Intelligenz und Intellektualität vorzüglich vertragen, sie waren beinahe identisch. Die Intellektuellen, die es ja immer gegeben hat, appellierten an die Intelligenten und durch diese sogar an die Massen. Sie dachten nie daran, eine elitäre Herrschaft zu etablieren; sie strebten, im Gegenteil, danach, die Herrschaft der Elite zu brechen. Die Intellektualität war ihrem ganzen Wesen nach demokratisch.

Die Quellen des elitär-intellektuellen Denkens sind bei Marx zu finden. Das lag nicht unbedingt in seinen Absichten. Wenn er die Proletarier aller Länder aufrief, sich zu vereinigen, so meinte er es durchaus ehrlich. Zugleich wußte er jedoch, daß nur die Formierung einer Führerschicht die damals unterdrückten, damals zurückgebliebenen Klassen zum Klassenkampf führen könnte. Er wußte auch, daß er auf die «Bildungs-Bourgeoisie», wie er sie nannte, verzichten müsse, denn kraft ihrer Bildung waren ja die Gebildeten der Bourgeoisie verfallen. Die totale Revolution mußte mit allem Bestehenden, also auch mit den Traditionen der Bildung, aufräumen. Da aber die künftige Revolution, da auch der künftige Staat auf einer Theorie beruhte, und noch dazu auf einer überaus komplizierten, zumindest im neunzehnten Jahrhundert schwerverständlichen Theorie, baute Marx – vielleicht unbewußt – über die Klasse, deren Rechte er vertrat, eine neue, wenn auch zahlenmäßig kleine Kaste: Er setzte an die Stelle der erblichen und materiellen Aristokratie die Aristokratie der Intellektuellen.

Was Marx nicht voraussehen konnte und zweifellos auch nicht gewollt hat, das war die «Verselbständigung» dieser neuen Führerschicht. Daß sie sich im zwanzigsten Jahrhundert dennoch selbständig machte, hat gleichfalls gute Gründe, beziehungsweise deren zwei. Im Osten hat das Proletariat gesiegt, oder meint, gesiegt zu haben. Im Westen ist das geschehen, was mit Ludwig Börne geschehen war, nachdem ihm seine Tante ein Teeservice geschenkt hatte: Wie Börne hatten die Proletarier, die ein oder gar mehrere Teeservice besaßen, aufgehört, revolutionär zu sein – bei der Revolution zerbricht das Geschirr. Mit dieser Entwicklung hatte die Intellektualität zu existieren keineswegs aufgehört; sie war, im Gegenteil, größer geworden. Aber sie hatte nicht nur – Erfüllung der Kampfziele auf der einen, Hoffnungslosigkeit, sie zu erreichen, auf der anderen Seite – ihre Führerrolle eingebüßt, sie hatte auch den Kontakt mit den Massen verloren.

Es ist nicht die Art von Führerschichten, freiwillig abzudanken – und warum sollte sich das nicht auch auf die Intellektuellen beziehen? Der Wunsch nach Macht ist menschlich – und warum soll das nicht auch für Intellektuelle gelten? Je mehr den Intellektuellen die Macht entglitt, desto krampfhafter klammerten sie sich an sie. Sie kämpften nicht mehr für die

Massen, sondern für sich selbst. Für dieses neue elitäre Denken bedurfte es einer theoretischen Grundlage, und die marxistische war als philosophische Basis nicht mehr geeignet. Wie Marx in der Mitte des neunzehnten Jahrhunderts kommen mußte, so mußten Marcuse, Adorno und Horkheimer in der Mitte des zwanzigsten Jahrhunderts erscheinen.

Bin ich von meinem Thema abgewichen? Nur scheinbar.

Bis zum Sechs-Tage-Krieg lebte die elitär-intellektuelle Doktrin wie der Fisch im Wasser, ohne Luft, in dem nicht existierenden Element der Luftlosigkeit. Es war möglich, «rein verstandesmäßig» zu denken und die Emotion, des Denkers unwürdig, auszuschalten. Der theoretische Idealismus, die Grundlage des intellektuellen Denkens, war nicht in Frage gestellt. Das Herz hatte das Gehirn nicht herausgefordert. Man konnte von «Modellen» sprechen – es ist das Lieblingswort der neuen Intellektuellen –, und die Welt bewunderte die Sandkastenmodelle. Dazu kam, daß Israel kein kapitalistischer Staat im verpönten Sinne ist. Man konnte sich ohne weiteres zum Sozialismus und zugleich zu Israel bekennen. Zwar drangen häßliche Gerüchte von israelischem Patriotismus an die Ohren der Intellektuellen, aber das war nicht so schlimm: In der großen «Umwertung aller Werte» würde auch eine so altväterliche Vorstellung untergehen. Später, im Prager Frühling, sollte der von der Doktrin lebende und der Realität ausweichende Intellektualismus einer ähnlichen Krise begegnen, auch das war ein Rendezvous mit der Wirklichkeit, zu der man – im Falle eines Sieges der Reformer – gleichfalls hätte Stellung nehmen müssen. Zum Glück für die Intellektuellen reifte der Prager Frühling nicht zum Sommer. Die Reformer siegten nicht. Israel dagegen konnte den Intellektuellen den Gefallen einer Niederlage nicht erweisen. Hätte Israel den Krieg verloren: Die Intellektuellen hätten sich zweifellos «projüdisch» gebärdet. Sie wären zurückgekehrt zu dem traditionellen Mitleid mit den

Juden, dessen Quellen längst verschüttet sind – vielleicht entspringt Mitleid edlen Quellen, vielleicht den Quellen der Verachtung. Erst der israelische Sieg hat die internationale Intellektualität von der Nabelschnur eines theoretischen, also ungefährlichen Idealismus geschnitten.

Das aber kommt nicht von ungefähr, und hier greift das intellektuelle Problem in das künstlerische über.

Wir sind es gewohnt, den Künstler mit dem Intellektuellen zu identifizieren – zumindest in dem Sinne, in dem wir den Künstler für einen Intellektuellen halten. Wir haben vergessen, daß das nicht immer so war – im Gegenteil, es war nie so. Weder Balzac noch Rembrandt, weder Mozart noch Rodin waren Intellektuelle, und wenn Leonardo, Goethe, Tolstoi oder Bernini es waren, dann waren sie es keinesfalls in erster Linie. Die «intellektuelle Kunst» beginnt erst mit dem Expressionismus, und mit ihm beginnt auch der Hochmut, der die Kunst als «zu gut» für das Volk ansieht.

Nun begegnen wir aber auch dem Paradoxesten. Die intellektuelle Kunst, so sagen ihre Vertreter und Verfechter, ist «engagiert». Eben das ist sie nicht. Sie kann es nicht sein, weil der intellektuelle Anspruch auf das Elitäre und Exklusive mit dem pädagogischen und humanitären Anspruch unvereinbar ist. Das Engagement, darüber hinaus, ist ohne Risiko kein Engagement. Dieses Risiko nimmt der intellektuelle Künstler nicht auf sich, da er sich ja nur der Kritik innerhalb einer gleichgesinnten intellektuellen Aristokratie stellt. Es geht mir hier, wohlgemerkt, nicht um Qualifikationen. Ob der Nobelpreisträger Samuel Beckett, die Inkarnation des intellektuellen Künstlers, ein Genie ist, dessen Werke ihn überleben werden, oder ob sein Name, wie der der Nobelpreisträger Sienkiewicz und Heyse, in Lexika ein verstaubtes Dasein fristen wird – das wird die Zeit lehren. Eines aber ist gewiß. Der Weg von *Warten auf Godot* zu dem soeben in Oxford aufgeführten «Stück» *Atem*, das dreißig Sekunden währt, in dem kein Schauspieler auftritt, kein Dialog geführt und nur einmal gehaucht wird – dieser Weg ist von unentrinnbarer Logik. Shakespeare hat nicht auf Godot gewartet. Ihm ist Godot erschienen.

Jean-Paul Sartre, selbst manchen Versuchungen ausgesetzt, hat in seinem Buch *Was ist Literatur?* geschrieben:

«Es stimmt also nicht, daß man für sich selber schreibt: das wäre die schlimmste Niederlage; brächte man seine Regungen zu Papier, dann würde man sie nur gerade langatmig ausspinnen können. Der schöpferische Akt ist beim Erschaffen eines Werkes nur ein unvollständiges, abstraktes Moment; wenn der Autor allein existierte, könnte er schreiben, soviel er wollte – das Werk würde nie als Objekt das Licht der Welt erblicken, er müßte die Feder niederlegen oder verzweifeln. Aber der Vorgang des Schreibens» – so Sartre – *«schließt als dialektisches Korrelativ den Vorgang des Lesens ein, und diese beiden zusammenhängenden Akte verlangen zwei verschiedene tätige Menschen.»*

Die intellektuelle Kunst hat *«für sich selber»* gewirkt, und nun hat sie *«die schlimmste Niederlage»* erlitten.

Ich kehre ein letztes Mal zu Israel zurück. Israel hat die Welt – und den Künstler, der in ihr lebt – mit zwei Phänomenen konfrontiert.

Das erste Phänomen ist – ich erwähnte es schon – die Realität. Jahrzehntelang glaubte die intellektuelle Kunst, sie nicht zur Kenntnis nehmen zu müssen. Sie hat sich vom Expressionismus zur Abstraktion entwickelt, weil sie mit dem menschlichen Antlitz nichts anzufangen wußte, weil sie das menschliche Gesicht verdecken wollte. Israel hat das menschliche Gesicht gezeigt. Die intellektuelle Kunst hat das Chaos als den einzig bestimmbaren Ort definiert, aus dem eine neue Ordnung entstehen würde. Israel hat ohne Chaos eine neue Ordnung geschaffen. Die intellektuelle Kunst hat ernstlich geglaubt, was Robbe-Grillet 1961 so definierte: *«L'écrivain, c'est celui qui n'a rien à dire»* – *«Der Schriftsteller ist derjenige, der nichts zu sagen hat»*, und was Claude Simon später in dem Satz zusammenfaßte: *«L'art est égoiste»*, *«Die Kunst ist egoistisch»*. Da die dem Völkermord entronnenen Juden um ihr Leben kämpfen, da das Volk der Juden um seine Existenz kämpft, wirkt die Resignation vor dem Nichts wie eitle Koketterie. Die intellektuelle Kunst, feig, talentlos oder beides, glaubte, mit esoterischem Anarchismus um die Stellungnahme zum Bestehenden herumzukommen. Israel zwang sie zur Stellungnahme. Ihre Krise ist Ratlosigkeit.

Wesentlicher ist das zweite. So profund die intellektuelle Krise ist, so läßt sie sich doch in einem Satz zusammenfassen. Israel hat die Existenz eines Begriffes bewiesen, auf dessen Abwesenheit der ganze moderne Intellektualismus beruht: die Existenz der Hoffnung.

Hier aber muß ich von einem Mann sprechen, dessen Namen ich schon erwähnt habe, von einem Juden übrigens, von einem Mann, ohne dessen Lehren die neue Intellektualität kaum denkbar wäre, dessen Philosophie das Denken fast aller intellektuellen Künstler von heute bestimmte oder beeinflußte, dessen Namen die revolutionäre Jugend der sechziger Jahre auf ihre Fahnen schrieb. Ich spreche von Max Horkheimer.

Professor Max Horkheimer, mit Adorno Begründer der *Kritischen Theorie,* Verfasser der grundlegenden sozialphilosophischen Werke *Zur Kritik der instrumentalen Vernunft* und *Verfinsterung der Vernunft,* ist der erste der linken Intellektuellen, der es auszusprechen wagte, daß die Existenz und der Kampf Israels sein Weltbild verändert haben. Vor wenigen Monaten erklärte Professor Horkheimer:

«Bei der Begründung des Staates Israel ergab sich, wenn ich nicht irre, das Problem, daß es doch irgendwo heißt, der Messias werde die Gerechten aller Völker nach Zion führen. Ich denke heute noch darüber nach, wie der Staat Israel mit dieser Prophezeiung in Verbindung steht. Ist Israel das biblische Zion?... Ich habe oft betont, daß richtige

Aktivität nicht bloß in der Veränderung, sondern auch in der Erhaltung gewisser kultureller Momente besteht, ja daß der wahre Konservative dem wahren Revolutionär verwandter sei als dem Faschisten, so wie der wahre Revolutionär dem wahren Konservativen verwandter ist als dem sogenannten Kommunisten heute ...» Ionesco und Horkheimer, der Künstler und der Gelehrte, haben sich getroffen. Einen *«allmächtigen Gott»* mag es nicht geben, fuhr dann Horkheimer fort, doch eine allmächtige Sehnsucht gibt es ganz gewiß: *«Sehnsucht danach, daß es bei dem Unrecht, durch das die Welt gekennzeichnet ist, nicht bleiben soll. Daß das Unrecht nicht das letzte Wort sein möge.»* Horkheimer spricht die Hoffnung aus, daß *«in der anbrechenden Periode der Weltblöcke verwalteter Massen noch einige Menschen sich finden, die Widerstand leisten wie die Opfer der Geschichte, zu denen der Stifter des Christentums gehört.»* Er habe zum Judentum gefunden, das sich ja von Gott nie ein Bild gemacht hat, aber das an den «Anderen» glaubt, an den Ausdruck einer sehnsüchtigen Hoffnung auf die unausdenkbaren Möglichkeiten der Rettung des Menschen aus Verlassenheit, Erbärmlichkeit und Endlichkeit.

Das aber, meine Damen und Herren, ist der schmale Weg, vermutlich der einzige, der die Intellektuellen dieser Welt hinausführt aus der Krise, in der sie sich befinden.

Ich habe gesagt, daß Israel diese Krise heraufbeschworen hat. Das ist natürlich nur insofern wahr, als das israelische Fieber die Krankheit zum Ausbruch brachte, an der die intellektuelle Welt, insbesondere in Europa und Amerika, seit Jahrzehnten leidet. Nun, da die permanente Krise von Jahrzehnten akut geworden ist, werden sich die Intellektuellen zwischen kleinmütiger Abstraktion und mutiger Erkenntnis der Realität, zwischen bequemer Theorie und unbequemer Praxis, zwischen wehleidiger Rebellion und schmerzlichem Aufbau, zwischen Scheinengagement und Kampf, zwischen Piratenanarchie und Gesellschaftsreform, zwischen intellektueller Unredlichkeit und intellektuellem Führertum, zwischen Elitedenken und demokratischer Gesinnung, zwischen dem Götzenkult des Nichts und dem Glauben, zwischen dem Heidentum der Hoffnungslosigkeit und der Hoffnung, also zwischen Krankheit und Genesung entscheiden müssen. Der Mensch ist eine miserable Kreatur Gottes – miserabel, aber göttlich. Er ist des Vaters mißratener Sohn – sein Sohn immerhin. Wir haben wenig Anlaß zu Hoffnung – und kein Recht auf Hoffnungslosigkeit.

Ich möchte Ihnen zum Schluß die Geschichte von zwei Gefangenen erzählen, die in den Tiefen eines Kellers vegetierten. Eines Tages – oder war es in einer Nacht? – entzündete der eine von beiden ein Stück Talg, das seit Jahren in der Tiefe ihres dumpfen Kerkers gelegen hatte, das sie aber aufgespart und zu entzünden nicht gewagt hatten. Was sahen nun die Gefangenen beim fahlen Licht ihrer armen Kerze? Sie sahen die Kröten und die Würmer, die Schwielen an den eigenen Füßen und die Krätze an ihrem Leib, den Schmutz und die Fäulnis, die Mäuse und die Ratten. Da raufte sich der, der das Licht entzündet hatte, die Haare und rief: «Warum habe ich es getan?» Der andere aber sagte: «Du hast das Licht angezündet, und das genügt.» Und sie begannen um ihr Leben zu kämpfen. Und sie bekämpften die Ratten und die Würmer und den Schmutz und die Krätze.
Das, wovon ich heute sprach, meine Damen und Herren, ist das Sichtbargewordene. Es ist nicht viel schöner als das, was die beiden Gefangenen beim Kerzenlicht plötzlich sahen. Wir, die wir uns Intellektuelle nennen, müssen damit fertig werden.
Sie haben das Licht angezündet. Und das genügt.

Was wird aus Israel

Ein Nachwort von Ernst Cramer

«Eine Neuauflage von ‹Wie einst David› ist eine gute Nachricht», meinte der weißhaarige Berater des israelischen Premierministers zu seinem Gast aus Deutschland. «Denn das ist ein gutes, ehrliches und nützliches Buch.» Und der Mitarbeiter Menachem Begins erinnerte an dessen Worte aus dem Herbst 1977: «Der Tod von Hans Habe ist ein großer Verlust. Ich gehöre seit langem zu seinen Lesern. Ich glaube, er war einer der begabtesten Schriftsteller unserer Zeit.»

Seit Hans Habe im Jahre 1971 «Wie einst David» beendete und zwei Jahre später ein neues Schlußkapitel anfügte, hat sich viel in Israel verändert, und doch hat sich nichts geändert. Es kam, schneller als Hans Habe befürchtete, noch im Herbst 1973 der vierte gemeinsame arabische Versuch, den jüdischen Staat zu vernichten. Am höchsten jüdischen Feiertag, Jom Kippur, dem Versöhnungsfest, an dem das gesamte öffentliche Leben ruhte und viele Soldaten in Gotteshäusern weilten, wurde im Süden und im Norden der Überfall auf Israel gestartet.

Als einen «Tag, der wegen seiner Niedertracht in die Geschichte eingeht», charakterisierte der amerikanische Präsident Franklin Delano Roosevelt den 7. Dezember 1941, das Datum des japanischen Angriffs auf Pearl Harbor. Jener 6. Oktober 1973 wird wegen ähnlich schändlichen Verhaltens der arabischen Aggressoren ebenfalls geschichtsnotorisch bleiben.

Nach einigen Überrumpelungserfolgen wurden die Araber trotz zahlenmäßiger Überlegenheit dank dem größeren Können, der besseren Ausrüstung und dem tieferen Ethos der israelischen Soldaten zwar wieder zurückgeworfen, ja nur ein diplomatisches Eingreifen der Amerikaner rettete schließlich die Ägypter vor einer militärischen Katastrophe, aber insgesamt hat auch dieser Krieg keine grundsätzliche Änderung der Lage im Nahen Osten herbeigeführt. Ausländischem Druck folgend zogen sich die Israelis sowohl am Suez-Kanal als auch auf den Golan-Höhen etwas zurück, UNO-Truppen übernahmen Wachdienste, aber das politische Klima blieb lange unverändert.

Vergeblichen internationalen Bemühungen, Israel und seine Nachbarn an einen Verhandlungstisch zu bringen, standen auch immer wieder barbarische Terroraktionen der radikalen Palästinenser gegenüber. Die spektakulärste war im Juli 1976 die Entführung einer Air-France-Maschine, die sich auf dem Flug von Tel Aviv nach Paris befunden hatte, nach Entebbe, dem Flughafen von Uganda. Die Befreiung von 103 meist jüdischen Geiseln durch eine nachts eingeflogene israelische Sondereinheit war eine der größten Leistungen, die je von Kommandos vollbracht wurde, und brachte den Israelis Auftrieb zu Hause und, wenn auch nur für kurze Zeit, internationale Zustimmung und Anerkennung.

Der wohl grausamste, aber keinesfalls der letzte Terroranschlag war im März 1978 der Angriff auf Ausflügler auf der belebten Autostraße von Haifa nach Tel Aviv, der 38 Todesopfer forderte. Die darauffolgende Vertreibung der palästinensischen Terroristen aus ihren befestigten Schlupfwinkeln im Südlibanon hat erneut die UNO auf den Plan gerufen und die Kritik an Israel lauter werden lassen als die Verdammung des Massenmordes, der die Aktion ausgelöst hatte.

Im Innern Israels hat es seit den Tagen, in denen Hans Habe die ersten Zeilen für dieses Buch schrieb, eine nur in einer funktionierenden Demokratie mögliche einschneidende Veränderung gegeben. Die Arbeiterpartei, die Partei von Ben Gurion, Golda Meir, Yitzhak Rabin und Simon Peres, unterlag bei den Wahlen im Frühjahr 1977 zum erstenmal seit der Gründung des Staates vor 30 Jahren. Die Hauptursache hierfür waren Führungsschwäche und Zerfallserscheinungen. Mitgewirkt an der Niederlage hat aber auch die Sorge, eine schwache Regierung könne dem internationalen Druck auf neuerliche weitreichende einseitige Konzessionen gegenüber den Nachbarn Israels zu leicht nachgeben.

So ist seit dem 20. Juni 1977 die bisherige Opposition an der Macht und hat, obwohl Menachem Begins erste Regierungsperiode innen- und wirtschaftspolitisch alles andere als glücklich verlief, im Frühjahr 1981 ihren Sieg wiederholen können. Wiederum traute die Mehrheit der Bevölkerung dem unnachgiebigen alten Mann eher zu, die Probleme zu meistern, als der nach wie vor zerstrittenen Arbeiter-Opposition. Daß in der neuen Koalition die religiösen Parteien Zünglein an der Waage sind und immer wieder versuchen, fundamentalistische Tendenzen in das israelische Alltagsleben einzuführen, erschwert die Regierungsarbeit außerordentlich und lenkt viel Energie des Kabinetts von den Hauptaufgaben ab: der Wirtschaft, der Verteidigung und der Außenpolitik.

Noch auf seinem Totenbett stellte Hans Habe die besorgte Frage: «Was wird aus Israel? Kann Begin dem Druck aus Amerika und Europa widerstehen? Gibt es irgendeinen Silberstreifen am Horizont?» Ein Achselzucken war die Antwort – und dann noch einmal er: «Aber wir dürfen die Israelis nicht allein lassen. Wenn schon nicht mit dem Schwert, müssen wir ihnen mit der Feder beistehen.»

Wenige Wochen nach Hans Habes Tod kam es dann zu der für fast alle völlig unerwarteten Entwicklung, die, gleichgültig wie sie endet, ein neues Blatt in der wechselvollen Geschichte des Nahen Ostens begonnen hat. Durch seinen Auftritt vor der Knesset, dem israelischen Parlament, den er als Friedensmission bezeichnete, hatte der ägyptische Präsident Anwar el Sadat als erster arabischer Staatsmann die Existenz Israels nicht nur zur Kenntnis genommen, sondern anerkannt. Daran ist nicht mehr zu rütteln. Deshalb auch der abgrundtiefe Haß der radikalen Gegner Israels auf Sadat. Mit seiner Anerkennung des jüdischen Staates war er in den Augen der PLO (Palästinensische Befreiungsorganisation) und fast aller anderen arabischen Staaten zum Verräter an der gemeinsamen Sache geworden. Das Attentat, dem er schließlich im Jahre 1981 zum Opfer fiel, war nur eine Frage der Zeit, war seit dem Besuch in Jerusalem vorprogrammiert.

Aber ehe seine Mörder ihn treffen konnten, hatte er schon die Ernte seiner politischen Weitsicht in die Scheuer gefahren. Das Camp-David-Abkommen, unter Mithilfe des amerikanischen Präsidenten Jimmy Carter zwischen dem Ägypter Sadat und dem Israeli Begin ausgehandelt und unterzeichnet, hat dem Land am Nil alle in den Angriffskriegen von 1967 und 1973 verlorenen eigenen Gebiete wieder zurückgebracht. Die stufenweise Rückgabe (einschließlich der Abtretung der von den Israelis entdeckten Ölquellen an den Ufern des Golfs von Suez) ist im April 1982 beendet. Und das Vermächtnis Sadats wirkt so stark nach, die Logik seiner Einsicht von Kooperation statt Konfrontation ist so zwingend, daß auch seine Nachfolger den Weg des Ausgleichs mit Israel weitergehen wollen. Ob sie das können, hängt von innen-, aber noch mehr von außenpolitischen Entwicklungen ab. Denn so wie Ägypten unter Sadat von allen anderen arabischen Ländern in dem Bemühen um Ausgleich mit Israel allein gelassen wurde, so ist es das auch unter seinen Nachfolgern geblieben.

Alle Nachbarn des jüdischen Staates, ja so gut wie alle Länder des Nahen und Mittleren Ostens haben sich gegen die Friedensfront von Camp David gewandt, deren Fundament und Voraussetzung ja die Anerkennung der Existenzrechte Israels ist. Da gibt es Länder wie Saudi-Arabien und die anderen Fürstentümer am Persischen Golf sowie Jordanien, Sudan, Tunesien, Marokko, die eine westlich orientierte Politik betreiben. Da gibt es die

sogenannte Ablehnungsfront, der Syrien, Libyen, Algerien, Irak und Südjemen angehören. Die beiden Lager sind sich spinnefeind. Einigkeit – aber auch nicht mehr! – besteht nur in einem einzigen Punkt: dem Haß gegenüber Israel.
Geschürt wird dieser Haß überall von der PLO, deren Sendboten in vielen Ländern der arabischen Welt zivile und militärische Schlüsselpositionen innehaben; der PLO, die unter den Palästinensern in den besetzten Gebieten und in allen arabischen Ländern durch der Mafia abgeschaute bzw. von Moskau gelehrte Terrormethoden der einzig ernstzunehmende politische Machtfaktor geworden ist; der PLO, die nach der Zerstörung ihrer befestigten Stellungen durch die Israelis ein zweites Mal im Südlibanon eine moderne Militärmacht massiert, mit Waffen aus Moskau, Prag, Sofia und Ost-Berlin.
Die Bedrohung Israels ist also trotz der Abmachungen mit Ägypten noch immer riesengroß. Kein Nachbar des jüdischen Staates folgt dem ägyptischen Beispiel und bietet Verhandlungen an, deren Voraussetzung die Anerkennung des Existenzrechtes Israels ist. Die Welt will das nicht zur Kenntnis nehmen und ist des langen Streites müde.
So strömen immer wieder von allen Seiten gute Ratschläge nach Israel: Um des Friedens willen Rückzug aus den besetzten Gebieten, Aufgabe der dort geschaffenen Siedlungen, Rückgabe von Ost-Jerusalem, Anerkennung eines Palästinenserstaates.
Nach wie vor hat Hans Habe recht: «Der Judenstaat ist, was die Juden immer waren, allein.»

Berlin, im Dezember 1981